사출금형 이론과 실무

사출금형설계

민현규 저

Injection Mold Design

일진사

머 리 말

최근 플라스틱 재료는 산업 및 일상생활에서 철강 제품 이상으로 그 사용량이 확대되고 있다. 전자 기기와 각종 기계 장치의 경량화·소형화 경향은 최신 공업 분야의 일반적인 흐름이며, 플라스틱 제품 역시 이러한 흐름에 따라 고정밀도에 대한 노력이 요구되고 있다. 이처럼 시대적 요구와 IT와의 융합 발전에 부응하기 위해서는 과거에 비해 더욱 발전된 금형 기술이 뒷받침 되어야 할 것이다.

오랫동안 생산 기반 기술의 하나였던 금형 기술은 현대 산업 현장에서도 매우 중요한 위치를 담당하고 있으며, 국가적으로도 이러한 금형 기술의 필요성을 인식하고 있다. 이에 필자는 융합기술의 발전과 새로운 시대적 요구에 대응할 수 있는 사출 금형 전문 기술인을 위한 가이드북으로서의 역할을 할 본 교재를 편찬하게 되었다.

정밀한 사출 성형품을 성형하기 위해서는 정확한 설계에 의한 금형, 성형 재료, 그리고 사출 성형기 등의 세 가지가 만족되어야 한다. 이러한 조건을 충족하기 위하여, 이 책에서는 성형용 재료, 성형품 설계, 사출 성형기, 성형 조건 및 성형 불량 원인과 대책, 사출 금형, 사출 성형 CAE에 관한 사항에 대하여 개괄적으로 설명하였다. 특히 각 장의 마지막 부분에는 익힘 문제를 수록하여 주요 학습 내용을 강조하였으므로 자격시험 응시자에게 많은 도움이 되리라 확신한다.

끝으로, 이 책을 공부하는 독자들이 사출 금형을 올바로 이해하고 금형에 대한 연구와 기술인의 긍지를 갖게 된다면 필자로서는 더없는 보람이 될 것이다.

저자 씀

Contents

Contents

Contents

제7장 사출 성형 CAE

제1장

총 론

제1절 개 요

전자 기기를 비롯해서 각종 기계장치의 경량화·소형화 경향에 따라 플라스틱 제품도 고정밀도를 요구하고 있다. 〈표1-1〉에서와 같이 최근의 광디스크 보급, 렌즈의 플라스틱화 등 각종의 전자광학 기기의 발전에 의해 더욱 고정밀화를 향한 요구가 높아지고 있다.

금형의 큰 발전 방향은 미세화, 복합화, 정보화라는 3단어로 축약할 수 있다고 예상된다.

미세 성형기술은 경박·단소화와 고신뢰성을 요구하는 미래사회의 핵심요소기술이다. 미세화는 단순히 크기가 작아진다는 차원이 아니라 크기효과에 의해 새로운 재료, 새로운 설계기술, 새로운 가공기술, 새로운 측정기술을 요구하는 전혀 다른 차원의 엔지니어링을 탄생시킬 것으로 예측된다.

복합화는 잘 분류되어 있던 재래의 기술들이 융합되어 생산성 및 신뢰성 향상이라는 목표를 달성할 수 있는 프로세스들을 창출해 낸 것이다. 정보화는 비용이 많이 수반되는 미세화, 복합화에 의한 금형기술 개발에 있어서 컴퓨터를 활용하여 시행착오를 줄이고 최적화하는 기술을 도입해야 함을 의미하며 동시에 전체 공정이 컴퓨터에 의해 제어 및 측정 등이 이루어져야 함을 의미한다.

플라스틱 금형에 있어서 신기술의 동향은 초소형 제품, 광학부품 그리고 새로운 플라스틱 소재가 개발됨에 따라 이를 응용하기 위한 새로운 공정개발과 이에 적합한 금형등으로 파악된다. 이는 시대가 흐를수록 제품이 소형화로 진행되고 또 앞으로 발전의 가능성이 매우 큰 IT산업에서는 주로 소형부품이 주를 이루고 있기 때문인 것으로 사료된다.

그리고 유리를 대체하는 투명 플라스틱은 광학 부품에 많이 쓰이고 있으며 이는 정밀성과 관련이 깊고 우수한 광 특성을 위해서는 공정에 있어서도 변화가 있어야

표 1-1 플라스틱 제품의 치수 정밀도

치수 정밀도	POM	PC	PA	PBT	PPS	PES	PET	폴리아릴레이트	폴리설폰	기타의 수지
서브미크론 ↑		광자기 디스크								비디오 디스크 PMMA
1/1000	정밀 기능 부품	콤팩트 디스크			광섬유 케넥터 모터용 정류계	VTR 베어링 리테이너			슬라이딩 부품	
2/1000										
3/1000										
4/1000		저항기 부품								광학 렌즈 PMMA
5/1000										
6/1000										
7/1000						슬라이딩 부품		플로피 디스크 부품		
8/1000										
9/1000					복사기 베어링				VTR 카세트 · 카메라 부품 외	
1/100	각종 새시, 카메라 부품 각종 경통 부품	각종 새시, 카메라 부품 각종 경통 부품	기어 · 커넥터	각종 커넥터				LED 반사판 미니 어처 베어링		
4/100					애퍼 처링 카메라		커넥터 스위치 코일 보빈			루페 PMMA

할 것으로 여겨진다. 급속히 성장하고 있는 중국의 추격을 뿌리치기 위한 노력과 차별화가 금형 및 사출성형 분야에서 이루어져야 한다고 생각된다. 금형에서 중국과의 차별화 방향은 고부가가치의 금형, 초정밀 금형, 그리고 CAD/CAM 기술의 적극적 활용과 정보화 기술 및 표준화, 품질관리 등의 합리화 기술에 의한 저비용 고품질의 실현이다.

초정밀 금형 가공에 있어서는 가공기계의 정밀도와 공구의 정밀도 등 절삭가공에 관련된 분야의 발전이 선행되어야 할 것이며, 생산성을 높이기 위해서는 가공기계의 자동화 및 고속화 등 공작기계와 가공 시스템 분야의 발전이 이루어져야 할 것이다. 사출성형 공정 부분에서 사출기는 타이바가 없는 Tiebarless 성형기가 선보였으며 이는 금형의 크기가 타이바에 제한 받지 않는 장점을 가지고 있다.

또한 DVD의 쓰임이 증가함에 따라 이를 생산하는 사출 압축 성형기도 많이 사용되었다. 이 성형기는 사출 후 금형의 압축과정을 하나의 기계에서 수행함으로써 제품의 밀도를 균일하게 할 뿐만 아니라 잔류 응력을 낮고 균일하게 하여 광 특성을 좋게 하는 장점이 있다. 이는 DVD외에 타 제품에도 활용이 기대된다. 초소형 제품을 위한 초소형 금형 제작과 이의 성형을 위한 초소형 성형기의 쓰임도 증대되고 있다. 박육 성형의 요구가 늘어남에 따라 이를 위한 고속 사출기 역시 많은 활용이 있다. 특히 휴대용 전화기 케이스 및 배터리 팩의 사출에서 많이 사용되고 있다.

배터리 팩의 경우 두께가 0.3(㎜)정도이기 때문에 고속 사출이 아니고는 성형하기 불가능하고 고속 사출을 위한 금형은 핫 러너를 사용하고 있다. 핫 러너 금형은 생산성과 품질을 향상시키는데 중요한 역할을 하고 있어 종전에는 일부 제품에 국한되어 사용되던 것이 지금은 일반적인 사출성형에도 많이 채용되고 있다. 위에서 살펴본 바와 같이 사출 성형분야에서는 기존의 전통적인 사출방법을 뛰어넘어 신 개념의 사출기 및 공정이 사용되고 있음을 시사하고 있다.

정밀 사출품은 표면 정도의 정밀성, 치수의 정밀, 형상의 정밀 그리고 제품이 갖추어야하는 고유기능의 정밀 등으로 나눠서 생각할 수 있다. 표면의 정도는 금형의 표면 거칠기와 직접적인 관련이 있다. 따라서 절삭가공이나 연마 그리고 다듬질의 정밀도에 좌우된다. 이러한 것들은 절삭기계의 정밀도에 달려있다고 말할 수 있겠다. 그리고 표면의 정도는 금형의 표면정도에 관계없이 사출 후 수지의 수축에 의해 표면이 왜곡되거나 부분적인 수축의 차이로 인해 표면정도가 변하는 경우도 있다.

또한 사출성형 중 수지의 흐름이 안정되지 못해 나타나는 흐름자국이나 피할 수 없는 웰드라인에 의해 성형품의 표면정도가 정밀하지 못하는 경우도 있다. 성형품의 치수 정밀도는 일차적으로 금형의 치수 정밀도와 관련이 있고, 비록 금형의 치수가 정확히 가공되었다 하더라도 수지가 용융상태에서 냉각이 진행됨에 따라 수축이 일어나므로 수지에도 관련이 있다. 수지의 수축은 성형조건과도 밀접한 관련이 있기 때문에 매우 복잡하게 얽혀져있다. 정밀 성형품의 측면에서 가스사출성형은 매우 유용하다. 표면의 양호한 상태, 그리고 전체적으로 외곽 치수의 정밀도가 뛰어나다.

그리고 저압 사출 후 가스가 주입되므로 잔류 응력이 작아 성형 후 변형이 작다. 따라서 정밀 성형품을 위해 가스 사출성형의 장점을 더욱 응용하기 위한 연구는 계속 진행될 전망이다. 가스 주입 후 벽 두께가 균일해야 하고, 길이가 긴 제품의 경우 가스가 벽을 뚫는 터짐이 없이 긴 거리를 진행해야 되기 때문에 효과적으로 가스를 주입하는 방법이 향후 연구될 전망이다.

용기나 병의 블로잉 성형에서 중요한 것은 재료의 연신에 의한 분자의 배향과 이에 따른 기계적 물성의 향상이다. 또한 성형품의 두께를 균일하게 성형하는 것이 성형품의 품질에 중요한 사항이다. 최근 들어 음료회사들은 음료의 내용보다는 이것을 담고 있는 블로잉 성형품의 외관에 많은 노력을 하고 있고, 소비자들도 감각적이 디자인을 선호하기 때문에 다양한 모양이나 캐릭터 성형품을 요구하고 있다. 따라서 블로잉 성형품도 복잡한 모양의 형상을 어떻게 연신을 증가시키면서 두께를 균일하게 하는지에 관심이 모아질 것으로 전망된다.

유럽이나 미국을 중심으로 맥주병이 유리병에서 플라스틱 병으로 바뀌어 가고 있는데 여기서 가장 중요한 것은 가스 차단성이 뛰어난 소재의 개발과 선택이다. 또한 가스 차단성을 높이면서 재료비를 절감하기 위해 다중 벽을 갖는 병이 채택되고 있다. 이러한 관점에 볼 때 다중 벽을 갖는 사출 성형(프리폼 성형)과 더불어 이의 블로잉성형도 많은 관심이 되어질 것으로 보여진다.

사출 성형에서 보다 세밀하고 CAD 보다 직접적인 접목을 위한 CAE 응용이 발전해 나가고 있다. CAE 해석 프로그램은 단순히 셀(Shell) 요소를 사용하여 두께 방향의 흐름과 압력의 차이를 무시하고 계산하는 기본 가정(Hele Shaws approximation) 하에 이루어져 왔다. 최근 들어 3차원 요소를 사용하여 보다 정밀하고 실제 상황에 가깝게 해석하는 경향도 나타나고 있는데, 이는 두께가 두껍거나 불균일한 제품에서 보다 신뢰성 높은 결과를 준다. 3차원 해석이 계산 시간은 길지만 3차원 CAD작업에 의해 설계된 제품을 그대로 3차원 유한요소로 나누어 해석할 수 있어 편리하며, 해석을 위해 셀 요소로 변환하는 작업의 시간을 단축시켜 주는 장점을 갖고 있다.

정밀한 사출 성형품을 얻기 위해서는 수지의 특성, 특히 수축과 그의 이방성이 정확히 고려된 금형 설계가 먼저 이루어져야하고, 그렇게 설계된 금형이 정밀하게 제작되어야 한다. 그리고 성형 공정 역시 수지의 특성과 사용하는 금형의 특성에 맞도록 조작되어야 할 것이다.

플라스틱 수지의 성형 수축은 대략 0.5%내외(비결정성 수지)에서 2%내외(결정성 수지)이고 여기에 무기물이 첨가되면 수축은 감소한다. 또한 흐름 방향과 직각방향에 따라 현저한 수축의 이방성을 보이며, 공정변수에 따라서도 변한다. 이렇게 다양한 변화를 보이는 수지를 이용하여 정밀한 제품을 성형하기 위해서는 사용되는 수지의 특성을 정확히 이해하는 노력과 연구가 있어야 될 것이라고 사료된다. 정밀 사출품 이란 제품 표면의 거칠기보다는 전체적인 치수와 형상의 정확성에 그의 비중이 크기 때문이다.

성형중에 형성된 제품내의 잔류 응력은 후 수축의 주요 원인으로 이것 역시 성형 조건 그리고 금형의 설계와 복잡하게 관련이 되어 있다. 플라스틱 사출 제품이 갖고 있어야할 고유기능의 정밀도는 주로 성형 조건과 밀접하게 관련이 되었다. 고유기능은 대부분 물리적 그리고 기계적 특성이 주요한데 이는 외관상으로 판단하기는 매우 어렵다. 이상에서 살펴본 바와 같이 정밀한 사출 성형품을 성형하기 위해서는 금형, 수지 그리고 성형기계등 세 가지가 동시에 만족이 되어야 한다.

정밀 사출 및 금형에 관련된 향후 기술과 전망은 금형설계의 측면에서는 수지의 흐름특성과 수축특성이 충분히 고려된 금형의 설계이다. 수지의 수축은 최대 수% 정도이기 때문에 치수 정밀도를 좌우한다고 보아도 과언이 아닐 것이다.

초소형 금형 제작을 위한 방법 역시 연구가 지속적으로 진행될 전망이다. 그리고 성형품의 표면 정도 및 설계된 도면대로 금형을 제작하기 위한 금형 가공 기술도 필요할 것이다. 그리고 성형품의 수축과 잔류 응력을 최소화 할 수 있는 사용수지에 적합한 성형조건의 설정이 필요하리라 여겨진다. 이러한 목적을 실현하기 위해서는 기존의 사출방법에 새로운 공정이 추가되는 또한 복합된 사출 성형법도 기대할 만하다. 이와 같이 많은 연구가 진행되고 있고 많이 필요한데 이에 따른 고급인력이 또한 필요하다 하겠다.

제 2 절 플라스틱의 성형가공법

1. 압축 성형(compression molding)

압축 성형은 오래 전부터 행하여 온 성형법으로서 (그림 1-1)에서 보는 바와 같이 가열한 금형의 캐비티에 성형재료를 넣고 유동상태가 되었을 때 가압하여 성형하는 방법이다. 사용되는 재료는 분상상의 열경화성 수지가 사용되며, 성형이 아주 간단한 장치로 이루어질 수 있고 성형이 정확히 되는 이점은 있으나, 성형시간이 길어서 생산성이 낮은 결점이 있다. 여기에 사용되는 금형의 종류에는 플래시금형, 포지티브금형, 세미포지티브금형이 있다. 플래시(flash)금형은 평압형 금형이라고도 하며, 성형재료가 캐비티를 꽉 채우고 나면 나머지는 파팅면으로 넘쳐 흐르게 된다. 이 금형은 접시나 받침대와 같이 깊이가 얕은 제품의 제작에 쓰인다.

포지티브(positive)금형은 압입형 금형이라고도 하며, 플런저와 캐비티 사이에 틈새가 거의 없고, 플런저에 가한 압력이 그대로 재료에 전달된다.

세미-포지티브(semi-positive)금형은 반압입형 금형이라고도 하며, 금형이 닫히기 시작함에 따라 여분의 재료가 빠져나가다가 플런저가 캐비티 안에 들어가게 되면 멈추고, 압력이 충분히 재료에 가해진다.

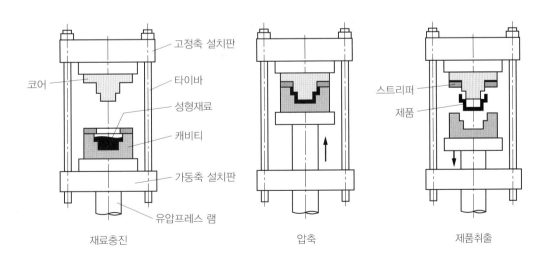

재료충진　　　　　　압축　　　　　　제품취출

그림 1-1 압축 성형법

2. 이송 성형(transfer molding)

이송 성형법은 성형하기 전에 미리 금형밖에서 성형재료를 가열하여 가열된 성형 재료가 연화상태로 되면 금형으로 이송한 후 플런저의 가압력으로 금형의 스프루, 러너 및 게이트를 통해 캐비티로 유입된다. 이때 사용되는 수지는 열경화성 수지이며 성형가공이 완료될때까지 재료에 압력이 가해지며, 이송 성형에서는 오직 1회분만이 재료가 공급된다. 매회 새로운 성형재료가 공급되기 때문에 조건여하에 따라 재료를 충분히 고온도로 예열할 수가 있으므로 1사이클의 시간이 단축되고 성형품의 품질이 향상된다.

이송성형에는 성형방식에 따라 포트식과 플런저식이 있다. 포트식 (그림 1-2)은 금형만을 이송금형으로 하여 일반적으로 압축 성형 프레스를 사용하여 행하는 방식이며, 플런저식은 보조램(플런저)을 갖춘 트랜스퍼 성형기를 사용하여 성형하는 방식이다.

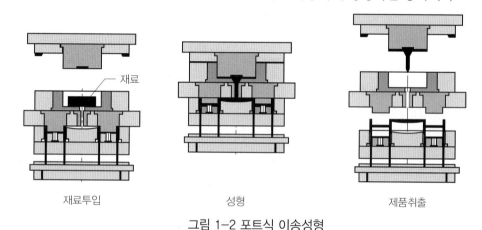

재료투입   성형   제품취출

그림 1-2 포트식 이송성형

3. 적층 성형

적층 성형법은 종이나 천 등에 액체 상태의 수지를 스며들게 하여, 시트(sheet)와 수지를 층상으로 함침시켜 가열 및 가압으로 경화시켜서 한장의 판상성형품을 만드는 것이다. 이 때에 어느 정도의 압력을 필요로 하는가에 따라 고압적층과 저압적층으로 분류된다. (그림 1-3 참조)

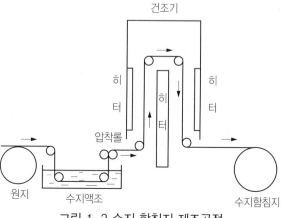

그림 1-3 수지 함침지 제조공정

4. 사출 성형(injection molding)

사출 성형은 열가소성 수지의 중요한 가공법으로서 발전하여 왔다. 최근에는 특히 사출 성형기의 발전이 눈부시고 예컨대 성형조건의 설정이나 관리면에 컴퓨터가 도입되고, 프로그램제어에 의해서 전자동으로 고품질 제품을 용이하게 생산할 수 있게 되었다. 이 가공법은 열가소성, 열경화성의 모든 플라스틱에도 적용된다. 원리적으로는 실린더 속에서 가열, 유동화시킨 성형재료를 고압으로 금형내에 사출하고 냉각고화(열가소성 수지) 또는 경화(열경화성 수지)를 기다려서 금형을 열고 성형품을 끄집어 낸다. 따라서 성형재료가 열가소성이냐 열경화성이냐에 따라서 실린더 온도나 금형 온도가 다르지만 원리적으로는 유사하다. (그림 1-4 참조)

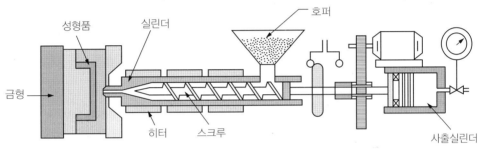

그림 1-4 스크루식 사출 성형

5. 압출 성형(extrusion molding)

압출 성형(그림1-5)은 실린더속에서 가열 유동화시킨 플라스틱을 다이를 통하여 연속적으로 성형하는 방법이며, 성형품의 단면이 직사각형, 원형, T형, 파이프 등의 일정한 단면형상만을 얻을 수 밖에 없다. 성형재료는 유동상태로 다이에서 유출되어 냉각 고화되므로 대부분 열가소성 수지의 성형에만 한정된다.

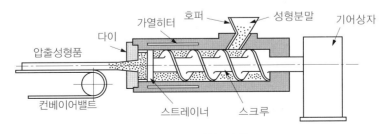

그림 1-5 압출 성형

6. 블로 성형(blow molding)

일명 중공 성형(그림1-6)이라고도 하며, 압출기에서 패리손이라고 하는 튜브를 압출하고 이것을 금형으로 감싼 후 압축공기를 불어 넣으면 중공품을 만들 수 있다.

압출 성형과 블로 성형을 조합한 것을 압출 블로성형(extrusion blowing)이라 하고 사출성형과 블로성형을 조합한 것을 사출 블로성형(injection blowing)이라 한다.

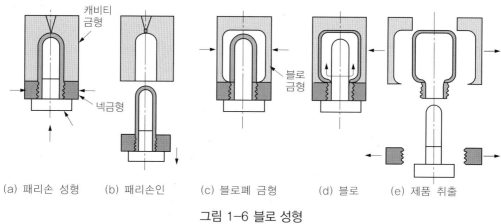

(a) 패리손 성형   (b) 패리손인   (c) 블로페 금형   (d) 블로   (e) 제품 취출

그림 1-6 블로 성형

7. 캘린더 성형(calender molding)

캘린더 성형법이란 (그림 1-7)과 같이 혼련롤 또는 압축기에서 나온 성형재료를 주철제 롤을 평행하게 설치하여 조립한 캘린더 사이를 가압시키면서 통과함으로써 두께가 일정한 매우 얇은 시트(sheet) 제품이라든가, 필름을 연속적으로 고속도로 성형하는 방법이다.

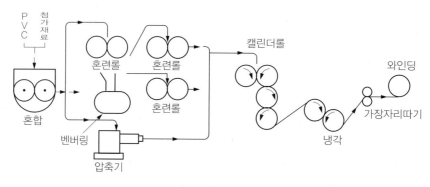

그림 1-7 캘린더 성형

8. 사출 압축 성형

사출 압축 성형은 각종 CD(compact disc) 비 구면 렌즈로 대표되며 액정 도광판의 성형에도 없어서는 안되는 기술이다. 이들 성형품은 금형에 새겨놓은 정보 또는 세이프를 정밀도 좋고 고르게 성형품에 전사해야 한다는 점에서는 공통적이다. 종래의 사출 성형에서는 금형 속을 유동하는 용융재료는 유동하면서 고화되기 때문에 내부 변형이 발생하거나, 또는 전사가 유동방향으로 영향을 미쳐 전사가 고르지 않게 되는 단점이 있다.

사출 성형기에서는 충전 직후 패스컬(pascal) 상태의 재료를 형체력에 의해 직접 그리고 적극적으로 캐비티(cavitiy)에 압축하므로 치우친 내부 변형의 분산에 공헌한다.

또한 사출 압력을 상회하는 형체력이 재료에 작용을 하기 때문에 전사성이 매우 좋아지는 특징이 있다.

사출 압축에서는 인로우 부분에서의 가스빼기와 압축에 의한 배향 제거 효과가 요구된다. 성형품의 투영면적과 형체력의 크기에 따라서는 금형 캐비티(cavitiy)내의 압력이 사출압력에 의한 것 보다 약간 큰 것이 되기 때문에 금형에 새겨진 모양이나 정보의 전사가 뛰어나 DVD(digital versatile disc)의 성형에 크게 공헌하고 있다.

9. 가스 사출 성형

가스 사출 성형 방법은 사출 성형기 문제점 가운데 성형품의 두께나 성형면적의 제약을 가급적 완화하려고 하는 것으로, 두께 부에 생기는 기포나 유동단말에 생기는 싱크 방지를 위해 적극적으로 살 내부에 불활성 가스를 노즐에서 혹은 금형 외부에서 보압 중에 주입하는 방법이다. (그림 1-8 참조)

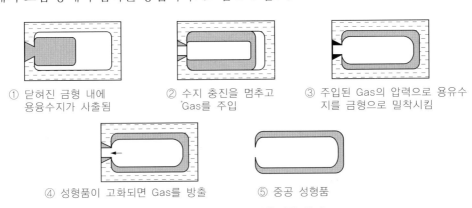

① 닫혀진 금형 내에   ② 수지 충진을 멈추고   ③ 주입된 Gas의 압력으로 용유수
   용융수지가 사출됨   Gas를 주입   지를 금형으로 밀착시킴

④ 성형품이 고화되면 Gas를 방출   ⑤ 중공 성형품

그림 1-8 가스주입 사출성형 원리

자동차 외장, 텔레비전 하우징의 성형에 상당한 실적이 있으며, 조건 재현성과 웰드(weld), 흐림, 도장 후의 광택 불량 등의 문제점과 가스채널 예상의 어려움을 가지고 있으며 CAE에 기대하는 바가 크다.

10. 특수재료 사출 성형

특수재료 사출 성형은 스크루(screw)식 사출 성형기에 의해 수지재료 이외의 것을 성형한 신기술이다.

금속분말 성형, 세라믹 성형, 마그네슘 합금 성형기이다. 이동성 IT제품 또는 노트북 컴퓨터에 사용되는 집적회로 보호의 전자 실드(shield)성, 파워 업의 영향으로 방열성이 요구되는 열전도성, 경량 박육 경향에서 요구되는 고강성 등에 따르기 때문에 나일론 베이스 글라스 파이버 강화수지 또는 경합금의 사출 성형용 마그네슘합금 등이 주목되고 있다.

금속 분말 성형과 세라믹스 성형은 난가공물 형상을 금형에서 전사하는 것이고 기계가공이 곤란하며 형상이 동시에 3축 가공을 요하는 곡면으로 완성되어 있는 것의 양산에 적합하다.

마그네슘 합금 사출 성형은 최근의 모바일 기기가 요구하는 전자실드성, 강성, 열전도성을 만족시키는 것으로서 상당히 주목되고 있다.

종래 섬유강화수지의 2배 이상의 강성과 전혀 문제가 없는 전자 실드성, 또는 최근 기기의 파워 업에서 필연적 요구인 방열성에도 걱정 없는 것으로 재료 점성은 전단력 의존성의 틱소 트로피(thixo tropy) 효과를 가지며 사출 성형이 가능하다.

11. 인 몰드 시스템(In Mold System)

단순한 평면 가공이 아니라 복잡한 3차원 가공에서 단지 모양을 넘어서, 질감이나 감촉까지도 재현할 수 있는 최신 기술로서, 금형 사이에 그림 등이 인쇄된 필름을 넣고, 거기에 수지를 흘려 넣어 성형과 동시에 전사하는 획기적인 시스템으로 복잡한 형상의 수지 제품에 선명한 인쇄가 가능하다. (그림 1-9 참조)

특징으로는 성형과 전사를 동시진행 함으로써 시간 및 비용 절감, 깨끗한 작업 환경으로 환경오염 등의 걱정 해소, 표현하고자 하는 의도로 제작이 가능(광택, 무광택 등 다양한 표현가능), 평면에서 벗어난 입체(3차원 곡면)면에서의 높은 품질의 전사가 가능, 대량 생산시 시간 및 코스트 절감 효과가 있으며 용도로는 휴대폰의 LCD

Window, 카메라 Window, MP3 Case, 화장품 Case, 기타 휴대용제품에 사용된다.

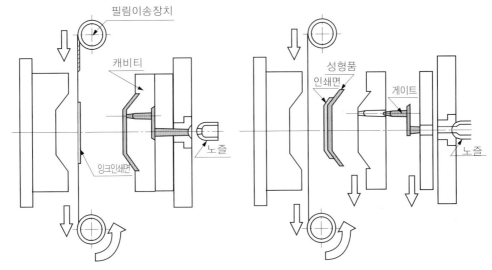

그림 1-9 인 몰드 시스템의 구조

12. 진공 성형

진공 성형(Vacuum forming)은 (그림 1-10)와 같이 형에 설치된 조그마한 구멍 혹은 가느다란 홈을 통하여 시트 혹은 필름을 사용하기 때문에 면적에 비해 얇은 성형품을 만드는데 적합하다. 진공 성형품에서 가장 비중을 차지하는 것은 포장분야이

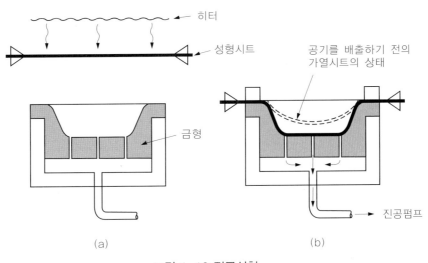

그림 1-10 진공성형

며, 대형 성형품으로서는 냉장고의 내상, 간판 등이 있으며, 소형품으로서는 계란상
자 등 각종 포장재료가 만들어지고 있다.

　진공 성형은 진공상태에서, 다시 말하면 대기압과의 차압에 의해 시트를 형에 압착
시키는 것이며, 그 성형압력은 1(kgf/㎠)이하이다. 따라서, 금형도 성형압력에 견디어
야하며, 주로 주조 알루미나형이나 에폭시수지형이 많이 사용되고 있다. 사용재료는
경질 염화비닐수지, 폴리스티렌, ABS수지, 폴리프로필렌, 폴리에틸렌 등이 있다.

제 3 절 사출 금형의 기본구조

1. 사출 성형의 원리

　사출 성형이란 플라스틱 성형법 중의 한 방법으로서, 열가소성 수지를 가열해서 유동 상태로 되었을 때 금형의 공동부에 가압 주입하여 금형내에서 냉각시킴으로서, 금형의 공동부에 상당하는 성형품을 만드는 방법이다.

　(그림 1-11)은 사출 성형의 원리를 나타낸 것으로써, 잘 건조한 수지를 사출 성형기의 호퍼(hopper)에 넣어 일정량 만큼씩 가열, 실린더 안으로 보내어져 용융된다. 용융된 수지는 플런저(plunger)에 의하여 노즐을 거쳐 스프루(sprue), 러너, 게이트를 통해 캐비티(cavity)를 채우게 된다. 수지는 금형 안에서 냉각, 고화되며, 앞의 과정이 끝나면 (그림 1-12)와 같이 플런저가 후퇴하고, 금형이 분할면을 따라 열리면 스프루 로크 핀(sprue lock pin)이 스프루를 잡아 당겨 스프루 부시로 부터 빠져 나오게 함

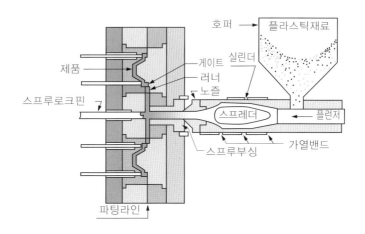

그림 1-11 사출 성형의 원리(닫혀 있을 때)

과 동시에 이젝터 핀(ejector pin)이 캐비티로 부터 성형품을 밀어내어 빠지게 한다. 금형이 열려 있는 동안 재료는 가열실린더에 공급되고, 다시 앞과 같은 과정이 반복된다. 이러한 공정을 1사이클(cycle)이라 한다.

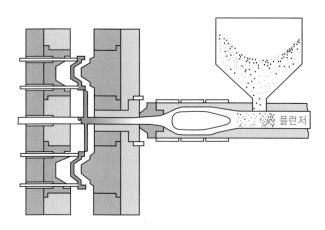

그림 1-12 사출 성형의 원리(열려 있을 때)

2. 사출 금형의 특성 및 필요조건

사출 성형 장치에서 금형의 역할은 성형재료의 가소화 및 사출장치와 형죔부의 중간에 위치하여 용융되어져서 형상을 갖고 있지 않은 용융 수지에 형상을 부여하고 굳혀서 제품으로 만드는 중요한 기능을 하는 중추적 부분이다. 따라서 금형이 잘못 제작되면 다른 조건들이 충분히 갖추어져도 원하는 성형품을 만들 수 없다.

사출 금형의 특징은 3차원 형상이 많아 가공이 어렵고 전사성이 좋아 금형표면의 다듬질 정도가 그대로 제품의 외관면이 되므로 표면 거칠기가 좋아야 한다. 또한 형체력과 사출압력 등 고압이 작용하므로 내압강도가 중요하고, 재료마다 다른 수축률을 고려하여 금형치수를 결정해야 한다.

사출금형에 있어서 필요한 조건을 요약하면 다음과 같다.

① 성형품에 알맞은 형상과 치수정밀도를 유지할 수 있는 금형구조이어야 한다.

② 성형능률, 생산성이 높은 구조이어야 한다.

③ 성형품의 다듬질 또는 후가공이 적어야 한다.

④ 고장이 적고, 수명이 긴 금형구조이어야 한다.

⑤ 제작기간이 짧고, 제작비가 싼 구조이어야 한다.

3. 사출 금형의 기본 구조와 각부의 기능

금형의 구조는 성형품 형상, 재질, 사출 성형기의 사양 등의 여러 가지 조건을 고려하여 정해지며, 그 주요부는 형판 및 캐비티, 유동 및 주입기구, 이젝팅기구, 금형의 온도조절기구 등으로 이루어진다. (그림 1-13)에서는 플라스틱 금형의 각부 명칭을 나타내었고, (그림 1-14)에서 (그림 1-24)까지는 사출금형의 대표적인 형식을 보여준다.

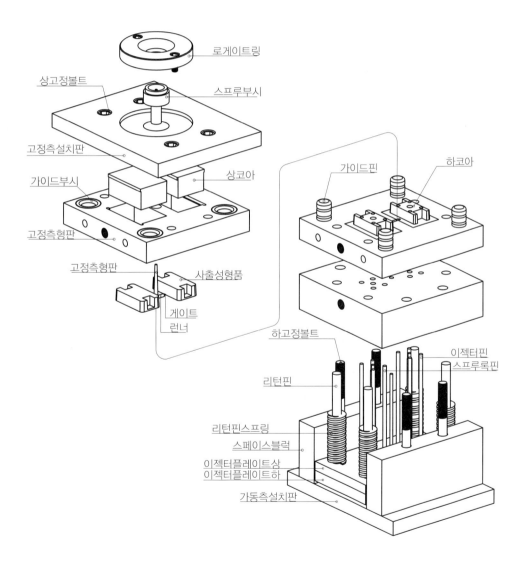

그림 1-13 플라스틱 금형의 각 부 명칭

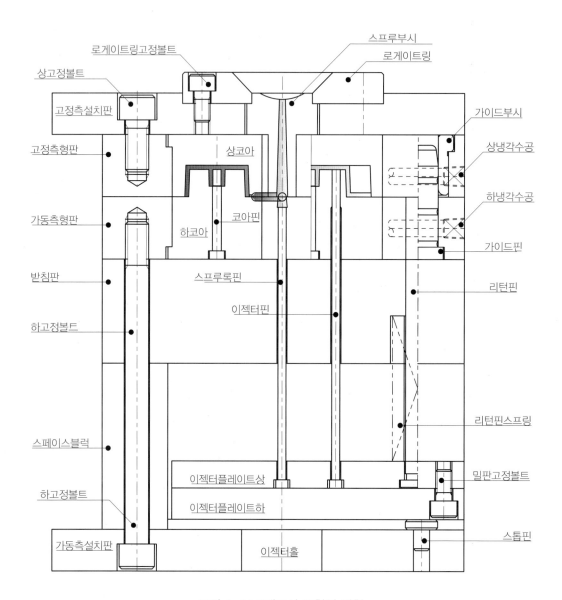

그림 1-14 2매구성 금형의 명칭

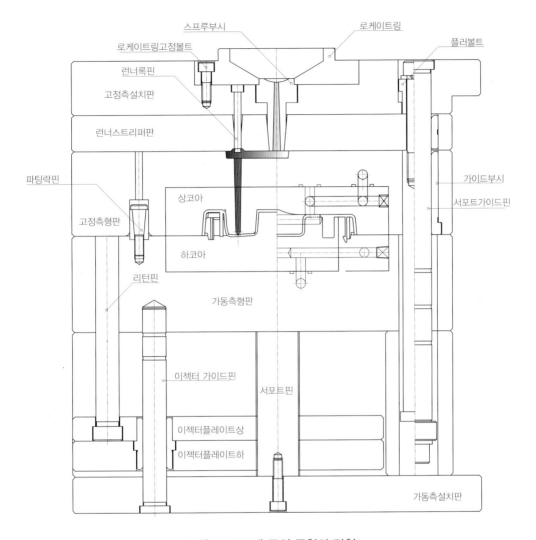

그림 1-15 3매 구성 금형의 명칭

사출금형 각부의 명칭 및 기능

① 고정측 설치판(Top Clamping Plate) : 금형의 고정측 부분을 사출기의 다이 플레
이트(Die plate)의 고정 플레이트(고정반)에 부착하는 판

② 로케이트 링(Locate Ring) : 노즐의 위치가 스프루 부시의 중심에 잘 맞도록 해
주는 링

③ 고정측 형판(Cavity Retainer Plate) : 금형의 고정측 부분으로 캐비티를 구성함 스
프루부시, 가이드 핀 부시 등이 끼워져 있다.

④ 가동측 형판(Core Retainer Plate) : 금형의 가동측 상부판으로 코어를 구성하고 있고 가이드 핀 등이 설치되어 있다. 고정측 형판과 함께 파팅라인을 형성한다.

⑤ 받침판(Support Plate) : 가동측 형판을 받쳐 주는 판

⑥ 가동측 설치판(Bottom Clamping Plate) : 금형의 가동측 부분을 사출기의 다이 플레이트의 이동 플레이트(이동반)에 부착하는 판

⑦ 스페이서 블록(Spacer Block) : 받침판과 하부 취부판 사이에 위치하며 이젝팅 핀이 움직일 수 있는 공간을 제공해 준다.

⑧ 이젝터 플레이트-상(Ejector Plate-Upper) : 이젝터 핀, 이젝터 리턴핀, 스프루 록핀 등을 끼어질 수 있게 카운터보어로 되어 있다.

⑨ 이젝터 플레이트-하(Ejector Plate-Lower) : 이젝터 핀, 이젝터 리턴핀, 스프루 록핀 등을 받치며 고정시키는 받침판으로 상부로 이젝터 플레이트와 볼트로 체결한다.

⑩ 스프루 부시(Sprue Bush) : 원뿔 모양으로 고정측 취부판에 고정되어 있으며, 여기에 사출기의 노즐이 밀착되어 용융수지를 주입한다.

⑪ 가이드 핀(Guide Pin) : 가동측 형판에 고정되어 있으며, 고정측 형판과의 정확한 결합이 되도록 가이드 해준다. 상대금형의 가이드 핀 부시에 결합된다.

⑫ 가이드 핀 부시(Guide Pin Bush) : 고정측 형판에 고정되어 있으며, 이동측 형판과의 정확한 조립이 되도록 가이드 핀이 들어오는 홀을 제공 해준다.

⑬ 이젝터 핀(Ejector Pin) : 금형이 열리고 나서 제품이 빠지도록 제품을 밀어내는 핀, 이젝터 플레이트에 부착되며 이들과 함께 움직인다.

⑭ 스프루 록 핀(Sprue Lock Pin, Sprue Puller Pin) : 성형 후 금형이 열릴 때 스프루를 스프루 부시에서 빠지게 하도록 스프루를 잡도록 만든 핀

⑮ 리턴 핀(Return Pin) : 이젝터 핀이 제품을 밀어낸 다음 제자리로 돌아가도록 하는 핀으로 이젝터 플레이트에 부착되어 있다. 금형이 닫힐 때 고정측형판(캐비티 금형)에 닿아서 뒤로 움직인다.

⑯ 캐비티(Cavity) : 용융 수지가 들어가도록 고정측 형판(금형)에 오목하게 만들어진 빈 공간 캐비티를 갖는 금형을 캐비티 금형이라함.(고정측 코어=캐비티 금형)

⑰ 스톱 핀(stop pin) : 스톱핀은 가동측 부착핀에 부착되어 있으며 이젝터 플레이트와 가동측 설치판 사이에 이물(異物)이 끼어들어 금형에 고장을 일으키는 것을 방지하는 기능을 다진다.

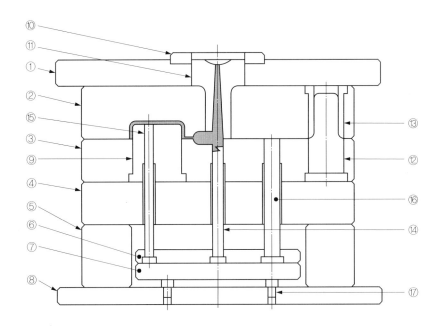

No	금형 부품명	재　질	No	금형 부품명	재　질
1	고정측 설치판	SB41, SB50 SM25C, SM55C	10	로케이트 링	SM50C, SM55C STC7
2	고정측 형판	SM50C, SM55C STC7, SCM440	11	스프루 부시	SM50C, SM55C STC5–7, SCM440
3	가동측 형판	SM50C, SM55C STC7, SCM440	12	가이드 핀	STC3–5, STC2–3 STB2
4	받 침 판	SM50C, SM55C STC7, SCM440	13	가이드 핀 부시	STC3–5, STS2–3 SACM645
5	다 리	SB41, SB50 SMC25 , SM55	14	스프루로크 핀	STC3–5, STS2–3 SCM645
6	이젝터 플레이트 상	SB41, SB50 SM25C , SM55C	15	이젝터 핀	STC3–5, STS2–3 SACM645, STB2
7	이젝터 플레이트 하	SB41, SB50 SMC25, SM55C	16	리턴 핀	STC3–5 STC2–3
8	가동측 설치판	SB41, SB50 SM25C, SM55C	17	스톱 핀	SM25C, SM55C STC3–5
9	코 어	SM50C, SM55C STC7, SCM440			

그림 1–16 표준 사출 금형(A형:핀 이젝터식)

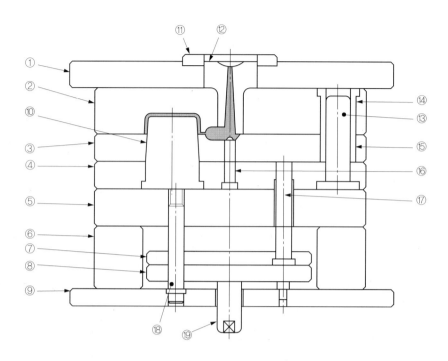

No	금형 부품명	재　질	No	금형 부품명	재　질
1	고정측 설치판	SB41, SB50 SM25C, SM55C	10	코　어	SM50C, SM55C STC7, SCM440
2	고정측 형판	SM50C, SM55C SCM440, STC7	11	로케이트 링	SM50C, SM55C STC7
3	스트리퍼 판	SM50C, SM55C STC7, SCM440	12	스프루 부시	STC3-5 STC2-3, STB2
4	가동측 형판	SM50C, SM55C STC7, SCM440	13	가이드 핀	SM50C, SM55V STC5-7, SCM440
5	받 침 판	SM50C, SM55C STC7, SCM440	14	가이드 핀 부시	STC3-5 STS2-3, ACM645
			15		
6	다　리	SB41, SB50 SM25C, SM55C	16	스프루로크 핀	STC3-5, STS2-3 SCM645
7	이젝터 플레이트 상	SB41, SB50 SM2, SM55C	17	리턴 핀	STC3-5, STS2-3
8	이젝터 플레이트 하	SB41, 250 SM25C, SM55C	18	이젝터플레이트가이드핀	STC3-5, STS2-3 STB2
9	가동측 설치판	SB41, SB50 SM25C, SM55C	19	이젝트 로드	SM25, SM55C

그림 1-17 표준 사출 금형(B형:스트리퍼 플레이트식)

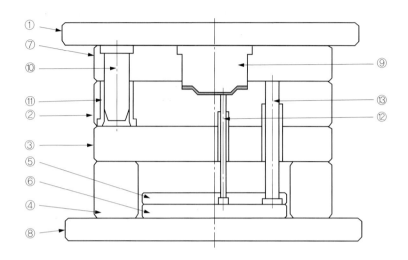

No	금형 부품명	재 질	No	금형 부품명	재 질
1	고정측 설치판	SB41, SB50 SM25C, SM55C	8	가동측 설치판	SB41, SB50 SM25C, SM55C
2	가동측 형판	SM50C, SM55C STC7, SCM440	9	코 어	SM50C, SM55C STC7, SCM440
3	받 침 판	SM50C, SM55C STC7, SCM440	10	가이드 핀	STC3-5 STS2-3 , STB2
4	다 리	SB41, SB50 SM25C, SM55C	11	가이드 핀 부시	STC3-5, STS2-3 SACM645
5	이젝터 플레이트 상	SB41, SB50 SM25C, SM55C	12	이젝터 핀	STC3-5, STS2-3 SACM645, STB2
6	이젝터 플레이트 하	SB41, SB50 SM25C, SM55C	13	리턴 핀	STC3-5 STS2-3
7	고정측 형판	SM50C, SM55C STC7, SCM440			

그림 1-18 표준 압축 성형 금형(2매구성)

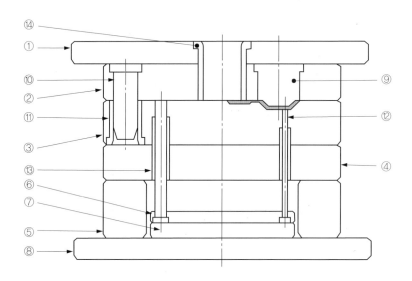

No	금형 부품명	재 질	No	금형 부품명	재 질
1	고정측 설치판	SB41, SB50 SM25C, SM55C	8	가동측 설치판	SM41, SB50 SM25C, SM55C
2	고정측 형판	SM50C, SM55C STC7, SCM440	9	코 어	SM50C, SM55C STC7, SCM440
3	가동측 형판	SM50C, SM55C STC7, SCM440	10	가이드 핀	STC3–5 STB2–3, STB2
4	받 침 판	SM50C, SM55C STC7, SCM440	11	가이드 핀 부시	STC3–5, STS2–3 SACM645
5	다 리	SM41, SB50 SM25C, SM55C	12	이젝터 핀	STC3–5, STS2–3 SACM645, STB2
6	이젝터 플레이트 상	SM41, SB50 SM25C, SM55C	13	리턴 핀	STC3–5 STS2–3
7	이젝터 플레이트 하	SM41, SB50 SM25C, SM55C	14	트랜스퍼 포트	SM50C, SM55C STC7

그림 1–19 이송 성형 금형(2매구성)

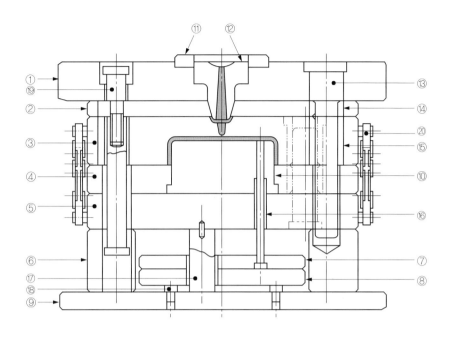

No	금형 부품명	재 질	No	금형 부품명	재 질
1	고정측 설치판	SB41, SB50 SM25C, SM55C	11	로케이트 링	SM50C, SM55C STC7
2	러너 스트리퍼 판	SM50C, SM55C STC7, SCM440	12	스프루 부시	SM50C, SM55C STC5-7, SCM440
3	고정측 형판	SM50C, SM55C STC7, SCM440	13	가이드 핀	SM25C, SM25C
4	가동측 형판	SM50C, SM55C STC7, SCM440	14	가이드 핀 부시	STC3-5, SACM645 STC2-3
5	받 침 판	SM50C, SM55C STC7, SCM440	15		
6	다 리	SB41, SB50 SM25, SM55C	16	이젝터 핀	STC3-5, SACM645 STC2-3, STB2
7	이젝터 플레이트 상	SB41, SB50 SM25C, SM55C	17	이젝터플레이트가이드핀	SM25C, SM55C
8	이젝터 플레이트 하	SB41, SB50 SM25C, SM55C	18	스톱 볼트	SM25C, SM55C
9	가동측 설치판	SB41, SB50 SM25C, SM55C	19	풀러 볼트	SM25C, SM55C
10	코 어	SM50C, SM55C STC7, SCM440	20	체 인	SB41 , SB50 SM25C , SM55C

그림 1-20 3매 구성 사출 금형(체인 개폐식)

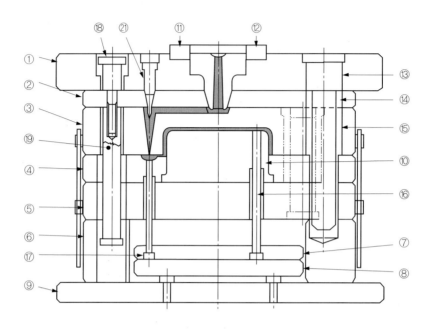

No	금형 부품명	재 질	No	금형 부품명	재 질
1	고정측 설치판	SB41 , SB50 SM25C , SM55C	11	로케이트 링	SM50C , SM55C STC7
2	러너 스트리퍼 판	SM50C , SM55C STC7 , SCM440	12	스프루 부시	SM50C , SM55C STC5-7 , SCM440
3	고정측 형판	SM50C , SM55C STC7 , SCM440	13	가이드 핀	SM25C , SM25C
4	가동측 형판	SM50C , SM55C STC7 , SCM440	14	가이드 핀 부시	STC3-5, SACM645 STC2-3
5	받 침 판	SM50C , SM55C STC7 , SCM440	15		
6	다 리	SB41 , SB50 SM25 , SM55C	16	이젝터 핀	STC3-5, SACM645 STC2-3 , STB2
7	이젝터 플레이트 상	SB41 , SB50 SM25C , SM55C	17	이젝터플레이트가이드핀	SM25C , SM55C
8	이젝터 플레이트 하	SB41 , SB50 SM25C , SM55C	18	스톱 볼트	SM25C , SM55C
9	가동측 설치판	SB41 , SB50 SM25C , SM55C	19	풀러 볼트	SM25C , SM55C
10	코 어	SM50C , SM55C STC7 , SCM440	20	체 인	SB41 , SB50 SM25C , SM55C

그림 1-21 3매 구성 사출 금형(인장 링크 개폐식)

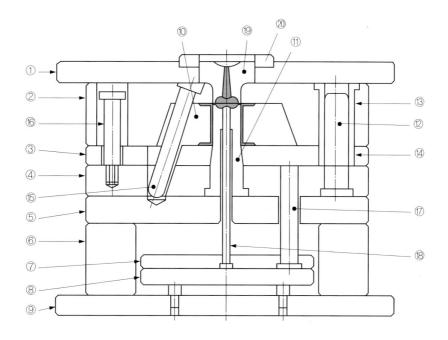

No	금형 부품명	재　질	No	금형 부품명	재　질
1	고정측 설치판	SB41 , SB50 SM25C , SM55C	11	코 어	SM50C , SM55C STC7 , SCM440
2	고정측 형판	SM50C , SM55C STC7 , SCM440	12	가이드 핀	STC3-5, STB2 STC2-3
3	스트리퍼 판	SM50C , SM55C STC7 , SCM440	13	가이드 핀 부시	STC3-5, STB2-3 SACM645
4	가동측 형판	SM50C , SM55C STC7 , SCM440	14		
5	받 침 판	SM50C , SM55C STC7 , SCM440	15	앵귤러 핀	STC3-5, STB2 STC2-3
6	다 리	SB41 , SB50 SM25C , SM55C	16	스톱 볼트	SM25C , SM55C
7	이젝터 플레이트 상	SB41 , SB50 SM25C , SM55C	17	리턴 핀	STC3-5 STS2-3
8	이젝터 플레이트 하	SB41 , SB50 SM25C , SM55C	18	스프루 로크 핀	S50C , S55C STC5-7 , SCM44
9	가동측 설치판	SB41 , SB50 SM25C , SM55C	19	스프루 부시	SM50C , SM55C STC5-7 , SCM44
10	분할형 캐비티 블록	SM50C , SM55C STC7 , SCM440	20	로케이트 링	SM50C , SM55C STC7

그림 1-22 분할 사출 금형(앵귤러 핀식)

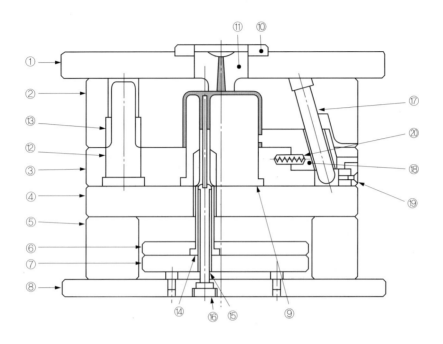

No	금형 부품명	재 질	No	금형 부품명	재 질
1	고정측 설치판	SB41 , SB50 SM25C , SM55C	11	스프루 부시	SM50C , SM55C STC5−7 , SCM44
2	고정측 형판	SM50C , SM55C STC7 , SCM440	12	가이드 핀	STC3−5 STS2−3 , STB2
3	가동측 형판	SM50C , SM55C STC7 , SCM440	13	가이드 핀 부시	STS3−3 , STS2−3 SACM645
4	받 침 판	SM50C , SM55C STC7 , SCM440	14	이젝트 슬리브	STC3−5 STS3 , STB2
5	다 리	SB41 , SB50 SM25 , SM55C	15	코어 핀	STC3−5, STS2−3 SACM645
6	이젝터 플레이트 상	SB41 , SB50 SM25C , SM55C	16	멎음 나사	SM25C , SM55C STC3−5
7	이젝터 플레이트 하	SB41 , SB50 SM25C , SM55C	17	앵귤러 핀	STC3−5, STB2 STC2−3
8	가동측 설치판	SB41 , SB50 SM25C , SM55C	18	사이드 코어	SM50C, SM55C, STS3, STC3−7, SCM435−445
9	코 어	SM50C , SM55C STC7 , SCM40	19	스트리퍼	SM50C, SM55C, STS3, STC3−7, SCM435−445
10	로케이트 링	SM50C , SM55C STC7	20	코일 스프링	SWP, SUP

그림 1−23 슬라이드 코어 사출 금형(가동측 코어식)

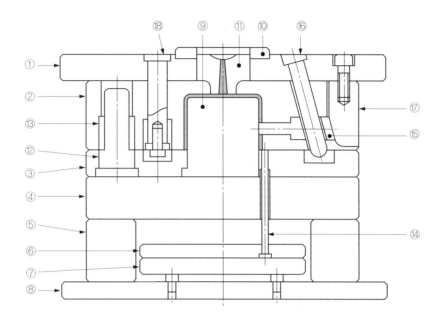

No	금형 부품명	재 질	No	금형 부품명	재 질
1	고정측 설치판	SB41 , SB50 SM25C , SM55C	10	로케이트 링	SM50C , SM55C STC7
2	고정측 형판	SM50C , SM55C STC7 , SCM440	11	스프루 부시	SM50C , SM55C STC5-7 , SCM44
3	가동측 형판	SM50C , SM55C STC7 , SCM440	12	가이드 핀	STC3-5 STS2-3 , STB2
4	받 침 판	SM50C , SM55C STC7 , SCM440	13	가이드 핀 부시	STC3-5, SACM645 STS2-3
5	다 리	SB41 , SB50 SM25 , SM55C	14	이젝터 핀	STC3-5, SACM645 STS2-3 , STB2
6	이젝터 플레이트 상	SB41 , SB50 SM25C , SM55C	15	사이드 코어	SM50C, SM55C, STC3-7 STS3, SCM435-445
7	이젝터 플레이트 하	SB41 , SB50 SM25C , SM55C	16	앵귤러 핀	STC3-5, STS2-3 STB2
8	가동측 설치판	SB41 , SB50 SM25C , SM55C	17	로킹 블록	SM50C , SM55C STC3-5
9	코 어	SM50C , SM55C STC7 , SCM440	18	스톱 볼트	SM25C , SM55C

그림 1-24 슬라이드 코어 사출 금형(고정측 코어식)

제4절 사출 금형의 분류

사출 성형 작업의 생산성을 향상시키고, 높은 정밀도의 제품을 균일한 품질로 양산하면서, 열가소성이나 열경화성 수지에 따르는 다양한 형상의 성형품을 생산하는 사출금형의 종류는 그만큼 복잡해지고, 여러형태의 종류가 되어진다. 사출금형은 구조나 사용목적에 따라 여러 가지 분류방법이 있으나 일반적으로 다음과 같이 분류한다.

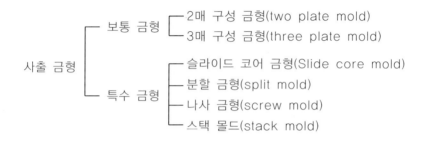

1. 보통 금형

가. 2매 구성 금형
2매 구성 금형은 고정측 형판과 가동측 형판으로 구성되어 있는 금형으로서 파팅라인에 의하여 고정측과 가동측으로 분할되고, 고정측은 사출성형기의 고정측 다이플레이트에 부착되어 수지가 사출되는 측이 된다. 가동측은 사출성형기의 가동측

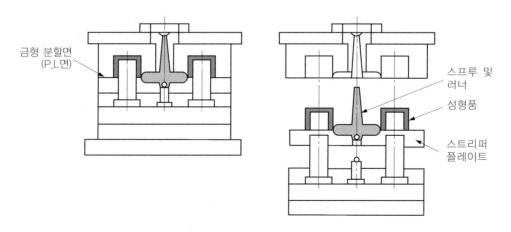

그림 1-25 2매 구성 금형의 작동원리

다이플레이트에 부착되어 일반적으로 이 측에 성형품이 남도록 하므로 밀어내는 기구가 부속하게 된다. (그림 1-25)는 2매 구성 금형 중 스트리퍼플레이트의 작동원리를 나타내고 있다.

2매 구성 금형의 장단점은 다음과 같다.

① 구조가 간단하다

② 금형값이 비교적 저렴하다

③ 고장이 적고 내구성이 우수하며, 성형 사이클을 빨리할 수 있다.

④ 게이트의 형상과 위치를 비교적 쉽게 수정할 수 있다.

⑤ 성형품과 게이트는 성형 후 절단가공을 해야 한다.

⑥ 다이렉트 게이트(direct gate) 이외에는 특별한 공작을 하지 않는 한 게이트의 위치는 성형품의 측면에 한정되어진다.

나. 3매 구성 금형

고정측 설치판과 고정측 형판 사이에 또 다른 한 장의 플레이트(러너 스트리퍼 플레이트라함)가 있고, 이 플레이트와 고정측 형판 사이에 러너가 있으며, 고정측 형판과 가동측 형판 사이에 캐비티가 있도록 구성된 금형이다. 이 금형의 작동원리는 (그림 1-26)에 나타낸 것과 같이 고정측 설치판과 고정측 형판 사이에 러너 스트리퍼 플레이트를 설치하여 고정측 설치판만 사출성형기의 고정측 다이플레이트에 부착

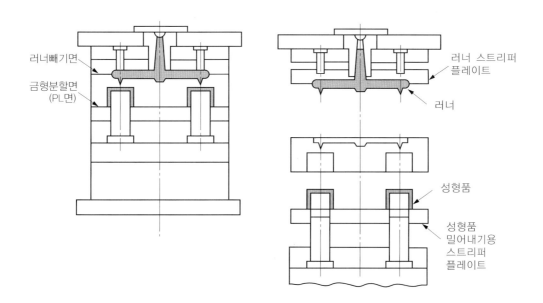

그림 1-26 3매 구성 금형의 작동원리

한 후 고정측 형판과 러너 스트리퍼 플레이트는 가이드 핀의 위를 섭동하도록 되어 있다.

3매 구성금형의 장단점은 다음과 같다.

① 게이트의 위치를 성형품의 요구하는 위치에 잡을 수 있다.

② 핀 포인트 게이트의 적용이 적합하다.

③ 핀 포인트 게이트는 게이트 제거에 일손이 필요하지 않다.

④ 성형품과 유동기구(스프루, 러너, 게이트)를 각각 빼내어야 한다.

⑤ 금형값이 비교적 비싸다.

⑥ 금형을 열기 위해 스트로크(stroke)가 큰 성형기가 필요하다.

⑦ 구조가 복잡하여 고장요인이 많아지므로 내구성이 떨어진다.

⑧ 성형 사이클이 길어진다.

2. 특수 금형

특수한 구조를 가진 사출성형용 금형에는 분할 금형, 슬라이드 코어(slide core)금형, 나사 금형 등이 있다. 이들의 대부분은 사출성형기의 왕복 운동을 이용하여 기어나 경사핀으로 작동시키는데, 유압장치나 공압장치를 금형에 설치하여 작동시키는 경우도 있다. 이들 금형의 특징은 다음과 같다.

① 보통 금형에서 만들 수 없는 측면에 언더컷의 형상 제품을 만들 수 있다.

② 성형 사이클이 길수도 있다.

③ 금형값이 비싸진다.

④ 고장이 나기 쉽다.

⑤ 부속장치가 필요하다.

가. 분할 금형

성형품의 외부를 형성하는 캐비티(cavity)부를 2개 이상의 부분으로 나뉘어서 이동시켜 외부의 언더컷(undercut)부를 성형할 수 있는 금형이다. (그림 1-22 참조)

나. 슬라이드 코어 금형

성형품 외부의 일부가 언더컷으로 되어 있는 것을 슬라이드 코어를 사용하여 처리하는 금형이다. 이 금형에는 가동측에서 움직이는 슬라이드 코어형과 고정측에서 움직이는 슬라이드 코어형이 있다. (그림 1-23, 1-24 참조)

다. 나사 금형

나사붙이 성형품용 금형은 나사의 특성이나 생산방식 등의 많은 요인에 의해 간단하게도 되고 복잡하게도 된다. 이들 요인에 의해 그 처리 대책의 기본으로는 금형의 나사부를 고정 코어로 하거나, 금형의 나사 또는 성형품을 회전시키는 방법 등이 있다. (그림 1-27 참조)

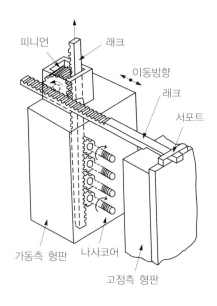

그림 1-27 나사 금형

라. 스택 몰드

접시와 같은 얇고 투영 면적이 큰 성형품은 긴 형개 스트로크보다는 큰 형체력을 필요로 하기 때문에 형체 능력을 배가시켜 성형할 수 있도록 개발된 금형으로서 대개 세부분으로 구성되어 있다. 즉, 체결용 설치판을 향하여 마주 보는 2개의 이젝팅 부분이 있고 스프루 시스템은 중앙에 설치된다. 개발초기에는 반지름 방향의 러너를 사용하였으나 최근에는 핫러너 방식을 채용하여 사용한다. 이 핫러너는 가열된 주러너에 의해 용융수지가 공급되고, 고정측 금형의 이젝터 부분을 통하여 가소화 장치의 노즐과 연결되어 있다. 금형의 중간부분에 핫러너가 있어서 무게가 무겁기 때문에 보통의 가이드 포스트로는 지탱하기 곤란하다. 따라서, 금형은 타이바보다 높거나 낮은 위치에서 안내된다. (그림 1-28 참조)

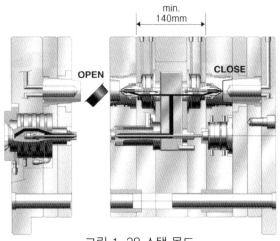

그림 1-28 스택 몰드

익힘문제

1. 사출 성형의 원리를 쓰시오.

2. 2매 구성 금형의 특징을 쓰시오.

3. 3매 구성 금형의 특징을 쓰시오.

4. 스프루 로크 핀(sprue lock pin)의 역할을 쓰시오.

5. 슬라이드 코어(slide core)가 사용되는 목적은?

6. 분할 금형을 간단히 설명하라.

7. 3매 구성 금형에서 런너 스트리퍼 플레이트의 설치 목적은?

8. 특수 금형의 종류를 쓰시오.

9. 리턴 핀(return pin)의 역할을 설명하시오.

10. 플라스틱 금형의 동향을 간략히 쓰시오.

11. 플라스틱 성형법의 종류를 들어라.

12. 압출 성형법에 의한 가공물 예를 드시오.

13. 블로우 성형을 간단히 설명하고, 그 사용 예를 들어라.

14. 금형 내에 용융 수지를 사출하지 않고 금형에 분말수지를 넣고 일정한 시간동안 가압 가열하는 성형방법은?

15. 열가소성 플라스틱 시이트를 금형 형상위에 밀착시키고 그 내부를 진공으로 만들면서 가열하므로 금형 형상과 같게 성형하는 방법은?

16. 이젝터(돌출)를 위하여 작동한 이젝터 플레이트를 처음의 위치로 되돌려 보내기 위하여 사용되는 것은?

17. 압축금형에서 금형이 형합할 때 캐비티부의 성형재료가 유출없이 전부 성형되는 금형 형식은?

18. Try shot(시험사출)의 목적은?

19. 금형의 형개, 형폐방향의 직선운동만으로 성형품을 금형으로부터 이형시킬 수 없는 부분을 무엇이라고 하는가?

20. 이젝터 플레이트와 가동측 설치판 사이에 불순물이 낄 경우 이를 해소하기 위한 기구는?

21. 이젝터 핀이 작동하도록 공간을 만들어 주는 금형 부품은?

22. 사출기의 노즐과 금형의 스프루 부시의 중심을 일치되도록 금형 부착시 안내 기능을 하는 기구는?

제2장

사출 성형용 재료

제2장

사출 성형용 재료

제1절 개 요

플라스틱 재료는 20세기의 재료 혁명의 큰 부분을 차지하고 있다. 현재 사용되고 있는 기초 재료의 대부분은 아주 옛날부터 있었던 것으로 유리, 철강, 도자기 등의 재료는 4~5천년전부터 존재했었다. 플라스틱은 가볍고 외형이 아름다우며 녹이 슬지 않을 뿐만 아니라, 강도도 있어 인간의 일상생활의 광범위한 분야에서 사용되며 특히 각종 공업용, 구조용 재료로서도 그 가치가 높이 평가되어 급속한 발전이 이루어지고 있다. 플라스틱 재료는 1908년 셀룰로이드가 발명되고, 1909년 페놀수지를 시작으로 그 후 수많은 열경화성, 열가소성 플라스틱이 개발되었다.

초기에 개발된 열경화성 플라스틱은 일반적으로 약하고 충격강도도 낮았었다. 또한 열가소성 플라스틱도 초기에 개발된 폴리스티렌, 아크릴, 염화 비닐, 폴리에틸렌 등은 상온에서 취약하던가, 100℃이하의 온도에서는 현저히 기계적 강도가 떨어지는 결점이 있었다. 그러나 1953년 개발된 폴리아세탈이 1958년 SPE의 기관지에 데를린(Derlin)으로 발표되었다. 이것은 장기간의 하중에도 견디며, 우수한 윤활성을 이용해서 기어, 캠과 같은 섭동용 기계 부품에 적합하며, 그 탁월한 성형성을 이용하여 금속 재료의 대체 재료로서의 위치가 확보되었다.

나아가서 1957년 개발된 폴리카보네이트의 우수한 내충격성과 내열성, 나일론의 윤활성, 내열성 및 높은 기계적 강도 등으로 공업용 재료로서의 플라스틱의 이용 가치가 높게 평가되기에 이르렀다. 초기의 플라스틱에서는 기대할 수 없었던 이와 같은 공업용 재료로서의 적성을 가진 것을 엔지니어링 플라스틱(engineering plastic)이라고 부르게 되었다.

현재의 플라스틱 산업은 원료의 생산 부분, 가공 부분, 그리고 관련 부분으로 구성되어 있으며, 원료의 생산 부분은 플라스틱의 합성 과정으로서 근대적인 장치 산업이다. 가공 부분은 플라스틱의 가소성을 이용하여 형상을 부여하는 것으로 압출기 등에 의한 연속 성형과 사출 성형 등의 금형에 의한 단속 성형으로 분류된다. 관련 부분은 성형기와 부속기계의 제조 부문 및 금형 제조부문으로 분류된다. (그림 2-1) 은 합성수지의 원료에서 제품화되는 공정을 보여준다.

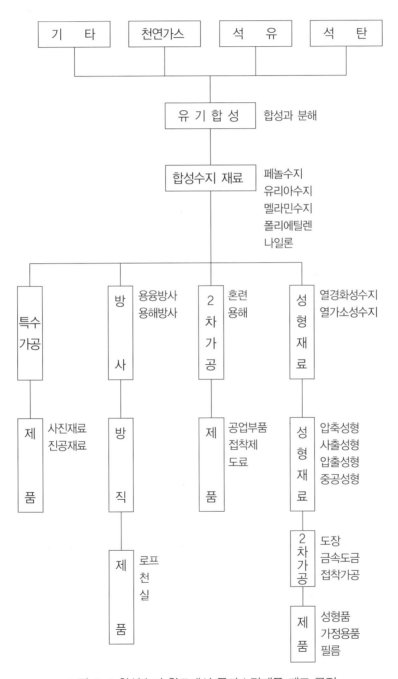

그림 2-1 합성수지 원료에서 플라스틱제품 제조 공정

1. 플라스틱의 성형 특성

일반적으로 플라스틱의 성형은 성형 재료를 가열, 가압하여 소성변형(plastic deformation) 시켜서 요구하는 형상의 제품을 만드는 것이다. 열경화성 수지와 열가소성 수지는 가열, 가압하에 있어서 재료의 거동이 차이가 있다. 어느 것이나 그 성형 과정을 고찰하면 다음과 같이 공통되게 구분할 수 있다.

가. 가소화(Plasticization)

플라스틱에 열을 가해서 녹인다고 하는 것은 별로 의미가 없는 것으로 보이지만 고분자와 저분자에서는 큰 차이가 있다. 저분자인 경우는 그 물질 특유의 온도(융점)에서 녹아 액상(液狀)이 되고 차츰 분자량이 커지면 일반적으로 융점이 높아진다. 이것은 분자량이 커짐에 따라 분자 자체의 덩어리가 커지므로 간단히 움직일 수 없기 때문이다.

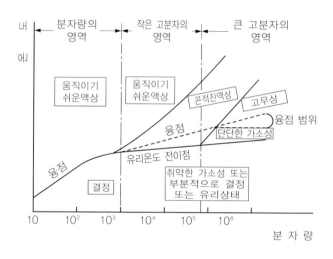

그림 2-2 분자량과 융점, 유리온도, 전이점 관계

고분자가 되면 이 상태가 심해져서 상당한 고온으로 되지 않으면 움직이기 쉬운 액상으로 되지 않는다. 이러한 상태 변화는 "녹인다", "흐른다", "굳힌다"의 기본 과정을 거쳐 성형품을 만들게 되는 과정에서 중요한 의미를 갖는다.

수지에 열을 가하여 녹는 과정을 보면, 처음에는 자유로이 유동할 수 없는 긴 덩어리이므로 부분적으로 맥동하는 상태(마이크로 브라운 운동이라고 함)가 있고, 차차 흔들리기 시작하여 최후에 자유로운 유동 상태가 된다. 여기에서 일부분만이 유동을 시작하는 온도가 유리 전이점이고, 완전히 유동되는 온도가 융점이다. 체적이 커질수록 맥동에서 자유로운 유동까지의 시간이 길어진다. (그림 2-2 참조)

그러나 유리 전이점 이하의 온도에서는 분자 세그먼트는 동결상태에 있으므로 취약하고 굳어서 강한 힘을 가하면 맥없이 깨지고 만다. 이것이 유리 전이점을 넘으면 분자가 마이크로 브라운(micro brown) 운동 상태로서 외력에 의해 변형하기 쉬워져서 힘을 가하면 길게 늘어나서 끊어지게 된다.

분자가 유동하기 시작하는 상태가 된 점에서 체적이 급격히 증가하고, 유리 전이점에서 비열, 열팽창률, 탄성률 등도 급격히 변화한다. 다시, 온도가 올라가서 융점이 되면 비결정성 폴리머의 체적 증가율은 변하지 않으나, 결정성 폴리머는 결정의 다발(束)이 녹아서 자유로이 유동되므로 체적은 급격히 커진다. 결정이 녹기 위해서는 융해열이 필요하고, 비열도 현저하게 커진다. 반대로 용융 상태에서 냉각되어 결정화할 때는 융해열과 같은 결정화 열을 방출하게 된다.

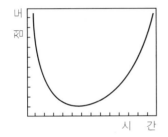

그림 2-3 적당한 온도로 가열시의 페놀
수지의 점도의 시간적인 변화

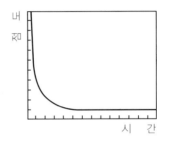

그림 2-4 적당한 온도로 유지시의 열가
소성수지의 점도의 시간적인 변화

이와 같이 결정성 폴리머와 비결정성 폴리머와는 융해 냉각에서의 거동이 다르므로 성형시 많은 주의가 필요하게 된다. 열경화성 재료는 (그림 2-3)과 같이 점도는 시간과 더불어 변화하지만 열가소성 재료는 (그림 2-4)와 같이 일단 점도가 내려간 후는 그 상태가 유지되고 있다.

나. 모양의 형성(흐르게 한다)

플라스틱 수지를 성형할 경우 잘 흐르게 하여야 하는데, 점도가 나쁘면 금형의 세밀한 곳까지 흘러 들어가기 어렵고, 너무 묽으면 금형의 파팅 라인에서 새어나와 충전부족을 일으키므로 점도가 낮을수록 좋다고 해도 한계가 있다. 따라서 플라스틱의 성형성을 고려할 경우 온도 상승에 따른 점도 변화를 조사하는 것이 필요하다. 이와 같은 온도 변화에 따른 점도를 조사하는 측정기로는 멜트 인덱스, 고화식, 플로테스터, 고압세관 점도계 등이 있다. 그런데, 실제의 성형에서 플라스틱을 일정온도로 성형한다는 것은 쉬운 것 같지만 상당히 어렵다. 그것은 플라스틱 자체가 열의 불량도체이므로 단시간에 내부까지 균일하게 가열하기 어렵기 때문이다.

물론 오래 가열하면 내부도 동일 온도로 되겠지만, 성형 사이클이 길어지고, 또 수지에 따라서는 열분해로 성능이 저하된다. 이와 같은 이유로 사출 성형기의 실린더 내에서 플라스틱을 충분히 혼합하고 균일한 온도가 되도록 한다. 그렇다고 해서 물과 같이 묽은 것이 아니고 끈적끈적한 것이므로 뒤섞는다는 것보다는 마치 떡을 포개는 것과 같이 강력한 스크루를 사용하거나 열 롤(roll)에 의해 혼련 시킨다. 이와 같은 혼련 조작은 안료를 가해서 색을 내거나 안정제나 산화 방지제와 같은 열화방지제를 충분히 섞기 위해서도 필요한 조작이다. 그런데 이 혼련 조작은 마찰을 수반하게 된다. 또한 폴리머끼리를 강력하게 혼합하므로 폴리머 입자간의 마찰이 일어나서 마찰열을 발생하고 이것이 강하면 비정상적인 발열을 해서 열분해를 일으키므로 마찰열을 적당히 조절하지 않으면 안된다.

조절 방법은 기계적으로 스크루 내부에 물을 통하게 하거나 배럴(barrel) 외측을 물과 공기로 냉각해서 조절한다. 플라스틱을 압출기로 가열 혼련할 때 생기는 마찰에는 입자끼리의 마찰과 가열통과 플라스틱의 마찰이 있다.

그리고 성형가공성을 좋게 하기 위하여 흐름을 원활하게 하여야 하는데 그 방법은 다음과 같다.

① 폴리머의 극성을 저하시켜 분자간 응집력을 작게 한다.

② 폴리머의 중합도를 내린다.

③ 흐름이 좋은 폴리머를 가한다.

④ 활제, 가소제와 같은 활성을 주는 것을 가한다.

⑤ 가공 온도를 높인다.

⑥ 성형기의 표면 미끄럼 정도를 좋게 한다.

열가소성 재료의 유동성을 측정하는 것은 ASTM에 의한 흐름속도에 의한 방법, 스파이럴 플로에 의한 방법 등이 있다.

(1) 멜트인덱스 법

멜트인덱스(Melt index)법에 의한 유동성 측정은 ASTM-D1238-65T에 의해 내경 2(mm) 길이 8(mm)의 오리피스를 선단에 붙이고 내경 9.55(mm)의 실린더와 피스톤으로 구성된 플라스토미어터(Plastometer)를 사용해서 규정된 온도와 규정된 압력으로 밀어냈을 때 10분 사이에 노즐로부터 나온 유출량(g/10min)을 가지고 멜트인덱스 또는 플로레이트(Flow rate)라고 한다.

이 경우 압력은 0.46~30(kg/㎠) 범위에서 작용하며 실제 사출성형시의 압력보다 매우 낮은 압력이므로 그대로 실용하기는 어렵다. 또 이 값은 폴리에틸렌을 기준으로 하여 정해진 것이며 하나의 기준으로 사용하면 편리하다. (그림 2-5)는 멜트인덱서의 중심단면도를 나타낸다.

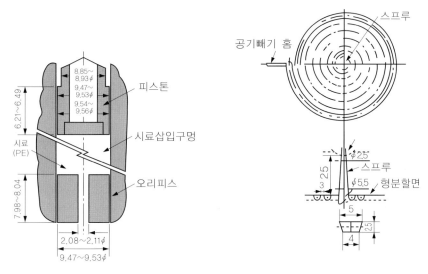

그림 2-5 멜트인덱서의 중심 단면도   그림 2-6 스파이럴 금형의 예

⑵ 스파이럴 플로에 의한 방법

멜트인덱스법에 의한 유동성의 측정은 흐름의 용이성을 비교하는데는 편리한 방법이지만 실제의 사출형에 있어서 그대로 적용하는데는 불충분하다.

스파이럴플로법(Spiral flow method)은 이 결점을 없애 실제로 금형에 사출 성형기로 사출했을 때의 경우의 유동성을 측정할 수 있는 장점이 있다.

측정방법은 (그림 2-6)과 같이 스파이럴 모양의 성형품이 되도록 스파이럴 중심에 노즐 및 게이트를 설치한 금형을 이용해서 일정한 온도와 압력, 금형온도 사출속도로 규정시간에 사출되어서 스파이럴 안에 충진된 성형품의 길이를 플로길이(Lm)라고 부르고 스파이럴플로 특성치로 한다.

다. 냉각에 의한 경화(굳힌다)

열경화성 플라스틱을 사출성형할 때는 굳어지기 전에 빨리 금형 속으로 보내어 경화 시킨다. 금형내에서 화학 반응으로 경화시키므로 완전히 냉각하지 않아도 제품을 꺼낼 수 있다. 그런데 열가소성 플라스틱의 경우는 냉각하지 않으면 물러서 금형에서 꺼낼 수 없다.

굳히는 방법은 플라스틱의 종류에 따라서 다르다. 열가소성 플라스틱 중에서도 결정성 폴리머의 경우에는 냉각하는 속도에 따라 결정화 상태가 바뀌지는데 천천히 냉각시키면 결정화가 진행하며, 반대로 급냉하면 결정화가 진행되기 전에 고화하므로 결정립이 작고 결정화도 낮게 된다.

결정 입자의 크기를 미세화하고 결정화도를 높이도록 하면 성형품의 투명도, 광택, 강도, 경도가 향상되는데, 금형 온도가 얼마나 중요한지를 알 수 있다. 또 성형품은 모양이 다양한 만큼 살이 얇은 곳은 빨리 식고, 두꺼운 곳은 늦게 냉각되나 플라스틱은 금속과 달라서 열의 불량도체이므로 냉각 속도가 느리다.

따라서 냉각 속도의 차는 부분적인 온도차로 되어서 성형 수축과 내부응력의 원인이 되어 변형을 일으킨다. 따라서 금형의 구조를 어떻게 하여야 하는가가 문제로 된다.

2. 플라스틱 재료의 일반적인 특성

가. 가볍다

에너지 절약이 중시되는 자동차와 항공기는 물론 수송기계, 측정기기 등에 이르기까지 재료의 경량화가 요망된다. 플라스틱의 비중은 불소수지 계통인 폴리클로로트리플루오르 에틸렌(PCTFE)이 2.1~2.18로 특별히 높은 것도 있으나, 보통의 무기질 재료인 플라스틱은 충전을 해도 비중이 1.6으로 최대이고, 최저인 폴리너 메틸펜텐(PMP)은 0.83~0.84로서 플라스틱 재료의 평균은 1.2 정도이나 그러나 발포제품은 0.04정도까지 낮은 것도 있다.

나. 내식성이 크다.

공기중, 수중, 약품 중에서 내식성은 금속 재료보다 높고, 4불화 에틸렌 수지 등은 유기용제에도 침식되지 않는다. 보통 녹의 발생이 적고, 광택을 갖는 표면의 유지가 용이하고, 해수중에서도 부식되지 않고 사용되는 것이 많다.

다. 완충성이 크다.

플라스틱의 탄성계수는 평균 200(kgf/㎟) 정도로서, 약 1/100 즉, 같은 외력에 대하여 100배나 변형할 수 있다. 따라서 고무보다는 못하지만 상당한 완충작용을 함과 동시에 충격소음 발생의 방지 작용도 할 수 있다.

라. 자기 윤활성이 풍부하다.

4불화 에틸렌 수지, 폴리아세탈, 나일론 등의 결정성 플라스틱은 윤활제를 공급하지 않아도 강과 플라스틱 재료 사이의 마찰이 크게 줄어든다. 즉, 자기 윤활성이 우수하므로 베어링, 기어, 패킹(packing), 브레이크(break) 등의 습동부의 건조 마찰부에 이용된다.

마. 성형성이 우수하다.

플라스틱 재료는 1개의 도금한 금형으로 10만개 이상의 성형품을 고속 사이클로 좁은 장소에서 제작할 수 있고, 복잡한 형상의 것이라도 높은 치수 정밀도로 제작할 수 있다. 성형 가공비는 금속의 1/5~1/10 정도이다.

바. 색채가 다양하다.

플라스틱은 원래 무색 또는 담색이므로 투명한 것에 각종 안료를 넣어 여러 가지 산뜻한 색채를 갖게 할 수가 있다.

사. 복합화에 의한 재질의 개량이 가능하다.

플라스틱을 공업 재료에 이용할 때는 단체보다는 유리섬유, 카본섬유, 아스베스트, 탄산칼슘, 마이커, 웨스커(Whisker) 등의 각종 무기질 충전재를 첨가하여 실용화가 확대되고 있다. 비교적 저온에서 용융상태가 되는 플라스틱은 이들 무기질 재료를 고체상태로 복합화해서 안정된 고체물질로 만들 수 있고, 기계적 강도, 내열성, 내자외선, 열화성, 미끄럼 특성, 치수 정밀도와 안정성의 향상 등 물성의 개량에 의해 실용 특성을 향상시킬 수 있다.

아. 저내열성

플라스틱의 융점은 보통 120~325℃ 정도로서 강과 비교하면 현저히 낮다. 따라서 열변형 온도도 50~200℃의 범위가 되어 고온에서의 사용에는 견디지 못한다.

자. 치수가 불안정하다.

플라스틱의 열팽창 계수는 평균 강의 5배 정도로서 온도 변화에 따르는 수축, 팽창에 의한 치수 변화가 크다. 그리고 흡습성이 높은 플라스틱은 습도변화에 의한 팽창, 탈습으로 인한 치수 변화가 크다. 그밖에 성형가공시에 생긴 내부응력에 의해 사용 중 또는 시간 경과에 의한 치수 변화도 크다.

차. 기계적 강도가 낮다.

플라스틱 단체의 인장강도는 보통 1~9(kg/㎟)로서 강에 비해 매우 낮다. 그리고 탄성계수도 평균 1/100 정도로 변형저항도가 현저하게 낮다. 또 일반적으로 충격값이 연강의 1/100 정도이며, 특히 유리 전이점이 높은 비결정성 플라스틱은 상온에서 취약하다.

카. 내구성이 낮다.

플라스틱은 성형 가공 후 시간이 지나면 화학적인 변화에 의해 취약해지는데, 특히 옥외 노출상태에서는 자외선 열화를 수반하므로 약화한다.

한편, 근래에 개발된 재료에서는 이들 단점을 어느 정도 극복한 것, 또는 특수한 공업적 요구에 부응한 성능을 가진 이른바 엔지니어링 플라스틱이 많이 있다.

3. 결정구조–분자배열(Molecular Organization)

고분자에는 비결정성의 분자와 결정성의 분자가 있다. 전자는 거의 결정구조를 취할 수 없다. 즉, 무정형 상태를 지니는 고분자이다. 후자 즉, 결정성 플라스틱은 결정화가 안성맞춤인 환경 속에는 상당한 비율의 분자가 규칙적으로 배열한 결정부분을 내포하는 조직으로 된다.

가. 결정성(Crystalline) 플라스틱

용융점 이하에서 폴리머의 각 분자들은 상대분자에 대해 특별한 위치를 갖는다. 예를 들면 얼음은 물의 결정성이다. 물이 얼었을 때 각 분자는 그 주위에 대해 상대적 위치를 갖는다. 또 0 ℃ 이상에서 얼음 결정구조는 붕괴되고 녹는다.

(1) 결정성 구조적 특징

① 분자의 규직적인 배열로 이루어진다. (그림 2-7 참조)

② 특별한 용융 온도나 고화 온도를 갖는다.

③ 분자간의 결합력이 강하다.

④ 일반적으로 수지가 흐름 방향으로 크게 배향하기 때문에 흐름 방향과 직각 방향의 수축률 차가 크게 되어 성형품의 굽힘, 휨, 뒤틀림이 발생하기 쉽다.

⑤ 금형 온도는 수축률에 미치는 영향이 크기 때문에 금형 온도 관리를 충분히 하지 않으면 치수 변동이 크다.

(a) 비결정성　　　　(b) 배열 안 된 결정성　　　　(c) 배열된 결정성

그림 2-7 결정화 모형도

나. 비결정성(Armorphos) 플라스틱

분자간의 인장력에 의해 분자 배열이 정돈되지 않고 어느 한 방향으로 정돈되어 있는 것을 말한다.

이것은 특별한 용융온도를 갖지 않으며, 온도가 높을수록 유체보다 유동성이 더 크고 온도가 낮을수록 유동성이 더 작다. 결정성에 비해 흐름방향과 직각 방향의 수축률의 차는 매우 작아 치수 정도를 높일 수 있다. 비결정성 플라스틱의 예를 들면 PMMA, PS, ABS, PVC, PC 등이다.

다. 결정성과 비결성 Plastics의 비교

〈표 2-1〉은 결정성과 비결정성 플라스틱의 비교를 나타낸 것이다.

표 2-1 결정성과 비결정성 플라스틱 비교

결정성 플라스틱	비결정성 플라스틱
1. 수지가 불투명하다.	1. 수지가 투명하다.
2. 온도상승 → 비결정화 → 용융상태	2. 온도상승 → 용융상태
3. 수지용융시 많은 열량이 필요하다.	3. 수지용융시 적은 열량이 필요하다.
4. 가소화 능력이 큰 성형기가 필요하다.	4. 성형기의 가소화 능력이 작아도 된다.
5. 금형냉각시간이 길다.	5. 금형 냉각시간이 짧다.
(고화과정에서 발열이 크므로)	
6. 성형 수축률이 크다. 성형수축률 : 1.2~2.5%	6. 성형수축률이 작다. 성형수축률 : 0.4~1.2%
7. 배향(Orientation)의 특성이 크다.	7. 배향의 특성이 작다.
8. 굽힘, 휨, 뒤틀림 등의 변형이 크다.	8. 굽힘, 휨, 뒤틀림 등의 변형이 작다.
9. 강도가 크다.	9. 강도가 낮다.
10. 제품의 치수정밀도가 높지 못하다.	10. 치수정밀도가 높은 제품을 얻을 수 있다.
11. 특별한 용융온도나 고화온도를 갖는다.	11. 특별한 용융온도를 갖지 않는다.

라. 분자배향

용융된 플라스틱 재료가 금형의 캐비티에서 흐름과 함께 냉각이 진행되면서 점도가 높아져 간다. 이때 플라스틱 재료에 전단력이 작용하면 분자가 끌려가서 힘의 방향으로 직렬상으로 정렬하게 된다. 이 현상을 분자 배향이라고 한다. 분자 배향이란 예를 들면 고무를 잡아당기는 상태에 가깝고 힘을 제거하면 원래의 상태로 돌아가려 한다. 이 상태에서 냉각이 진행되고 완전하게 굳어지면 성형품의 내부에 변형이 생기게 되어 성형품이 물성에 지대한 영향을 미친다.

분자 배향이 일어나는 과정을 고찰하기 위해 용융된 플라스틱 재료가 금형 내의 관내를 (그림 2-8)과 같이 흐르는 경우를 보자. 그림 (a)에서는 중심부가 흐름속도가 가장 빠르고 관벽 쪽으로 가까워짐에 따라 흐름이 늦어져서 관벽 표면에 가장 가까운 부분부터 거의 흐르지 않는 층이 생겨 그림 (b)와 같이 표층을 만든다. 따라서 중심부와 관벽 사이에 속도 구배 즉 전단속도가 생기게 되고 그 결과 냉각되고 있는 관벽 부의 고분자 사슬이 압입되는 용융체에 의해서 큰 전단력을 받아서 흐름방향으로 잡아당겨진 채로 굳어지게 된다. 이것이 배향이 일어나는 과정이며 그림 (b)에 나타낸다.

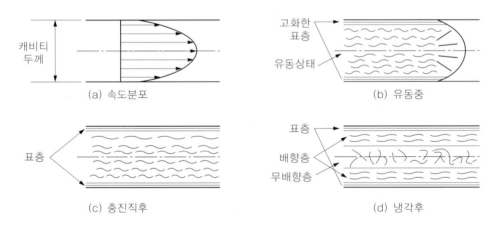

그림 2-8 배향의 형성 과정

(그림 2-9)는 사출성형에 있어서 수지 유동에 의한 분자 배향을 모형화 한 것이다.

배향은 성형방법에 큰 영향을 받는다. 사출성형에서는 원리상 성형품에서 배향을 없앨 수는 없다. 그러나 배향도를 감소시키는 것은 어느 정도 가능하다. 금형내에 충전된 플라스틱 재료의 온도, 전단 압력, 유동의 방향성 등은 배향도를 지배하는 인자이다.

배향도가 높게 된 성형품은 배향의 방향과 그것에 직각방향에 대해서는 물성상 이방성이 생기고 배향 방향보다 직각방향의 물성이 낮아진다. 또한 이를 배향 관계로 성형품 내부에 잔류 응력이 생겨 재료의 기계적 특성, 열적특성, 치수적 특성 등에 방향성이 나타나 성형품의 품질에 지대한 영향을 미친다.

대부분의 경우 직각방향보다 크게 나타난다. 또한 배향성은 성형품의 기계적 성질에 방향성을 부여하는 외에 성형품의 휨, 뒤틀림 등의 변형의 원인이 되며 경우에 따라서는 성형품에 균열이 일어나게도 된다.

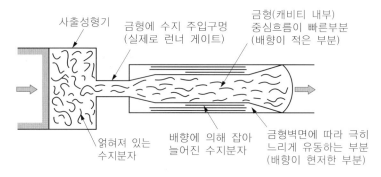

그림 2-9 사출성형공정 중에서 융융수지의 유동에 의한 분자 배향을 모형화한 그림

(그림 2-10)은 동일 제품에 있어 게이트 위치에 따른 유동 방향과 수축변형을 나타낸다. 일반적으로 배향이 가급적 적은 성형품이 바람직하다.

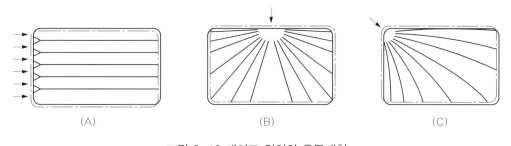

(A)   (B)   (C)

그림 2-10 게이트 위치와 유동배향

마. 유동 특성

플라스틱 재료는 그 내부에 점성과 탄성을 갖고 있는 점탄성체이다. 따라서 적당한 방법에 의해 임의의 형태를 쉽게 부여할 수 있을 뿐만 아니라 이 형태를 상온에서 유지할 수 있으므로 유용성이 증대된다. 사출 성형에서 재료에 변형을 일으키는 유동 이론에 대한 이해를 함으로써 고품질의 성형품을 만들 수 있으며, 폴리머의 특

성을 이해할 수 있다. 물질의 유
동에 대해 이상적인 경우를 가
상한 것이 뉴턴 운동이다. (그림
2-11)과 같이 액체내에 2개의 평
면이 있을 때, 2개의 평행한 평
면 사이의 거리를 dv, 윗면 A에

$$F/A = \tau = \eta \, \frac{dv}{dy} \quad \begin{cases} \tau \,:\, 전단응력 \\ \eta \,:\, 점성계수 \end{cases}$$

힘 F를 작용시켜서 dv만큼 속도가

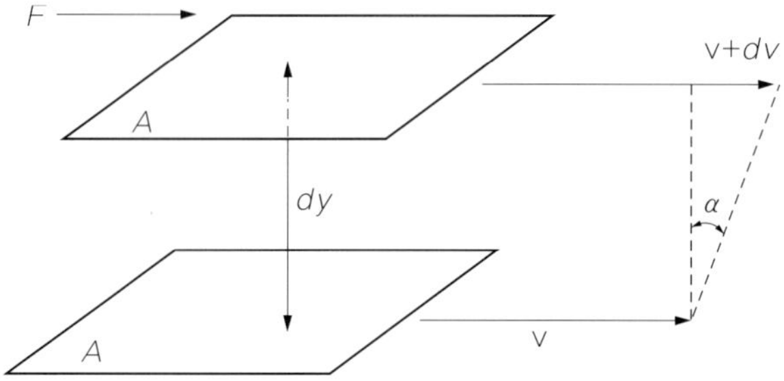

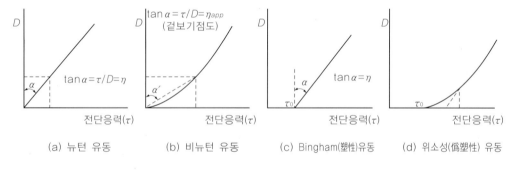

그림 2-11 게이트 위치와 유동배향

빨라진 경우에 뉴턴 유체에서는 다음 식이 성립한다.

여기서 점성 계수 η는 유체의 종류, 온도 및 압력에 의해 변화한다. 일반적으로 고분자 재료는 비뉴턴 유동을 하며, (그림 2-12)는 물질의 유동 특성을 나타낸다.

| (a) 뉴턴 유동 | (b) 비뉴턴 유동 | (c) Bingham(塑性)유동 | (d) 위소성(僞塑性) 유동 |

그림 2-12 게이트 위치와 유동배향

플라스틱의 종류 및 특징

　고분자로 이루어진 플라스틱 재료를 실제로 사용하는 데는 고분자 화합물만의 순수한 수지(resin)에 각종 충전제 및 첨가제를 가하여 실용화하고 있는 경우가 많으나, 플라스틱은 수지부분에 대해서 다음과 같이 대별하고 있다.

　성형용 수지는 열경화성 수지와 열가소성 수지의 2종류로 분류한다. 열경화성 수지는 열과 압력을 가하면 용융되어 유동상태로 되고, 일단 고화되면 다시 열을 가하더라도 용융되지 않으므로 재사용이 불가능한 수지이다. 이것은 경화과정에서 화학적 반응으로 새로운 합성물을 형성하기 때문이다. 열가소성 수지는 열을 가하면 용융되고, 고화된 수지라 할지라도 다시 가열하면 용융되어 재사용이 가능하며, 주로 사출 성형용 재료로 많이 사용되고 있다.

　열가소성 수지는 다시 결정성 수지와 비결정성 수지로 분류된다. 결정성 수지는 분자구조에서 바른 규칙 배열을 하고 있는 것으로서 금속처럼 100(%) 결정으로 되는 것이 아니고 이 중 몇 %가 결정화하는데 불과하며 비결정부와 혼재하고 있다.

　전체 중량과 결정부와의 중량비를 결정화도라고 하며, 수지의 종류에 따라 25~80(%) 정도의 결정화도를 나타내며, 같은 수지일지라도 냉각속도에 따라 결정화도는 변하여 성형 후 급냉하면 결정화도가 낮고 서냉하면 결정화도가 높게 된다.

　비결정성 수지는 투명하며 단순히 온도가 높아짐에 따라 용융되어 성형할 수 있으나 결정성 수지에서는 우선 결정융점에 달하여 이 온도에서 결정이 풀려 비결정으로 되고 계속되는 가열에 의해서 용융상태로 되어 성형할 수 있다.

　따라서 결정성 수지에서는 결정을 용해시키기 위한 여분의 열이 필요하며 성형온도까지 수지의 온도를 높이는데는 비결정성 수지보다 많은 에너지를 필요로 하므로 가소화 능력이 큰 성형기가 필요하게 된다. 능력이 작으면 팰릿(pellet)이 부분적으로 덜 용융되어 사출될 때도 있다.

　또 성형 후 고화될 때 비결정성 수지에서는 열팽창에 상응하는 성형 수축이 되지만 결정성 수지에서는 결정화에 따른 용적 감소, 즉 결정 수축으로 인하여 전체적으로는 큰 성형 수축을 나타낸다.

　사출 성형에 있어서 수지는 흐르는 방향으로 배향하는 성질이 있으며 결정성 수지에서는 결정화될 때 배향하기 때문에 흐름 방향과 직각 방향과의 큰 강도 차이를 나타내며, 또한 성형 수축도 커서 성형품의 굽힘, 뒤틀림 등을 일으키기 쉽다. 이 방향 차는 일반적으로 저온·고압에서 성형할수록 크게 나타난다.

1. 열가소성 수지(Thermo plastic)

가. 범용 수지

사출 성형용 범용 수지에는 폴리스티렌(PS), 폴리에틸렌(PE), 폴리프로필렌(PP)이 포함되어 있으며, 이 3가지가 전체 사출 성형용 수지의 약 70(%)를 차지하고 있다. 이것들은 어느 것이나 사출 성형에 있어서 유동성이 좋으며, 특히 예비 건조할 필요도 없고 어떤 형식의 사출 성형기로도 성형이 가능하다.

(1) ABS 수지(acrylonitrile-butadiene-styrene)

ABS 수지는 아크릴로니트릴(A), 부타디엔(B), 스티렌(S)의 3자가 합성되어 있다. 이 수지의 성분 비율이나 결정 방법, 제조 방법 등을 여러 가지로 변화시킴으로써 성질이 다른 종류의 것을 만들 수 있다. 이것은 넓은 온도 범위에서 내충격성, 강인성, 컬러링(coloring), 내약품성, 성형 가공성 및 치수 안정성 등 우수한 성질을 가지고 있지만 유동성이 좋지 않으며 내구성이 약하다.

용도는 TV, 라디오, 청소기의 케이스, 전화기 본체, 냉장고 내상, 에어컨 그릴, 용기, 헬멧 등에 쓰이며, 또한 플라스틱에 도금을 필요로 하는 것에 적당하다. 금형 제작시 유의할 사항으로는 유동성이 좋지 않기 때문에 러너를 크게, 길이를 짧게 하고, 성형품 빼기 구배는 2°이상 주어야 하며 공기 빼기를 고려해야 한다.

(2) 폴리에틸렌(polyethylene : PE)

폴리에틸렌은 매끈한 외관을 가지며 결정화도가 높은 수지이다. PE는 제조 방법에 따라 저밀도(LDPE), 중밀도(MDPE), 고밀도(HDPE)가 있다. PE는 비중이 작으며, 인장강도 및 연신율이 크고 충격이 강하다. 전기적 성질, 특히 고주파 특성이 우수하며 내약품성이 좋고 유기용제에 강하다. 또 흡습성이 거의 없고 저온에서 취약하지만 성형수축률이 크고 접착이 잘되지 않는 특징이 있다.

용도는 전선 피복, 고주파 부품, 용기류, 포장제, 튜브, 파이프 등에 많이 쓰인다. 금형제작시 유의할 사항으로는 성형품의 변형을 방지하기 위하여 충전속도가 빠르게 되도록 게이트와 러너를 만들어 주는 것이 필요하다. 또 수축률이 크고 변형이 심하기 때문에 금형 온도를 균일하게 유지할 수 있는 냉각 회로가 바람직하다.

(3) 폴리프로필렌(polypropylene : PP)

폴리프로필렌은 유백색, 불투명 또는 반투명으로 범용 수지 중에서 제일 가볍다.(비중 0.9) PP는 결정성 수지에 속하며, 폴리스티렌에 비하여 광택이 좋고 스트레스, 균열, 내약품성이 좋다. 또 내충격성이 강하고, 힌지(hinge)성이 좋아 수백회 반복 굽힘에도 견딜 수 있다. 용도는 PE와 비슷하며 세탁기의 회전날개 및 세탁조, 배터리 케이스, 카세트 케이스, 단자, 배선기구 등에 쓰인다.

힌지가 있는 성형품의 경우 충전부족, 힌지부의 웰드 라인(Weld line) 발생 등을 방지하기 위해 게이트의 위치에 주의할 필요가 있다. 또 변형을 방지하기 위하여 다점 게이트로 하는 것이 좋다.

(4) 폴리스티렌(polystyrene : PS)

맛과 냄새가 없으며 수정처럼 맑고 투명한 수지이다. 착색이 잘 되며, 비중이 작고 성형성이 좋으며 치수 안정성이 좋고 흡습성이 낮다. 그러나 취성이 있고 열에 약해 100℃ 이상에서 견디지 못하며, 흠이 생기기 쉽다. 용도로는 냉장고 내상, 선풍기 날개, 측정기 케이스, 회로부품의 프레임, 완구류 등이며 발포한 것은 단열재, 포장재, 전기 전열재 등으로 쓰인다.

PS성형품을 금형에서 빼낼 때 균열이 생길 우려가 많으므로 이젝팅 방법을 고려하여야 하며 언더컷은 되도록 피하는 것이 좋으며, 경면 사상성이 좋은 금형재료를 사용하는 것이 좋다. 여기에는 일반용(GPPS)과 내충격용(HIPS)이 있다.

나. 공업용 수지(engineering plastics)

(1) 폴리아미드(polyamide : PA)

폴리아미드 수지에는 6나일론(PA6), 66나일론(PA66), 11나일론(PA11) 등의 종류가 있다. PA수지는 그 종류에 따라 성질도 다르지만 PE, PP와 같이 대표적인 결정성 수지이다. 특징을 보면 마찰계수가 작고 자기 윤활성이 좋으며 내마모성이 특히 우수하나 수축률이 커서 치수 안정성이 좋지 않다.

용도는 기계 부품용으로 많이 쓰이는 기어, 캠, 베어링 등으로 사용되며, 포장 재료로도 사용된다. PA를 사용하는 금형은 용융 점도가 낮고 플래시(flash)가 발생하기 쉬우므로 치수 정밀도가 높은 금형가공을 요하고 금형온도를 높게 하고 냉각을 균일하게 할 필요가 있다.

가장 널리 사용되는 것은 PA66과 PA6의 두 종류이다.

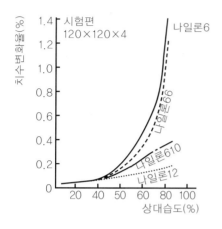

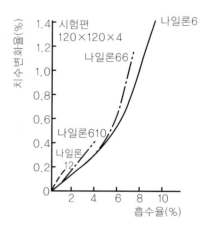

그림 2-13 상대습도와 치수변화율의 관계   그림 2-14 흡수율과 치수변화율의 관계

(2) 메타크릴 수지(metacrylate : PMMA)

아크릴(acryl) 수지라고도 하며 메타크릴산을 주성분으로 하고 있다. 아크릴산 수지는 장기간에 걸쳐서 일광에 노출되거나 비바람을 맞아도 견디는 뛰어난 저항성을 가지고 있다. 굳고 딱딱하고 투명한 재료인 폴리메틸 메타크릴레이트(PMMA)가 가장 널리 사용되고 있는 아크릴족의 하나이다. 주조한 PMMA판은 뛰어난 광학특성(광선 투과율 약 92(%)을 지니고 있으며, 유리보다 더욱 큰 내충격성을 가지고 있다. PS보다 인장강도, 굽힘강도가 우수하며 내약품성, 내유성이 양호하다.

아크릴산 수지는 압출, 사출, 블로 성형용 및 주조용으로 이용할 수 있다. 용도는 실외간판, 창유리, 조명기구, 기계커버, 안전 보호판 등에 사용된다. PMMA를 성형할 때는 유동성이 좋지 않기 때문에 고압성형이 필요하며 유동저항을 작게 하기 위해 러너의 지름을 크게, 러너의 길이는 짧게 한다. 또 광학적 용도일 때는 잔류응력이 생기지 않도록 게이트를 선정해야 하며, 빼기구배는 될 수 있으면 크게 한다.

(3) 폴리 염화비닐수지(poly vinyleacetate : PVC)

비닐은 융통성이 다양한 수지로서, 굴곡성이 좋은 유연한 재질로부터 매우 강한 비닐에 이르기까지 범위가 넓다. 딱딱한 수지의 내화학성은 우수하다. 일반적으로 PVC 수지는 내충격성, 내수성, 내산성, 내알카리성, 전기 절연성이 우수하지만 200℃ 이상에서는 사용이 불가능하다.

연질 염화비닐수지(SPVC)는 가소제와 안정제가 혼합된 것이며, 경질 염화비닐수지(HPVC)는 가소제가 전혀 첨가되지 않았거나 조금 첨가된 것을 말하며, SPVC는 필름, 전선, 호스, 패킹, 장화 등에 사용되고, HPVC는 전화기 본체, 배관절연판 등에 사용된다. HPVC는 금형제작시 콜드 슬러그 웰(cold slug well)을 만들어 노즐 선단에서 냉각된 수지의 혼입을 방지해주어야 하며, 유동성이 좋지 않기 때문에 러너의 지름은 크게, 길이는 짧게 한다. 또 유동저항이 작은 게이트로 하며, 게이트에서 발열이 크면 게이트 부근이 변색될 우려가 있다. 또 성형 중 염산가스가 발생되어 부식되기 때문에 금형을 내식 도금을 하든지 내식강을 사용할 필요가 있다.

(4) 폴리카보네이트(polycarbonate : PC)

폴리카보네이트는 투명하고 유연성과 강성이 높은 수지로서 자소성(自消性)이 있다. 또한 충격 및 인장강도가 높으며 내열성이 뛰어나다. 그리고 성형성이 비교적 양호한 편이며 성형수축률이 작고 치수 안정성이 높다. 단점으로는 반복하중에 약하며 스트레스 균열이 일어나기 쉽다.

용도는 절연볼트 너트, 밸브, 전동공구, 의료기기, 콕 등에 사용된다. 금형에서는 유동성이 좋지 않고 고압성형을 필요로 하기 때문에 러너지름을 크게 하고 길이도 짧게 하는 것이 좋다. 러너와 게이트는 충분히 끝다듬질을 하는 것이 좋으며 잔류응력에 의한 크랙이 발생하기 쉬우므로 충분히 온도를 높여 성형하도록 해야 한다. 또 빼기구배는 2°이상 주는 것이 좋다. 폴리카보네이트의 성형콤파운드는 압출, 사출 및 블로 성형가공에 이용할 수 있다. 폴리카보네이트의 흡수성은 (그림 2-15)에 나타난 것 처럼 비교적 작고 (그림 2-16)에 나타낸 것처럼 치수 안정성도 작으며, 치수 안정성은 양호하다.

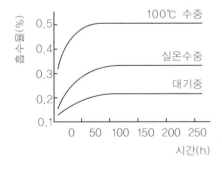

그림 2-15 폴리카보네이트의 평형흡수량

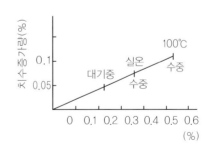

그림 2-16 폴리카보네이트의 흡수율과 치수 증가량의 관계

(5) 폴리아세탈(polyacetal = polyoxymethylene : POM)

폴리옥시메틸렌이라고도 하며 정제 건조된 포름알데히드(formaldehyde)를 용매로 사용하여 중합시킨 후 안정화를 위한 후 처리를 하여 만든다. POM은 피로수명이 열가소성 수지에서 가장 높으며 금속 스프링과 같은 강력한 탄성을 나타내고 마찰계수 및 내마모성이 우수하다. 또 인장강도, 굽힘강도, 압축강도는 나일론, 폴리카보네이트와 함께 최고 수준이며 치수 안정성이 좋다. 그러나 단점으로는 약 220℃ 이상의 온도에서는 열분해 현상이 일어나서 변색과 동시에 독한 포름알데히드가 발생하여 불쾌한 냄새가 난다. 용도로는 기어, 캠, 베어링, 전자밸브, 케이스, 커넥터, 풀리 등에 사용된다.

금형에서는 유동성이 좋지 않기 때문에 러너의 길이는 되도록 짧게 하고 유동저항이 작은 단면형으로 하며 플로 마크(flow mark)가 발생하기 쉬우므로 게이트 단면적을 너무 작게 해서는 안된다. 게이트 두께는 성형품 살두께의 약 60(%)로 한다. 또 냉각 속도를 균일하게 하고 충분히 냉각되도록 해야 하며, 가스가 많이 발생하기 때문에 가스가 잘 배출되는 금형 구조가 되어야 한다.

(6) AS 수지(acrylonitrile styrene : SAN)

AS수지는 스티렌과 아크릴 수지의 원료에 있는 아크로니트릴과의 공중합된 수지이다. PS와 같이 투명성이 좋고, PS보다 내열성, 내유성, 내약품성 및 기계적 성질이 좋다. 또 유동성이 좋고 성형성이 양호하며 성형 능률도 좋다.

용도는 믹서 케이스, 선풍기 날개, 배터리 케이스, 투명 부품 등에 많이 사용된다.

(7) 유리섬유 강화 열가소성 수지(fiber glass reinforced thermo plastics : FRTP)

FRTP는 PS, AS, PC, PETP(poly ethylene tere phthalate), ABS, PA, POM, PP 등에 유리섬유를 보강함으로써 알루미늄과 같은 정도의 강도, 강성, 선팽창계수를 가질 뿐만 아니라 성형수축률도 일반 수지의 절반 정도로 매우 작다. 또한 내약품성, 내열성, 내구성, 치수안정성이 향상되지만 유동성, 표면 광택이 좋지 않다. 유리섬유의 마모성 때문에 후가공시 공구의 소모가 많고, 사출성형기의 실린더, 스크루 및 금형을 마모시키는 결점이 있다.

(8) 폴리 페닐렌 옥사이드(polyphenyleneoxyth : PPO)

PPO는 높은 열변형 온도와 넓은 온도 범위에서의 우수한 전기적 성질, 기계적 성질을 가지고 있고, 또 난연성을 가지고 있으나 그 성형에 난점이 있다. 성형성을 개량한 수지가 스티렌변성 PPO 수지(노릴)이다. 이 노릴도 우수한 전기적 성질이 있고, 성형수축률, 선팽창계수가 작다는 특징이 있다.

엔지니어링 수지 중에서는 특히 성형성, 물성의 밸런스가 양호한 재료이고, 충격강도나 습도, 온도 등의 환경 조건에 영향을 받는 일이 적고, 내수성, 내열증기성도 우수하다. 용도는 석유 산업 및 화학가공 산업에서의 유전 파이프, 밸브, 끼워맞춤부품, 접속부품, 신축링, 펌프 임펠러, 컨베이어의 롤러, 스퍼기어, 펌프의 하우징 등 고온에서 내화학성이 요구되는 부속품에 사용된다.

(9) 폴리 부틸렌 테레프탈레이트(polybutylenetelephthalate : PBT)

PBT는 테레프탈산과 1.4-부탄디올 축합중앙에서 제조된다. 새로운 열가소성 폴리에스텔 수지로서 저온 영역에서의 결정화 속도가 빠르며 수지온도, 금형온도에 특별한 배려를 하지 않아도 결정화도가 높은 성형품이 얻어진다.

PET(polyethylenetelephthalate)의 최대의 난점이었던 성형성이 대폭 개량된 재료이다. 균형이 잡힌 기계적 성질, 높은 열변형 온도, 내마모성 등 폴리아미드, 폴리아세틸과 같은 성질이 있고, 또 유리섬유 강화 그레이드에서는 기계적 성질, 내열 변형성이 비약적으로 향상되고, 성형에서도 우수하므로 금속, 열경화성 수지의 대체 분야 등에 사용된다. 또 흡습률도 작고, 내유성도 우수하나 강산, 강알칼리, 열수에 대해 약한 점과 충격강도의 노치 감도가 높은 결점이 있다. 용도는 필름과 판재, 파이프, 전기 절연재, 용기 등에 사용된다.

(10) 폴리우레탄(polyurethane : PUR)

PUR은 고무처럼 부드럽고 탄성이 있는 엔지니어링 수지이므로 아주 연질에서부터 경질까지 여러 가지 용도로 나뉘어져 있다. 나일론보다 흡습성이 낮으며 흡습시의 기계 및 전기적인 특성의 변화가 적어서 충격을 주어도 파괴되지 않는다. 용도는 롤러, 엘리베이터용 가이드, 벨트, 완충용 패드 등에 사용된다.

(11) 불소 수지(fluorocarbons)

불소 수지의 뛰어난 특성은 화학약품에 대해 불활성이며, 고온에 잘 견딘다. 또 밀납과 같은 촉감을 주며, 낮은 마찰계수, 온도차 및 전기주파수에 대해서 비교적 민감하지 않은 유전 특성을 지니고 있다.

정상 상태에서는 기계적 특성이 낮지만 유리섬유나 이황화 몰리브덴을 충진제로 보강하면 우수한 특성을 나타낸다. 가장 널리 사용되고 있는 것은 데트라플루오르에틸렌(TFE), 클로르트리로 플루오르에틸렌(CTFF) 및 헥사 플루오르 프로필렌 (FEP) 등이 있다. TFE는 내열성, 내화학 약품성이 좋고, 마찰계수가 낮으며, 저온 특성도 갖고 있으므로 오일리스 베어링, 내화작용 파이프와 펌프부품, 고온 전자부품 등에 쓰인다. CTFE는 내화작용 파이프와 펌프 부품, 접속관, 연료 관측 렌즈, 전기 절연제 등에 쓰이며, FEP는 전선절연 및 외피, 고주파, 접속구, 마이크로웨이브 구성부품, 개스킷, 전기단자 등에 사용된다.

2. 열경화성 수지(Thermosetting plastic)

열경화성 수지는 일반적으로 높은 열안정성, 하중하에서 크리프, 변형에 대한 저항력, 치수 안정성, 높은 강성과 경도를 가지고 있다. 성형방법은 주로 압축 성형법이나 트랜스퍼 성형법에 의해서 이루어진다. 열경화성 수지는 크게 두가지 성분으로 구성되어 있다. 즉, 경화제, 경화촉진제, 억제제 및 가소제 등과 같은 성분을 함유한 수지계와 광물성 혹은 유기의 미립자, 유기 혹은 무기의 섬유 등으로 구성된 수지계가 있다.

가. 알키드 수지(alkyd resin)

알키드 수지는 양호한 절연특성과 성형성이 우수하며, 경화시간이 짧다. 범용 품종은 보통 무기물을 충진제로 쓰며, 유리나 합성섬유를 충진한 콤파운드는 기계적 강도, 특히 충격강도를 상당히 개선시킨다.

용도는 회로차단기의 절연제, 축전기 및 저항기의 플라스틱 피복, 케이스, 하우징 및 스위치기어 부속품 등이다.

나. 페놀 수지(phenol resin)

페놀 수지는 열경화성 수지 가운데서 제일 많이 사용되는 수지이다. 일반적으로 수지의 값이 싸고, 양호한 전기 특성, 내열성, 기계적 특성이 좋고, 우수한 성형성을 가지고 있으나 색깔(흑색 또는 갈색)과 색안정성에서 제한을 받는다.

범용 품종은 보통 톱밥과 솜부스러기를 충진재로 사용한다. 이 충진제를 모든 면에서 양호한 조합을 이루게 하며, 값이 저렴하다. 페놀 수지중에서 대표적인 것은 페놀 포름알데히드(phenol formaldehyde)와 페놀 퓨프랄(phenol furfural)이며, 이들의 용도는 전화기 부품, 전기제품, 자동차 핸들, 재떨이, 카메라 케이스, 세탁기 진동판 (agitator) 등에 사용된다.

다. 멜라민 수지(melamine resin)

멜라민 수지는 경도와 강도가 우수하고, 냄새와 맛이 없으며, 색깔이 다양하고 충격에 대한 저항력이 크다.

용도는 욕조, 안전모, 단추, 커피잔, 식기류, 면도기 케이스 등에 쓰이며, 접시류나 주방용구를 위한 범용 품종은 α-셀룰로오스를 충진제로 사용한다. 천과 유리섬유로 보강한 것은 보다 높은 내충격성과 충격강도를 준다. 내화학 약품성은 비교적 좋은 편이지만, 강산이나 강알칼리에는 침식된다.

라. 에폭시 수지(epoxy resin)

에폭시 수지는 우수한 전기 특성과 치수 안정성, 높은 강도와 낮은 흡습성을 아울러 가지고 있다. 이 수지는 유리 섬유를 충진시키면 고강도의 합성물을 만들며, 항공기 부속품, 미사일의 로켓, 모터 케이싱, 파이프, 압력용 등에 사용된다.

에폭시 수지는 전기 및 전자 부품의 플라스틱만 피복이나 주조에 사용되며, 트랜스퍼성형이나 사출성형에 의해 가공할 수 있다.

마. 우레아 수지(urea resin)

냄새와 맛이 없으며 색깔이 다양하고 전기 절연성이 크다. 알칼리에 약하며 치수 안정성과 내충격 강도가 나쁘나 값이 저렴하다.

용도는 단추, 조명기구, 시계, 문자판, 라디오 케이스, 식기류 등에 사용되며, 요소 수지(urea formaldehyde : UF)라고도 한다.

3. 복합재에 의한 수지의 고성능화

강화플라스틱이라고 하는 플라스틱 재료는 합성 고분자 재료에 각종 무기물을 배합해서 복합화된 것으로 그 배합 종류는 셀 수 없을 만큼 많다. 위에서 설명한 바와 같이 수지의 종류도 많지만 복합재에 의한 종류는 더욱 많아진다.

일반적으로 널리 사용되는 복합재료는 규산염류, 탄산염류, 황산염, 금속 또는 금속산화물, 탄소, 각종 무기화합물 및 유기화합물 등이 사용된다. 복합물의 목적은 특정한 물성의 향상, 특수한 기능의 부여, 중량에 의한 자원의 절약이나 원가절감 등을 들 수 있으며, 제품의 목적에 따라 구분하여 사용되고 있다.

가. 유리섬유에 의한 복합화

유리섬유는 플라스틱의 복합 강화재로서 가장 많이 사용되며, 규산($SiO2$)의 금속염을 주체로 하는 것으로, 금속성분의 함량에 따라 S, C 및 E 유리 등의 종류가 있다. S유리는 일반적인 보강재로서 기계적 특성을 향상시킨다. C유리는 특히 내산성용으로, E유리는 고강도, 고탄성용으로서 항공기 관계의 플라스틱 보강재로 사용된다. 유리섬유는 적당한 길이로 절단한 형태로 사용되고, 장섬유와 단섬유, 분말 등의 형태로 사용된다.

유리섬유의 첨가에 의해 재료의 경도, 강도 및 열변형 온도가 향상되며, 일반적으로 내충격강도가 저하되고, 사출성형품의 물성에 이방성이 생기는 경우가 있다. 특히 결정성 수지에서 그 효과가 크다. 유리섬유 강화 플라스틱을 성형할 경우에는 예비 건조를 충분히 하며, 성형기의 스크루나 실린더의 마모 부식, 금형의 마모 등을 고려하여야 한다. 금형의 재질은 STD 11 또는 STD 12 정도를 사용하며, 생산 수량이 작을 경우에는 프리하든강을 사용하기도 한다.

표 2-2 플라스틱 일람표

분류		성형재료명	약칭	주요용도
열경화성		페놀 수지(목분충전)	PF	전기기기, 화장판, 일반절연재료, 셀몰드접착제
		우레아 수지(α-셀룰로오스 충전)	UF	접착제, 섬유가공, 식기, 기계부품, 캡, 잡화
		멜라민 수지(α-셀룰로오스 충전)	MF	화장판, 도료, 섬유가공, 성형재료, 종이가공
		불포화 폴리에스테르 수지	UP	FRP성형품, 도료, 버튼, 화장판, 주형
		디아릴 프탈레이드 수지(유리섬유 충전)	PDAP	화장판, 성형재료, 적충품
		에폭시 수지	EP	접착제, 도료, 전기절연재료, 구조용재
		규소 수지(유리섬유 충전)	SI	전기, 전자부품, 코팅
		알키드 수지	–	도료, 난연성형 재료
		폴리이미드	–	내열필름, 바이스, 접착제, 섭동부 재료
		카세인 수지	–	접착제
		프란 수지	–	내식용라이닝, 적충성형품
열가소성	비결정성	염화비닐 수지	PVC	파이프, 장판, 전선, 필름, 중합재료
		초산비닐 수지	PVAC	접착제, 도료바인더, 종이가공제, 섬유마무리
		폴리비닐알코올	PVAL	제지가공, 접착제, 바인더, 필름
		폴리비닐브티탈	PVB	안전유리 중각막용, 프린트배선용, 접착제
		폴리스티렌	PS	사출성형품, 잡화, 약전기기, 공중합용, 시트
		ABS수지	ABS	전기기구, 잡화, 차량, 기계부품
		폴리메타크릴산메틸(메타크릴 수지)	PMMA	시트, 간판용, 조명커버, 건재, 공중합용, 기계부품, 잡화
		폴리페닐렌옥시드(노릴)	PPO	자동차부품, 내열성제품, 전기전자부품, 사무부품, 급수부품
		폴리우레탄	PUR	(경질, 연질이 있음)폼, 자동차내장, 기계부품, 합성목재
		아이오노머 수지(서린A)	–	사출성형품, 용기, 파이프
		셀룰로오스계 플라스틱	–	도료, 필름, 성형품
	결정성	폴리에틸렌(고밀도)	HDPE	사출성형재료, 잡화, 공업부품, 발포재, 파이프, 블로성형품
		폴리에틸렌(저밀도)	LDPE	필름, 초산비닐과의 공중합재료, 도료, 적층품
		폴리프로필렌	PP	사출성형품, 필름, 용기, 자루
		폴리아미드(나일론)	PA	기계부품, 전기통신부품, 수송기계부품, 사무기계, 스포츠용품
		폴리카보네이트	PC	전기전자부품, 의료, 식품용부품, 잡화, 필름
		폴리아세탈(폴리옥시메틸렌)	POM	사출성형품, 기계부품, 섭동부재료, 파이프, 시트, 잡화
		폴리페닐렌 설파이드	PPS	내열, 내약품재료, 섭동부재료
		폴리비닐리덴 수지	PVDC	섬유여과포, 망, 필름, 파텍스
		폴리에틸렌 테레프탈레이트	PETP	사출성형, 압축기성형, 전선피복, 파이프, 발포재
		불소 수지(4불화에틸렌)	PTEF	화학장치용부품, 전기재료, 섭동부품, 도자용

나. 카본섬유에 의한 복합화

각종 섬유계 복합재 중에서 최근 특히 주목되고 있는 것이 탄소 섬유이다. 현재 공업적으로 생산되고 있는 것을 폴리아크릴로 니트릴섬유를 소성, 탄화해서 카본섬유로 한 것과 석유 피치를 방사해서 소성 탄화한 것이 있다.

탄소섬유에 의한 복합화 효과는 고강도, 고탄성률의 재료가 얻어지는 데에 있고, 열가소성 플라스틱보다 변성 에폭시 등과의 복합화에 의한 우주, 항공기 재료가 대부분을 차지하고 있다.

다. 무기질 분말에 의한 복합화

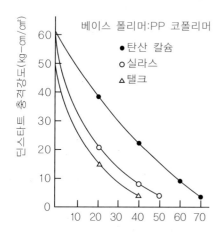

그림 2-17 무기충전재량과 충격강도

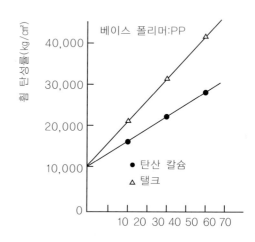

그림 2-18 무기충전재량과 휨 탄성률

복합제로 사용되는 무기질 분말은 대단히 종류가 많고, 산화티탄이나 알루미나 등의 금속 산화물의 분말이나 탄화칼슘, 탄산마그네슘, 황산바륨, 탤크(talc), 아스베스트, 실라스 등이 사용된다. 이중에서 탄산칼슘이 가장 많이 사용되며, 값도 싸고 PVC의 중량제로서 필수적이다.

현재 폴리프로필렌, 고밀도 폴리에틸렌, 나일론 등의 수지에 무기 화합물을 충전한 그레이드가 다양하게 개발되어 있다. 무기 충전재의 첨가에 의해 열변형 온도, 휨 탄성률의 향상 및 성형 수축률의 저하의 효과가 있으나 충격강도는 저하하는 결점이 있다. (그림 2-17) 및 (그림 2-18)에는 무기 충전재의 첨가량과 충격강도, 휨 탄성률의 관계를 표시한다.

라. 난연제에 의한 수지의 난연화

플라스틱 제품이 전자 제품이나 가정용품으로서 널리 보급됨에 따라 화재 사고가 문제로 되어 플라스틱의 난연 규제가 강화되게 되었다. 원래 플라스틱은 특별한 구조를 제외하고는 타기 쉽고, 종류에 따라서는 유독가스가 나오는 것도 있다.

난연제로 사용되는 것은 금속 산화물 또는 수산화물, 할로겐계 화합물, 인계 화합물 등으로 대별되며, 단독 또는 몇 종류를 조합해서 사용한다. 금속 산화물에는 3산화안티몬, 5산화안티몬, 3산화몰리브덴 등이 있고, 금속 수산화물에는 Al(OH)3, Mg(OH)2 등이 있다. 할로겐화 유기화합물에는 염소화 파라핀, 염소화 폴리에틸렌, 고무, 테트라 프로모비스 페놀A 등이 있다.

마. 금속 분말에 의한 복합화

합성수지에 금속분을 배합한 복합 플라스틱은 비교적 오래 전부터 사용되어 왔고 금속같은 착색품, 도전성 플라스틱, 플라스틱 마그넷, 구리이온에 의한 방균, 납에 의한 방사선 차폐 등에 이용되고 있다. 플라스틱에 도전성을 부여하기 위해 금속 분말이나 금속섬유, 탄소섬유가 사용된다. 각종 전자기기의 보급에 따라 거기서 발생하는 전자파에 의한 다른 전자기기에의 장해가 문제로 제기되었다. 각 기기의 하우징이 금속이었을 때는 그것에 의해 전자파는 차폐되었으므로 그다지 문제가 되지 않았으나, 하우징이 플라스틱화함에 따라 내부에서 발생한 전자파가 차폐되지 않고 외부로 나가기 때문이다. 차폐 대책으로는 도전성 도료, 증착, 도금 처리등의 방법이 있다.

제3절 성형 재료의 선택

1. 성형 재료 선택 상의 유의점

어떤 사출 성형품을 만들려고 할 때 어느 성형 재료를 선택할 것이냐는 먼저 그 성형품의 기능 및 요구성능을 충분히 이해하고, 다음에 성형 재료의 물성을 잘 파악한 후 양자를 검토해서 결정해야 한다. 이때 성형작업, 후가공, 조립 및 성형품의 디자인까지를 검토한다면 그 성형품에 가장 적합한 수지를 결정한다는 것은 상당히 고도의 판단을 요구하게 된다.

플라스틱 성형품은 많은 제품에 대량으로 사용되고 있고, 사용실적도 많으므로 만들고자 하는 제품에 대해 유사품이 있을 때는 그것에 사용되고 있는 재료가 참고가 된다. 또 성형재료의 선택시 소비자 보호나 환경 보전 등의 견지에서 제품의 품질이나 안전성을 유지하기 위해 업계 자율 규제 내지는 각종 기준을 잘 조사하여 그들에 적합한 성형재료를 선택해야 한다.

다음은 제품 특성과 재료 적성의 관계를 검토하기 전에 성형재료 선택상 유의해야 할 재료 특성 중에서 플라스틱 고유한 몇 가지의 성질에 대해 설명한다.

가. 사용 온도

플라스틱 성형품은 실제로 사용되는 온도뿐만 아니라 수송이나 창고내에 보관되는 상태 등을 포함한 실용 내열 온도에 한계가 있으며, 100~200℃의 것이 대부분을 차지한다.

(그림 2-19)에 대표적 수지의 인장강도와 온도 의존성을 표시했으며, 그림에서 보는 바와 같이 열변형온도 부근에서 인장강도는 급격히 저하한다. 바꾸어 말하면 실온 이상의 분위기에서 항상 힘이 걸리는 부품이나 장소는 해당 온도

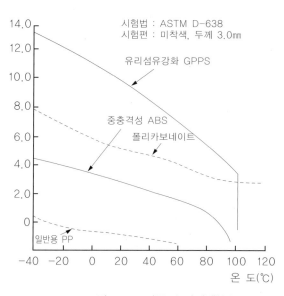

그림 2-19 각종 수지의 항복
인장강도와 온도 의존성

에서의 수지의 특성을 검토하고, 그것에 견디는 수지를 선택하든지, 디자인적으로 응력을 분산시킨다든지, 철 등의 방법을 고려해야 한다.

나. 크리프(creep) 및 응력 완화

일반적으로 카탈로그, 물성 일람표 등에 기재된 수지의 기계적 특성은 단시간의 하중 테스트에 의한 기계적 특성이다.

인장강도를 예로 들면 1~500(㎜/min)의 속도로 인장할 때의 인장특성이 대부분이고 인장강도에 표시되는 응력의 90(%) 정도의 하중을 성형품에 계속 작용시키면 대부분의 플라스틱은 1시간 이내에 파괴된다. (그림 2-20)에 인장강도 550(㎏/㎠)의 고강성 ABS 수지에 일정한 응력을 계속 걸었을 때의 변형량의 경시변화를 나타내었

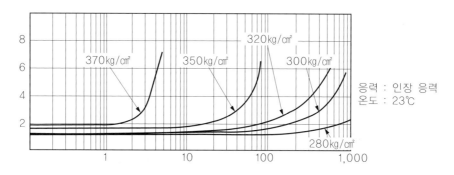

그림 2-20 고강성 ABS수지의 크리프 곡선

다. 그림에서 알 수 있는 바와 같이 23℃에서 인장강도의 약 1/2이상의 응력이 계속 가해진 ABS 수지 성형품은 2~3개월 이내에 파괴되어도 이상하지는 않다. 즉, 플라스틱 부품으로 응력 수준이 높고, 또한 장시간 사용하는 부품일 경우에는 크리프나 응력 완화를 고려한 재료 선택을 해야 한다.

다. 선팽창 계수

제품이 모두 플라스틱 부품으로 구성될 경우는 비교적 고려하지 않아도 되지만, 플라스틱과 금속 등의 이종 재료를 조합하여 제품을 만들 경우는 플라스틱 재료의 선팽창 계수가 대체로 다른 재료보다 큰 것을 고려해야 한다. 또 유리섬유 등의 보강재를 넣은 FRTP에서는 선팽창 계수가 작아진다.

라. 응력 균열작용

사출 성형품이 사용되는 환경에서 약품이 사용되거나 묻을 경우는 접촉하는 약품 중에 플라스틱 시험편을 담가서 플라스틱이 녹지 않는지, 변색 등의 이상이 발생하지 않는지 등을 검토하는, 이른바 내화학 약품성의 테스트 이외에 잊기 쉬운 것이 응력 균열작용이다.

응력 균열작용이란 플라스틱 성형품에 일정한 응력하에서 어떤 종류의 약품이 작용된 경우 그 약품의 영향으로 플라스틱이 깨지는 등의 이상 현상을 발생시키는 작용을 말하며, 앞서 설명한 내화학약품 테스트에서 용해나 변색 등의 영향이 있는 약품은 물론 영향이 인정되지 않는 약품이라도 이 응력 균열작용을 하는 약품이 있다. 예를 들면, AS수지에 대한 알코올, 폴리에틸렌에 대한 실리콘 등이다.

마. 내후성

플라스틱 성형품의 내후성은 모든 옥외 사용 용도에 대하여 전부 취급할 수는 없다. 왜냐하면 구조 자체가 매우 복잡하며 다양하기 때문이다. 일반적으로 플라스틱 재료는 내후성이 별로 좋지 않으며, 도장하거나, 디자인적으로 직사광선을 쪼이지 않게 하거나 성형 재료적으로는 착색제, 내후성 배합 등을 하여 만든 재료가 있으므로 선택하여 사용해야 한다.

2. 성형 재료의 선택 기준

가. 범용 수지

사출 성형에 있어서 유동성이 좋으며, 특히 예비건조를 할 필요도 없고, 어떤 형식의 사출 성형기로도 성형이 가능한 수지를 범용수지라고 하며 PS, PP, PE, ABS 등이 있다.

특히 ABS는 범용은 물론이고 결점이 문제되지 않을 때는 공업용으로도 많이 사용된다. 〈표 2-3〉에는 범용수지의 물리적 성질을 나타내고 있다.

표 2-3 사출 성형용 범용수지의 물리적 성질

종 류	비 중	인장강도 (kg/㎠)	연 신 율 (%)	압축강도 (kg/㎠)	충격강도 (아이조드) (kg/㎠)	열 변 형 온 도	
						굽힘응력 (18.6kg/㎠)	굽힘응력 (4.6kg/㎠)
PS (일반)	1.03~1.05	350~840	3~4	809~1120	1.4~2.2	104~	82~110
HIPS (고충격성)	1.03~1.06	200~350	13~50	281~633	3.3~20	90~	82~104
PS (내열성)	1.05~1.99	350~530	2~60	―	2.2~19	90~	―
PP	0.90~0.91	210~400	100~800	260~562	2.2~110	45.9~59.8	103~130
LDPE (저밀도)	0.91~0.925	42~161	90~800	―	불파괴	32~40.3	37.6~49.2
MDPE (중밀도)	0.926~0.940	84~246	50~60	―	2.7~87	40.1~48.7	48.7~73.7
HDPE (고밀도)	0.941~0.965	218~387	20~130	190~253	10.9~33.7	43.1~54.2	59.8~88
ABS (고강성)	1.03~1.06	400~530	3.0~20.0	127~879	10.9~35.7	―	99~108
ABS (내열성)	1.05~1.08	400~560	5.0~25.0	506~702	―	101~118	107~122

나. 공업용 수지

일명 엔지니어링 플라스틱(engineering plastics)이라고도 하며, 구조용 및 기계 재료용으로서 적합한 성질을 갖추고 있는 것을 말한다. 공업용 수지에는 에폭시 수지, 나일론 수지, 폴리아세탈 불소수지 등이 있으며, 〈표 2-4〉는 그 물리적 성질을 나타낸다.

표 2-4 주요 공업용 플라스틱의 물리적 성질

종 류	비 중	인장강도 (kg/㎠)	연 신 율 (%)	충격강도 (아이조드) (kg/㎠)	열 변 형 온 도	
					굽힘응력 (18.6kg/㎠)	굽힘응력 (4.6kg/㎠)
PA6	1.12~1.14	700~850	200~300	3.3~5.4	68.1	208
PA66	1.13~1.15	770~850	150~300	4.3~5.4	74.8	208
PA11, 12	1.03~1.08	530~550	300~500	10~30	54.2	167
SPVC	1.16~1.35	100~240	200~450	2.2~100	―	―
HPVC	1.30~1.58	400~500	40~80	크게 변함	59.8~76.5	57.0~82
PC	1.19~1.20	550~700	100~130	75~100	129~140	132~143
POM	1.41~1.42	580~800	25~75	5.4~1.3	124	170
AS(SAN)	1.07~1.10	600~840	1.5~3.7	―	88~104	―
EVA	0.92~0.95	95~200	500~900	불파괴	33.7	77~81
FRTP(PS) 20~30%	1.20~1.33	633~1050	1~2	1.4~2.2	90~104	97~110
FRTP(AS) 20~30%	1.20~1.46	600~1410	1.1~3.8	―	88~110	101~115
FRTP(PC) 10%	1.27~1.28	630~675	5~10	6.5	142	146

(1) 투명성과 내충격성이 있는 수지

광선 투과율이 90% 이상 요구되는 경우에는 PMMA를 사용한다. 이 수지는 유동성이 PS수지보다 불량하고 예비 건조를 필요로 하며 부서지기 쉽다. 그러나 내후성이 좋다. 내충격성이 있는 수지에는 ABS, PC, PA 등이 있으며, 모두 성형에 난점이 있고 예비 건조를 하여야 한다.

투명하고 내충격성이 있는 수지에는 PVC, PC 등이 있고, PVC는 배합에 따라 경질과 연질이 있으며, 성형할 때 분해하기 쉬우므로 스쿠루식 사출성형기를 사용하지 않으면 성형하기 어렵다. 또한 PC는 매우 충격에 강한 수지이지만 예비 건조에 특히 유의하여야 하고 유동성이 불량하여 실린더의 온도와 금형온도를 높여서 성형해야 한다.

(2) 내열성이 있는 수지

열가소성 수지는 당연히 그 연화온도 이상에서는 사용할 수가 없으나, 100~200℃ 정도의 온도 범위에 사용되는 수지로는 내열성 ABS, PA, PC, PET 등이 있다. 내열성 수지는 연화온도가 높아서 실린더 온도 및 금형온도를 고온으로 하여 성형해야 한다.

(3) 마찰 마모의 특성이 있는 수지

마찰 계수가 작고 압력, 속도 값이 크며 마모가 적은 수지로 적합한 수지에는 PA,

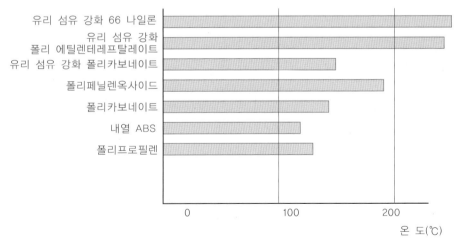

그림 2-21 **열변형 온도 (18.6kg/㎠ 하중)**

POM, FEP(불소 수지) 등이 있다. POM, PA는 모두 결정성 수지이므로 성형수축률이 크기 때문에 정밀한 치수를 요구하는 성형품에는 부적당하다. 또한 POM은 사출 성형시 분해하기 쉬운 결점이 있고, PA는 흡습성이 매우 심하여 공기중 습도로 인하여 제품의 치수 변화가 생긴다.

PA 중에는 PA6이 가장 흡습성이 크고 PA66은 이보다는 작으며, PA11이나 PA12는 더욱 작다.

(4) 강성과 치수 정밀도가 있는 수지

강성과 치수 정밀도가 요구되는 성형품에는 유리섬유 등으로 강화한 FRTP가 사용된다. FRTP에 사용되는 수지는 PS, AS, PC, PET, ABS, POM, PA 등이 있다. 이 중에서 어느 것을 선택할 것인지 또는 유리섬유의 혼입량을 어느 정도로 할 것인지는 그 용도에 따라 결정해야 한다.

FRTP는 알루미늄과 같은 정도의 강도, 강성, 선팽창계수를 가지고 있을 뿐만 아니라 성형수축률도 일반 수지의 절반 정도로 매우 작다. 그러나 유리섬유가 제품표면에 나타나기 쉬우며, 후가공시의 공구의 마모가 많고 사출 성형기, 금형 등을 마모시키는 결점이 있다.

(5) 유연성과 탄성이 있는 수지

LDPE(저밀도 폴리에틸렌)에서 탄성이 부족되는 경우는 EVA(ethylene vinyl acetate), SPVC, PUR(poly urethane) 등이 사용된다. EVA는 성형시 열분해하여 초산을 SPVC는 다른 수지와 접촉시키면 가소제를 이행하는 수가 있으므로 접촉하는 수지는 이행하기 어려운 재료를 선택해야 한다.

(6) 도금의 배킹(backing) 수지

수지 도금의 배킹에는 폴리부타디엔이 많이 함유된 ABS 수지가 사용된다. 이것이 에칭(etching)할 때 고무 입자가 선택적으로 침식되면서 도금 입자가 견고하게 부착하기 때문이다. 그러나 최근에는 PP도 도금의 배킹으로 사용되고 있다.

(7) 난연성이 있는 수지

열가소성 수지 중에서 불소 수지를 제외하고는 전혀 타지 않는 수지는 없다. 그러나 불꽃 속에서는 연소하지만 꺼내면 불이 꺼지는 자기소화성이 있는 것이 있다. 열가소성 수지 자체가 자기소화성인 PVC, PC, PA 등이 이에 속하고 PE, PP, ABS, PS 등에 난연제를 혼입하여 난연화한 것도 있다. 그러나 자기소화성의 정도는 수지의 성질과 난연제의 첨가량에 따라 변화하기 때문에 그 용도에 따라 적당한 것을 선택해야 한다.

⑻ 내산 및 내알칼리성이 있는 수지

대부분의 수지는 산화성이 있는 산과 알칼리에 대해서는 거의 침식되지 않는다. 그러나 PA, CA(cellulose-acetate), POM 등은 산에 의해서 분해되고 PC, CA는 알칼리에 약한 결점이 있다.

표 2-5 사출 성형용 수지의 내약품성

용제 수지	물	약산	강산	약알칼리	강알칼리	알코올	에스테르	케톤	에테르	시염화탄소	벤젠	가솔린	광유	동식물유
폴 리 스 티 렌	+	+	0~+	+	+	0~+	-	-	-	-	-	+	0~+	0~+
내충격성폴리스티렌	+	+	-~0	+	0	0	-	-	-	-	-	-	0~+	0
A S (S A N)	+	+	0	+	0	+	-	-	+	-	-~0	+	+	+
A B S	+	+	-	+	+	-	-	-	-	+	+	+	+	
폴리에틸렌(저밀도)	+	+	0	+	+	0	0	0	0	-	-~0	-~0	+	+
폴리에틸렌(고밀도)	+	+	0	+	+	0~+	+	0	0~+	-~0	0~+	0~+	+	+
폴 리 프 로 필 렌	+	+	0	+	+	+	0	0	0	-	0	-	+	+
메 타 크 릴 수 지	+	+	0	+	+	-	-	-	-	-	0	+	+	
폴 리 아 미 드	+	-~0	-	+	-	+	+	+	+	0	+	+	+	
폴 리 아 세 탈	+	+		+		+	+						+	+
아세탈셀룰로오스	+	+				0	+		+		-~0	+	+	
염 화 비 닐 수 지	+	0	-~+	+	+					-			+	+
폴 리 카 보 네 이 트	+	+	0		0~+	0			-			+	+	

+ : 사용 가능　　　0 : 조건에 따라 사용 가능　　　- : 사용 불능

내용제성에 있어서는 PE, PP와 같이 거의 모든 용제에 견디는 것으로부터 비교적 용제에 녹기 쉬운 PS도 있다. 그러나 용제에 따라서 녹는 정도가 다르기 때문에 (표 2-5)와 같은 내약품성을 조사한 후 수지를 선택한다. 예를 들면 투명하고 내유성을 필요로 하는 경우에는 AS나 PC가 사용된다.

⑼ 예비 건조를 해야 하는 수지

흡습성이 있는 수지를 그대로 사출성형하면 은줄(silver streak)과 같은 성형상의 불량이 나타난다. 또 수지 자체는 흡습성이 없어도 첨가제에 흡습성이 있든지 혹은 휘발성이 있는 것을 사용할 때는 예비건조를 하여야 한다.

흡습만을 제거할 때에는 75~85℃로 건조하는 것이 좋으며, AS, PMMA, ABS, PVC 등이 이에 속한다. 특히 건조를 중요시하는 것에는 PA, PC, CA 등이 있다. PA 및 CA는 흡습량이 크기 때문에 건조를 충분히 하여야 하고 PC는 흡습량은 적으나 약간

의 수분이 있어도 가수분해 하기 때문에
120℃로 10시간 이상 건조하여야 한다.

특히 PC가 밀폐된 통속에 들어 있는 경
우는 통속에 넣은 채로 2시간 이상 가열하
여 전체가 110℃ 이상이 되면 뚜껑을 열어
서 사용한다. PC는 호퍼 내에서도 흡습하
기 때문에 호퍼드라이어로 가열하든가 적
외선 가열을 하여 흡습되는 것을 방지해야
한다. 이와 같은 주의를 하지 않으면 실린

표 2-6 사출성형용 수지의 흡수율

0~0.01%	PE, PP
0.01~0.05%	PS
0.05~0.5%	PS(내충격성), PVC, AS, ABS, PMMA, PC, POM
0.5% 이상	PA, CA

(ASTM D570, 3.18mm, 두께 24시간)

더 내에서 가소화할 때 수분에 의하여 가스분해하여 분자량이 적어져 강도가 현저
히 저하된다.

⑩ 실린더 내에서 과열시켜서는 안되는 수지

성형 온도에서 장시간 체류시키든가 혹은 과열시키면 열분해를 할 위험이 있는 수
지는 PVC, PC, EVA 등이 있다. 이 중에서 HPVC 수지는 성형온도와 분해 온도가 동
일하기 때문에 서믹(thermic) 라이프 이상의 체류를 하면 탈염산 분해를 일으키는데,
이 때 발생하는 염산이 촉매역할을 하여 더욱 분해가 촉진된다. 따라서 과열되지 않
는 인라인 스크루식 사출성형기 중에서 체크 밸브가 달려 있지 않는 스크루를 사용
하여 성형하되, 중단할 경우는 퍼징 콤파운드(purging compound)에 의한 퍼지를 해
주어야 한다.

POM 분해는 PVC 수지보다는 심하지 않으나 체류시간이 너무 길면 자극성이 심
한 포름 알데히드로 분해되거나 흑색으로 변화하기 쉽다. 분해되면서 가스가 많이
발생되므로 노즐이 튀어나오기 쉬우므로 역류방지 링과 밸브를 같이 사용하면 안된
다. EVA의 분해는 PVC나 POM보다는 심하지 않으나 과열이나 체류시간이 길면 초
산을 발생하는 수가 있다. 초산을 발생하면 성형기 및 금형을 산화시키므로 성형 작
업을 중지할 때는 PE로 퍼지(purge)하는 것이 좋다.

⑪ 유동성이 좋거나 금형을 고온으로 해야 하는 수지

성형 온도에 있어서 수지의 유동성이 너무 좋으면, 예를 들어 PA 같은 수지는 노즐
로부터 흘러 내리는 현상이 생긴다. 이런 경우는 사출완료 후 노즐을 막는 밸브를 사
용하여야 한다.

일반적으로 광택을 좋게 하고 웰드라인을 엷게 하며, 플로 마크를 없애기 위해서

는 금형온도를 높여서 성형하여야 하는데 내열성수지 중에서 유동성이 불량한 PC, 폴리페닐렌옥사이드, 폴리에틸렌 테레프탈레이드(PET) 등은 80~100℃ 이상의 금형온도가 필요할 때가 있다. 이 경우는 반드시 금형온도 조절장치에 의해서 온도를 올려야 한다. 또 어떤 종류의 수지는 금형온도를 높이지 않으면 광택이 나지 않는 것도 있다.

⑿ 성형 완료 후 주의해야 하는 수지

열분해에 대한 주의 외에 퍼지 및 스크루, 실린더의 청소에 주의해야 하는 것은 PC와 PA 등이 있다. PC는 열이 식기 전에 스크루의 청소를 하지 않으면 굳어서 스크루나 실린더에 수지가 부착되어 청소가 곤란하다. PA는 고온에서 저점도이나 엷은 막이 스크루 실린더에 부착하기 때문에 퍼지가 곤란하다.

익힘문제

1. 열경화성수지와 열가소성수지를 비교하여 설명하시오.

2. 열가소성수지의 종류를 쓰시오.

3. 열경화성수지의 종류를 쓰시오.

4. 실린더 내에서 과열시켜서는 안되는 수지를 들고, 그 이유를 설명하시오.

5. 결정화도를 설명하시오.

6. 사출 성형재료의 일반적인 성질을 쓰시오.

7. 대표적인 결정성 수지의 종류와 특징을 쓰시오.

8. 강화 플라스틱에 대하여 간단히 설명하시오.

9. 광선투과율이 90% 이상인 수지의 종류를 쓰시오.

10. 투명하고 내충격성이 좋은 수지의 종류를 쓰시오.

11. 내열성이 있는 수지의 종류와 특성을 쓰시오.

12. 도금의 배킹(backing)용 수지의 종류를 쓰시오.

13. 예비 건조가 필요한 수지의 종류를 쓰시오.

14. 성형재료 중 힌지(hinge)의 특성이 있는 수지는?

15. 무독성이기 때문에 의료기기 부품에 많이 쓰이지만 성형 중 염산가스가 발생되어 금형을 부식시키는 결점이 있는 수지는?

16. 유동방향의 충격강도와 인장강도는 크나 직각방향의 강도는 낮다. 이와같은 성질은 무엇 때문인가?

17. 일상생활용품 중에서 사출 성형품의 쓰임새와 재질을 알아보자.

제3장

사출 성형품의 설계

사출 성형품의 설계

제1절 플라스틱 특성을 고려한 성형품 설계

1. 제품 설계

1980년대 이후로 플라스틱 재료는 산업 및 일상 생활에서 철강 제품의 사용량을 넘어설만큼 그 사용량이 확대되고 있다. 반면, 고분자 재료의 특성을 잘 파악하고 사출, 압출 등의 성형 공법을 이해하여 용도에 알맞은 성형품 플라스틱 설계법에 대한 공학적인 배경은 그리 역사가 깊지 못한 것이 사실이다. 플라스틱에 대한 성형품 설계는 기계 공학과 재료 공학에 근거를 두고 있으며, 원재료 회사에서 금속이나 목재를 대체할 수 있는 플라스틱의 개발을 통한 이론적인 배경과 실험 데이터를 축적하여, 점진적으로 플라스틱의 사용량을 증가시키고, 관련산업 종사자간의 활발한 학술 교류 등 플라스틱 산업의 활성화로 인하여 그 공학적인 근거를 구축해 나가고 있다.

기계나 건축 분야의 설계자와 마찬가지로 플라스틱 제품 설계자도 설계에 적용될 소재에 대한 기본적이고도 정확한 지식을 갖고 있지 않으면, 설계된 제품을 상품화시키기란 매우 어려운 일이다.

다음으로는 구조 설계에 대한 이해가 요구된다. 구조 설계는 기계 공학의 재료 역학이나 구조 역학에 기본을 두며, 응력(Stress) 및 변형율(Strain), 토크(torque), 모멘트(moment) 등과 같은 용어에 대한 의미를 잘 파악해야 한다. 실제 상세 설계 전에 보(beam) 이론이나 평판(plate) 이론 등의 기본 수식을 활용하여, 단순화한 수학적 모델로 계산해 보는 것이 경험적으로 설계 치수를 결정하는 것 보다 구조 설계에 크게 도움이 된다.

소재와 구조에 대한 이해가 끝난 상태에서는 실제 플라스틱 제품설계가 가능한데, 설계할 제품의 기능 및 사용 환경에 대한 정의와 함께, 플라스틱 소재의 장점을 잘 이용하기 위해서는 조립설계(assembly design)에 대한 지식 습득이 필수적이다.

CAE(Computer Aided Engineering)를 활용하게 되면서 시제품을 만들기 전에 미리 설계된 제품의 성능을 예측할 수 있다. 자동차 범퍼의 충돌 성능이나 TV와 PC 모니터 하우징의 낙하 충격 성능 예측에 효과적으로 활용할 수 있으며, 금형이 개발되어 제품이 생산되는 중에도 설계 변경 안을 확정하거나 새로운 설계안을 도출할 때도 유효하게 적용할 수 있다.

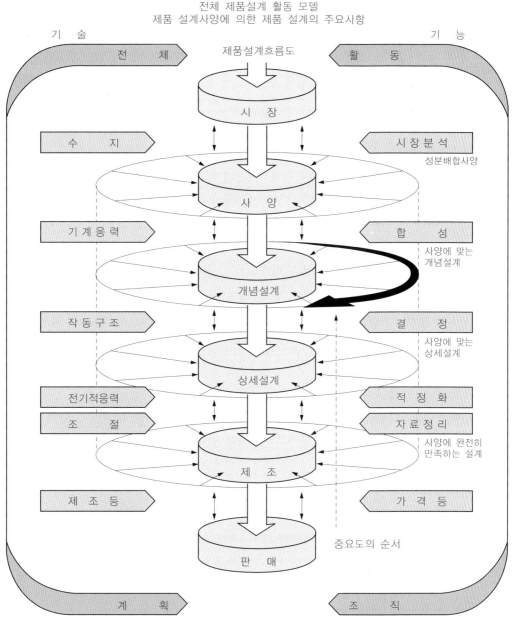

그림 3-1 제품 설계 개발단계

(1) 제품의 사용 환경 정의

제품 사용 시 예측되는 하중의 종류와 크기를 가장 열악한 상황을 기준으로 정의하고, 온도와 화학적 약품의 접촉 등 고려되어야 할 사용환경을 모두 검토한다. 제품의 성능 테스트 규격이 있을 경우는 테스트 상황의 물리적 의미를 상세 검토한다.

(2) 초기 개념 설계

제품의 개략 형상을 정의하여 기능에 적합한지를 단순화한 모델로 구현하고, 이론적 수식 계산과 CAE를 적용하여 개념 설계안을 검토한다. 이 때 적절한 성형 공법도 동시에 선정하여, 선정된 성형 공법의 장점을 최대화하고 단점을 최소화 할 수 있는 방안을 강구한다.

(3) 1차 수지 선정

환경 정의와 개념 설계를 통하여 사용 수지의 기계적, 열적 요구물성치를 설정하여 사용 가능한 수지의 범위를 결정한다. 이 때 수지 전문가와 공동 작업을 실시하여, 소재에 대한 정보를 입수한다.

(4) 선정 수지에 적합한 설계 방안 구상

선정된 수지에 알맞은 제품의 기본 두께, 리브(rib), 보스(boss) 등을 결정하고, 내충격이나 진동 등의 특수한 기능이 있는 제품의 경우는 시편 테스트와 CAE 적용으로 최적 설계 방안을 구상한다.

(5) 최종 수지 선정

이전까지 검토한 내용을 종합하여 수지의 종류와 그레이드를 결정하게 되는데, 이 때 원재료 가격 현황 등 경제적 부분도 고려해야 한다.

(6) 상세 설계

적용 성형 공법을 고려하여 금형 빼기 구배를 결정하는 등 금형 제작이 가능한 상세 제품 도면 및 3차원 CAD(Computer Aided Design) 모델을 작성한다. 이때는 성형 전문가와 공동 작업을 수행한다.

(7) 시제품 제작

성형 전문가와 공동으로 제품을 성형하고, 조립 부품이 있을 경우 제품 도면에 입각하여 조립 후 시제품을 완성한다.

⑧ 시제품의 기능 평가 테스트

제품의 성능 테스트 규격이나 사용 환경 중 가장 열악한 상황으로 제품의 기능을 평가하여 제품의 평가 시스템을 구축하며, 테스트 결과를 반영하여 제품 설계를 수정하고 설계를 완료하게 된다.

2. 사출 금형과 성형품

성형품을 제작하기 위해서는 수지, 성형기 및 금형이 필요하다. 이것은 절삭가공에 비유하면 피절삭 재료, 공작기계 및 공구와 같은 것으로서 피절삭재료에 맞는 공작기계와 적합한 공구가 필요할 것이다. 그러나 적합한 재질, 적합한 형상의 커터가 있다고 하더라도 도면 및 가공조건이 맞지 않으면 제품은 가공하지 못할 뿐만 아니라 이들에 의해서 커터의 형상이 변경될 수도 있다.

이상의 예에서 알 수 있듯이 성형품을 만들려고 할 경우는 전술한 3가지 외에도 제품도, 성형조건 등 요구되는 사항들이 많다. 사출 성형품을 설계할 때는 성형품에 요구되는 성능에 맞추어서 다음의 기본적 사항을 고려한다.

① 제품의 사용조건 : 사용목적과 기능, 사용상태, 치수 정밀도, 내구성
② 재료 특성 : 기계적 특성, 열적 특성, 전기적 특성, 화학적 특성, 안정성, 성형 가공성, 2차 가공성
③ 금형 설계 : 금형 제작법, 금형 구조
④ 성형 가공 : 성형 조건, 외관, 후가공, 2차 가공
⑤ 경제성 : 성형품 중량, 재료 가격, 생산량

사출 성형품의 품질은 성형 공정의 여러 가지 요인과 밀접하게 관련되고, 성형품의 품질에 대한 성형 공정의 영향에 관한 많은 사례가 알려져 있다. 그러나 성형품의 형상이 다양하여 요인이 복잡하게 뒤얽히므로, 성형 공정에서 발생하는 현상을 정량적으로 파악하는 것은 어려운 경우가 많다. 따라서 성형품의 형상에 많은 유형의 사례와 경험을 축적하여 설계를 하는 것이 바람직하다. 성형품의 품질에 밀접한 관련을 갖고 있는 성형 공정은 대략 사출 유입 공정, 충전 공정, 게이트 실(gate seal) 공정, 냉각 공정, 이형공정 등의 5공정으로 나뉘어 생각할 수 있다.

사출 유입 공정에서는 수지가 층류 상태로 유입하면, 유입 속도는 금형 캐비티의 양벽면의 중심에서 최대가 되므로, 나중에 유입하는 수지는 먼저 유입한 수지의 심

부에 포함되도록 유입해서 금형의 캐비티를 채운다.

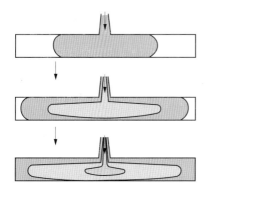

그림 3-2 캐비티에의 재료의 충전공정
(개략공정)

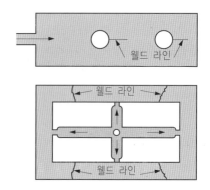

그림 3-3 재료의 분류와 합류에 의한
웰드 라인

성형품의 표층은 사출 공정 초기에 심부는 중·후기에 유입한 수지로 형성되므로 성형 공정의 초기에 유입하는 수지가 성형품의 외관에 큰 영향을 준다. (그림 3-2 참조)

수지의 흐름이 분리되었다 합류하면, 합류의 궤적에 의한 웰드 라인(weld line) 단열 압축에 의한 태움(black spots) 등이 발생하여 외관 불량이 될 뿐만 아니라 성형품의 강도가 떨어진다. 특히 충전재가 들어있는 재료에서는 그 저하가 현저하다. (그림 3-3 참조)

사출 유입 중인 수지는 냉각을 받으면서 유입하므로 금형 캐비티 내의 단면이 흐름 방향으로 급격히 변화하면 수지의 탄성 전단변형의 회복에 의한 팽창, 유속의 급변이 일어나 플로 마크(flow mark), 광택 얼룩, 주름 등이 발생한다. 금형 캐비티의 살 두께의 불균일이나 금형 온도의 불균일에 의해 수지의 냉각 속도에 차이가 있으면, 냉각이 늦은 두꺼운 부분에 열수축이 집중해서 싱크 마크(sink mark), 기포를 발생하고 성형품에 냉각 불균일에 의한 잔류 변형을 남긴다. 냉각속도가 균일하지 않으면 성형 수축량이 불균일하게 되어 성형품에 뒤틀림이 생긴다. 특히 결정성 수지에서는 현저하다.

3. 성형 수축률

성형 수축은 사출 성형 공정에서 열, 압력의 변화를 받아서 생기는 것으로 재료의 특성에 따라 성형 수축의 범위가 정해진다. 이것은 재료의 흐름 방향에 방향성이 있

고, 성형품의 형상이나 성형 조건에 따라 재료 고유의 성형 수축률의 범위가 결정되었다. 〈표 3-1 참조〉

표 3-1 주요 성형 재료의 선팽창 계수와 성형 수축률

성 형 재 료		선팽창계수 (10-5/℃)	성형수축률 (%)
수 지 명	충전재(강화재)		
열경화성수지 페 놀	목분 (솜, 플록)	3.0~4.5	0.4~0.9
페 놀	유리섬유	0.8~1.6	0.01~0.4
요 소	a' 셀룰로오스	2.2~3.6	0.6~1.4
멜라민	a' 셀룰로오스	4.0	0.5~1.5
디아릴 프탈레이드	유리섬유	1.0~3.6	0.1~0.5
에폭시	유리섬유	1.1~3.5	0.1~0.5
폴리에스테르	유리섬유(프리믹스)	2.0~3.3	0.1~1.2
열가소성 **결정성** 폴리에틸렌(저밀도)	–	10.0~20.0	1.5~5.0
폴리에틸렌(중밀도)	–	14.0~16.0	1.5~5.0
폴리에틸렌(고밀도)	–	11.0~13.0	2.0~5.0
폴리프로필렌	–	5.8~10.0	1.0~2.5
폴리프로필렌	유리섬유	2.9~5.2	0.4~0.8
나일론6		8.3	0.6~1.4
나일론6-10		9.0	1.0
나일론	20~40% 유리섬유	1.2~3.2	0.3~1.4
폴리아세탈		8.1	2.0~2.5
폴리아세탈	20% 유리섬유	3.6~8.1	1.3~2.8
비결정성 폴리스티렌(일반용)	–	6.0~8.0	0.2~0.6
폴리스티렌(내충격용)	–	3.4~21.0	0.2~0.6
폴리스티렌	20~30% 유리섬유	1.8~4.5	0.1~0.2
AS	–	3.6~3.8	0.2~0.7
AS	20~33% 유리섬유	2.7~3.8	0.1~0.2
ABS(내충격용)	–	9.5~13.0	0.3~0.8
ABS	20~40% 유리섬유	2.9~3.6	0.1~0.2
메타크릴	–	5.0~9.0	0.2~0.8
폴리카보네이트	–	6.6	0.5~0.7
폴리카보네이트	10~40% 유리섬유	1.7~40	0.1~0.3
경질PVC	–	5.0~18.5	0.1~0.5
셀룰로오스, 아세테이트	–	8.0~18.0	0.3~0.8

성형 수축률에 영향을 주는 요인은 다음과 같다.

(1) 열적 수축

수지 고유의 열팽창률에 의해 나타나는 수축

(2) 탄성 회복에 의한 팽창

성형 압력이 제거되어 원상태로 되돌아갈 때 발생되는 팽창

(3) 결정화에 의한 수축

성형 공정에서 결정화에 따라 나타나는 체적 수축으로서 PE, PP, PA와 같은 결정성 수지는 PS, AS, PC 등의 비결정성 수지보다 수축률이 크다.

(4) 분자 배향의 완화에 의한 수축

열가소성 수지는 용융 상태에서 유동에 의해 분자 배향을 일으켜 수지 분자는 유동 방향으로 당기어져 늘어지지만, 냉각 과정에 있어서 배분성이 일부 완화되어 당기어 늘어진 분자가 원래의 상태로 되돌아가려고 하여 수축이 일어난다.

결정성 수지는 결정까지도 배향하기 때문에 수축이 더욱 커진다. 특히 방향성이 현저한 고밀도 폴리에틸렌에서는 유동방향에 따라 수축차가 크므로 성형할 때 변형을 일으키는 경우가 많다.

성형 수축률은 앞서 설명한 바와 같이 여러 가지 요인이 복합되어 변하기 때문에 설계할 때 수축률을 정하여 금형을 제작하여도 성형 수축은 그대로 되지 않는다. 그러므로 실제 성형 수축률은 경험과 시행에 의하여 결정되고 있다.

성형 수축에 대한 재료 고유의 특성으로서는 비결정성 재료에 비해 결정성 재료의 성형 수축률이 크고 게다가 성형품의 형상, 성형 조건에 따라 성형 수축률의 변동폭도 크다. 또한 유리섬유 등의 충전재를 함유한 재료는 성형 수축률이 작아지고, 게다가 폭도 좁아지므로 치수 정밀도를 요구하는 용도에 적합하다.

성형 수축률은 여러 가지 요인이 뒤얽히므로, 금형의 캐비티 치수를 정하기 위한 예상 성형 수축률은 유사한 형상의 자료를 참고하여 정하는 것이 좋으나, 특히 대형 성형품이고 또한 결정성 재료가 사용될 경우에는 금형 치수의 수정이 되도록 고려해서 정하는 것이 좋다. 성형품의 형상과 재료선택(특히 결정성 재료)에 따라서는 금형 온도에 차이를 두고 냉각 속도를 조절하지 않으면 성형

품의 성형 수축률의 밸런스가 나쁘게 되어 성형품에 뒤틀림이 발생하는 경우도
있다.

$$성형수축률(S) = \frac{상온에서\ 금형치수(M) - 상온에서\ 성형품치수(A)}{상온에서\ 금형치수(M)}$$

$$S = \frac{M - A}{M}$$

$$상온에서\ 금형치수(M) = \frac{상온에서\ 성형품치수\ (A)}{1 - 성형수축률\ (S)}$$

$$M = \frac{A}{1 - S}$$

그러나 성형 수축률은 1보다 매우 작기 때문에 다음과 같이 근사식으로 금형치수
를 계산하기도 한다.

$$상온에서\ 금형치수(M) \fallingdotseq 상온에서\ 성형품치수(A)(1 + 성형\ 수축률(S))$$

$$M \fallingdotseq A \times (1 + S)$$

(예제) 호칭치수 200mm, 수지의 성형수축률 12/1000일 때 금형가공치수는 얼마로
하는가?

(풀이) 일반적인 금형가공 치수계산식에 의하여

$$M = A(1 + S) = 200(1 + 0.012) = 202.4(mm)$$

(2) 금형의 보통 치수 공차

금형에 직접 관련된 공차는 사출금형의 성형품과 직접 관련되는 제품 해당부 또는
이것에 따르는 부분의 공차이고 다음과 같은 공차를 지정한다.

① 금형치수 공차는 성형품 치수 공차의 약 1/3~1/4로 한다. (제품 형상에 희한 허
   용정도, 성형조건에 의한 수축률, 금형 제작 오차 등을 고려한 계수)

② 상온의 금형 치수와 성형품 오차에 관계

$A \pm \alpha$ 일 때 $M = A \times (1 + S)$

$A_0^{+\alpha}$ 일 때 $M = (A + \dfrac{\alpha}{2}) \times (1 + S)$

$A_{-\alpha}^{0}$ 일 때 $M = (A - \dfrac{\alpha}{2}) \times (1 + S)$

$A_{-\beta}^{+\alpha}$ 일 때 $M = (A + \dfrac{\alpha - \beta}{2}) \times (1 + S)$

위 식을 일반적으로 적용한다.

가. 성형 수축률의 변동 요인

(1) 캐비티내 수지압력

1개 뽑기 금형에 있어서 성형기의 노즐로부터 금형의 캐비티까지의 사이에서 일어나는 압력 손실은 사출 압력에는 관계없이 일정하기 때문에 일반적으로는 성형 수축률의 변동 요인으로 사출압력을 들고 있지만 실제로 문제가 되는 것은 캐비티내의 수지압력이다.

캐비티내의 수지압력이 높을수록 수축률은 작아진다. 따라서 다수개 뽑기의 금형에서는 각 캐비티에 균일하게 압력이 걸리도록 하는 것이 필요하다.

사출압력이 영향을 주는 정도는 수지의 종류에 따라 다르지만, (그림 3-4)에 나타낸 것처럼 유동성이 좋지 않은 폴리아세탈(POM)에 있어서는 살두께에 비해 게이트의 크기가

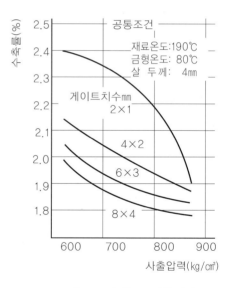

그림 3-4 수축률, 사출압력과
게이트 치수와의 관계

너무 작을 경우에는 살두께에 대한 적정한 게이트 크기와 비교해서 사출압력이 수축률에 미치는 영향은 대단히 크게 나타나고 있다.

성형 수축률의 변화는 비결정성 수지는 직선으로 결정성 수지는 곡선적으로 감소한다. (그림 3-5)는 HI폴리스티렌, (그림 3-6)은 ABS, (그림 3-7)은 노릴(noryl), (그림 3-8)은 PP에 관한 사출 압력과 수축률을 나타낸 것이다.

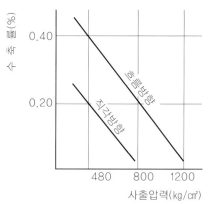

그림 3-5 HI폴리스티렌의 사출압력과 수축률

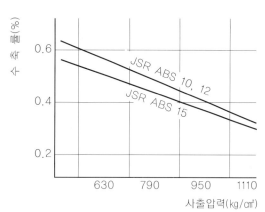

그림 3-6 ABS의 사출압력과 수축률

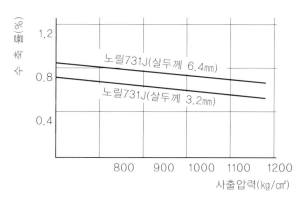

그림 3-7 노릴의 사출압력과 수축률

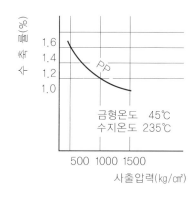

그림 3-8 PP의 사출압력과 수축률

(2) 수지 온도

수지온도가 높아지면, 수지의 종류에 따라 어느 정도의 차는 있지만 수지의 유동성은 좋아진다. 따라서 금형내에서의 수지의 충전상태는 개선된다. 또 수지온도가 높게 되면 금형내에서의 냉각시간이 길어져 이로 인하여 수지온도가 높을수록 금형내의 수지는 치밀하게 되어 성형수축은 이 점에 대해서는 작아진

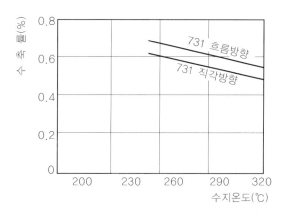

그림 3-9 노릴의 수지온도와 수축률

다. 그러나 이에 반해 수지온도가 높으면 열적 수축률이 크게 되어 냉각후의 수축량은 커지게 된다. 결국은 이 요인들의 종합된 결과가 나타나는 것이다.

수지의 종류, 성형압력, 게이트의 치수, 제품의 살두께 등에 따라서 정반대되는 경향을 나타내는 수도 있다. (그림 3-9)는 노릴에 관해서, (그림 3-10)는 GP스티롤, (그림 3-11)은 ABS에 관한 수지온도와 수축률의 관계를 나타낸 것이다.

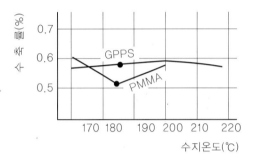

그림 3-10 GP스티롤의 수지온도와 수축률

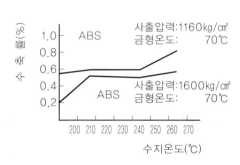

그림 3-11 ABS의 수지온도와 수축률

(3) 스크루 전진시간

스크루 전진시간은 게이트가 고화되어 있지 않는 한, 캐비티내의 수지를 계속 압

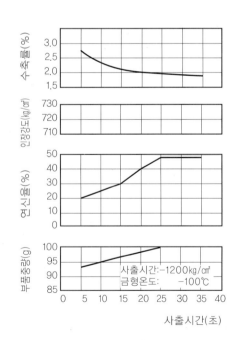

그림 3-12 폴리아세탈수지의 사출시간과
수축률 · 연신율과의 관계

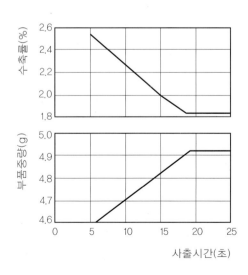

그림 3-13 나일론의 사출시간과 수축률
제품 중량과의 관계

축하고 있는 시간으로서 (그림 3-12)에 폴리아세탈(POM), (그림 3-13)에 PA66에 관해 나타낸 것처럼, 게이트의 고화시간까지 스크루가 전진을 계속한다면 수축률은 최소로 되고, 제품 중량은 최대로 된다. 그러나 게이트가 고화되기 전에 스크루의 전진이 정지되면, 수축률은 커지는 동시에 치수의 변동도 크게 된다. 성형수축률을 최소로 하고 또한 치수 변동범위를 극소화하기 위해서는 스크루 전진시간을 게이트의 고화 시간보다 짧게 해서는 안된다.

⑷ 금형 온도

열가소성수지에 있어서 금형온도는 성형성, 치수품질, 변형, 외관품질, 물성에 영향을 미친다. 금형온도가 높아지면 일반적으로 성형 수축률은 크게 되는 경향을 나타낸다.

금형온도가 높으면 냉각이 늦어지기 때문에 사출성형압력이 충분히 걸리기 쉽게 되어 금형내의 수축은 적게 되고, 금형으로부터 빼낸 후의 탄성회복도 커져, 이 점으로 보아서는 성형 수축률은 크게 되어 이것들의 종합된 결과가 영향으로서 나타나는 것이다. 같은 열가소성수지일지라도 결정성수지와 비결정성수지와는 금형온도의 영향에 큰 차이가 있다.

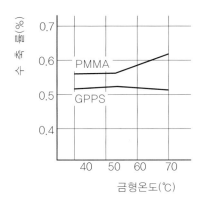

그림 3-14 GP 스티롤의 금형온도와
수축률의 관계

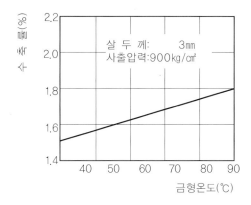

그림 3-15 나일론의 금형온도와
수축률의 관계

(그림 3-14)는 GP 스티롤, (그림 3-15)는 나일론에 대한 금형온도와 수축률의 관계를 나타낸 것이다. 결정성수지의 경우는 금형온도가 높아지면 서냉되어지는 것으로 되어 수축률은 크게 된다. 즉, 결정성수지는 비결정성수지보다 금형온도의 영향을 크게 받는다.

(5) 냉각시간

냉각시간이 길면 금형내의 수지는 충분히 고화하기 때문에 금형으로부터 빼내어진 성형품의 치수는 금형치수에 더욱 가깝게 되므로 성형 수축률은 작게 된다.

결정성수지는 결정화가 천천히 진행되어, 결정화도가 높아지기 때문에 성형 수축률은 크게 된다. 그러나 실제에 있어서는 성형품의 살두께, 수지의 온도, 금형온도, 결정화의 진행 등의 영향을 받기 때문에 그 경향은 획일적이지 못하다.

비결정성수지에 있어서는 일반적으로 수축률은 작아지는 경향이지만 그 정도는 매우 작다.

(6) 성형품 살두께

(그림 3-16)은 PE, (그림 3-17)은 PP에 대한 살두께와 수축률의 관계를 나타낸 것이며, 결정성수지에서는 살두께가 커지면 서냉되어 결정화도가 높게 되므로 수축률은 크게 된다. 비결정성수지에서는 수지의 종류에 따라 경향의 차이가 있으며, 살두께에 거의 관계가 없는 것과 살두께가 커짐에 따라 수축률이 커지거나 작아지는 것 등이 있다.

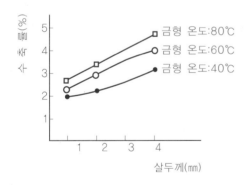

그림 3-16 PE의 살두께와 성형수축률

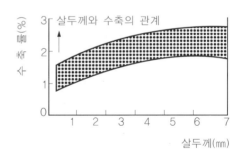

그림 3-17 PP의 살두께와 성형수축률

(7) 게이트 단면적

게이트 단면적이 작으면 게이트가 먼저 고화하여 금형내의 수지에 충분한 성형압력이 걸리기가 어려워지기 때문에, 일반적으로 성형 수축률이 크게 된다. 또 실험적으로 게이트 부에서의 주입속도가 빠를수록 성형 수축률이 크다는 것이 입증되었다. 이 점으로 보아서도 동일 사출량을 동일 시간에 충전하는 데는 게이트 단면적이 클수록 주입 속도는 낮아지게 되므로 성형 수축률은 작게 된다.

(8) 강화재 함유율과 배향성

유리섬유가 든 수지에 있어서는 함유율에 의해 수축률은 변화한다. 살두께가 얇은 경우에는 흐름방향의 수축률은 함유율이 높아짐에 따라 작게 되지만 횡방향의 수축률도 작게 된다. 성형 과정에서 일어나는 수지의 분자 배향이나 유리섬유 또는 충전재 및 강화재에 의한 배향을 성형 수축률에 방향성을 주는 원인이 되어 유동 방향과 직각 방향과는 상당히 큰 차이를 나타내게 된다.

표 3-2 폴리아세탈(POM) 이방성

금형온도(℃) 사출압력 (kg/cm2) \ 두께(mm)	30				80			
	1	2	3	4	1	2	3	4
500	–	8.3	0.1	−1.1	–	3.0	−2.7	−1.5
625	–	5.7	−3.0	−1.7	–	4.2	−2.8	−3.5
750	15.3	2.7	−3.2	−4.2	11.9	2.9	−2.2	−2.9
875	12.8	3.0	−3.9	–	7.5	–	–	–
1,000	11.1	–	–	–	5.9	–	–	–
평 균	13.0	4.9	−2.5	−2.3	8.4	3.3	−2.6	−2.6

〈표 3-2〉는 폴리아세탈(POM)에 대한 이방성을 나타낸 것으로 사출압력, 금형온도, 살두께에 따라 이방성이 크게 변화한다는 것을 나타내고 있다.

나. 경시적 치수변화

플라스틱 성형품의 치수는 성형되어 제품으로 된 후에도 여러 가지 요인에 의해 치수변화를 일으킨다. 경시적 치수변화의 영향을 가능한 한 작게 하여 성형후의 치수 안정성을 좋게 할 목적으로 열처리, 고온 금형으로 성형, 제습처리 등의 후처리를 실시한다. 성형품의 치수변화를 일으키는 요인을 보면 다음과 같다.

① 내부 응력에 의한 치수변화
② 결정화의 진행에 의한 치수변화
③ 온도에 의한 치수변화
④ 습도에 의한 치수변화

4. 성형품의 치수 정밀도와 금형과의 관계

성형품의 치수 정밀도는 제품의 코스트와 직접 관련이 있고, 기능상 필요 이상의 치수 정밀도를 요구하는 것은 바람직하지 못하다. 사출성형은 용융된 수지를 금형의 캐비티에 압입하고, 고화된 후에 빼내는 방식이며, 이 과정에서 체적팽창 또는 체적 수축이라는 물리적 변화와 점탄성체라는 특수성과 금형의 가공 오차 등의 문제가 발생하게 된다. 이것이 일반의 기계가공과의 큰 차이이며, 더구나 가공 오차에 관해서도 그 요인이 매우 많아 단순하게는 해석되지 않는 것이 많다. 이와 같은 사출성형의 특수성 때문에 제품의 치수 정밀도에는 한계가 있고, 금속 가공과의 차이를 꼭 알아 두어야 한다.

가. 성형품 치수오차 발생의 요인

사출성형은 수지, 금형, 사출성형기 및 성형조건 등의 요인으로 성형품의 치수오차가 발생한다. 일반적으로 성형품의 치수오차의 발생 요인을 정리하면 〈표 3-3〉과 같다. 치수 정밀도의 오차 트러블에 관해서 일반적으로 금형만이 크게 거론되는 경향이 있으며 〈표 3-3〉과 같은 다른 요인에 대해서도 대책을 강구하여야만 한다.

표 3-3 성형품 치수 오차의 발생요인

요 인 의 분 류	요 인 의 세 목
금형에 직접 관련하는 요인	1) 금형의 형식 또는 기본적인 구조 2) 금형의 가공 제작 오차 3) 금형의 마모, 변형, 열팽창
수지에 관련하는 요인	1) 수지의 종류에 의한 표준 수축률의 대소 2) 수지의 로트마다의 성형 수축률, 유동성, 결정화도의 흩어짐 3) 재생수지의 혼합, 착색제 등 첨가제의 영향 4) 수지중의 수분 또는 휘발, 분해 가스의 영향
성형공정에 관련하는 요인	1) 성형조건의 변동에 의한 성형수축률의 흩어짐 2) 성형 조작의 흩어짐에 의한 영향 3) 이형, 밀어낼 때의 소성변형, 탄성 회복
성형후의 경시변화에 관련하는 요인	1) 주위의 온습도에 의한 치수변화 2) 수지의 소성변형, 외부력에 의한 크리프, 탄성회복 3) 잔류변형, 잔류응력에 의한 변화

나. 금형 설계 제작 오차의 대책

금형에 직접 기인하는 치수 정밀도의 오차 대책으로서 다음과 같은 것이 있다. 〈표 3-4〉는 금형 구조상의 정밀도 기준 예를 나타내고 있다.

① 금형 제작법의 선택을 고려한 금형설계를 추진한다.

② 금형의 변형, 휨, 편심에 대한 대책을 세운다.

③ 형재의 변형 교정, 형의 구조와 강도와의 관계를 고려한다.

④ 섭동부의 안정성과 복원성을 고려한다.

⑤ 금형가공의 정밀도, 달라붙기 정밀도의 확보 대책을 세우며, 금형 정밀도는 성형품 도면 공차의 1/3~1/2 이내로 억제해야 한다.

⑥ 형재의 선택시 내구성, 경도의 향상 대책을 세운다.

⑦ 고장이 적은 메카니즘을 택한다.

표 3-4 금형 구조상의 정밀도 적용 기준

금형부분	해당자리	조 건	표 준 치	
형 판	두 께	평행일 것	300에 대하여 0.02 이내	
	조립한 총두께	평행일 것	300에 대하여 0.1 이내	
	가이드핀 구멍	구멍의 지름이 정확할 것	H7	
		고정측, 가동측 동일 위치일 것	± 0.02 이내	
		직각일 것	100에 대하여 0.02 이내	
	이젝터 핀	구멍의 지름이 정확할 것	H7	
	리턴 핀	직각일 것	끼워넣기 길이에 대하여 0.02 이내	
가 이 드 핀	압입부의 지름	연삭 다듬질	K6, K7, m6	
	섭동부의 지름	연삭 다듬질	f7, e7	
	진 직 도	굽음이 없을 것	100에 대하여 0.02 이내	
	경 도	담금질 및 템퍼링	HRC55 이상	
가이드핀부시	바깥지름	연삭 다듬질	K6, K7, m6	
	안쪽지름	연삭 다듬질	H7	
	내외경의 관계	동심일 것	0.01	
	경 도	담금질 및 템퍼링	HRC55 이상	
이 젝 터 핀 리 턴 핀	섭동부의 지름	연삭 다듬질	2.5~5	−0.01 −0.03
			6~12	−0.02 −0.05
	진 직 도	굽힘이 없을 것	100에 대하여 0.1 이내	
	경 도	담금질 템퍼링 또는 질화	HRC55 이상	
이 젝 터 플 레 이 트	이젝터 핀 장치구멍	구멍 위치형판과 치수	± 0.3	
	리턴 핀 장치구멍		± 0.1	
사 이 드 코 어 기구가있을 때	섭동부의 끼워 맞춤	긁힘없이 미끄러질 것	H7, e6	
	경 도	양쪽 또는 한쪽 담금질	HRC55~55	

다. 성형품 치수의 종류

성형품의 치수는 금형에 의해 직접 정해지는 치수와 직접적으로 정해지지 않는 치수가 있다. 〈표 3-5〉이 관계를 충분히 이해하여 고정밀도를 요구하는 성형품에서는 잘 활용할 필요가 있다. 금형 각부의 제작상의 정밀도는 매우 중요한 요소이지만, 각 부품의 끼워맞춤 방법, 분할선의 위치, 가이드 핀의 위치, 이젝터 플레이트의 작동방법, 성형시의 변형 등 고려할 사항이 많다.

표 3-5 성형품 치수의 종류

종 별		적 용 예
금형에 의해 직접 정해지는 치수	일반 치수	상자류의 안쪽, 바깥쪽의 가로, 세로 치수 컵 등의 내외지름
	곡률 반지름	코너부의 둥글기(이른바 R)
	성형 그대로의 것 중심간격 : 쇠붙이가 있는 것	같은 쪽에 있는 구멍의 중심간격, 또는 블록부나 흠부의 간격 매설 쇠붙이의 중심간격
금형에 의해 직접 정해지지 않는 치수	형개방향에 있는 치수 (파팅라인과 직각방향의 치수)	상자류, 컵 등의 외측높이, 또는 바닥부의 살두께
	측벽두께 및 이에 속하는 방법	자, 웅형과의 관계 또는 사이드코어 등의 관계로 정해지는 치수
그밖의 치수	평행도 및 편심	중공원통의 내외중심선의 흔들림, 동심원의 어긋남
	굽음, 휨 및 비틀림	
	각 도	다이얼의 눈금각도, 경사부분의 각도

금형에의해 직접 정해지는 치수	금형에의해 직접 정해지지 않는 치수
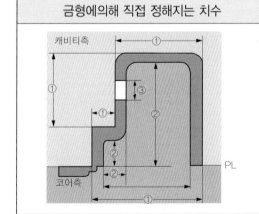	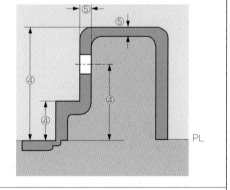
위 그림의 각 부분의 치수가 이것에 상당하고 금형의 캐비티측, 코어측 어느 한 쪽에 의해서만 정해지는 치수이고, 플래시가 나오는 법이나 그 두께에 영향을 받지 않는 치수이며, 성형품의 그 부분이 금형의 그 부분에 상당하는 치수이다. ① 캐비티 치수로 결정된다. ② 코어의 치수로 결정된다. ③ 슬라이드 코어치수로 결정된다.	사출 성형압이 가해지는 방향의 치수. 위 그림 각 부분의 치수가 이에 상당하며, 그 방법이 금형의 캐비티측, 코어측의 2개 이상의 부분에 만들어내지는 치수이고, 상자류의 외측 높이, 바닥 두께 등. 파팅 라인에 걸치는 치수, 측벽 두께 등 캐비티 측, 코어측의 상호 관계에 의해 정해지는 치수. 그 밖에 사이드 코어 등에 걸치는 치수 등이다. ④ 캐비티 치수로 결정된다. ⑤ 캐비티와 코어의 조합에 의해 결정된다.

그림 3-18 금형에 의해 직접 정해지는 치수와 정해지지 않는 치수

라. 성형품의 치수 정밀도를 향상시키는 방안

① 성형조건의 영향이 적게 가능한 한 단순형상으로 하고 리브나 맞춤핀 등을 작게 하여 수축의 복잡한 요인을 줄인다.

② 가능한 한 대칭형으로 하고, 균일한 두께로 한다.

③ 인서트(insert)는 수축을 줄여 높은 정밀도를 얻지만 성형변형이 남는 결점도 있다.

④ 웰드라인은 응력이 커지게 하므로 비교적 영향이 적은 위치에 남도록 게이트 위치를 배려한다.

⑤ 성형품의 치수측정이 필요한 개소와 측정방법을 설계시에 고려한다.

⑥ 금형가공은 기계작업에 의해 행하여지도록 하고, 복잡한 요철과 언더컷 (undercut)이 없어야 한다.

⑦ 성형품 설계에서 금형의 구조와 제작방법, 열처리 등을 고려한다.

⑧ 성형품의 조립방법을 연구하고, 고정밀부분은 금속 인서트 등을 사용한다.

5. 성형품의 살두께

성형품의 살두께는 성형품의 용도, 성형조건, 재료의 성질 등을 고려하여 평균 살두께를 결정한다. 이 때 살두께가 얇으면 성형시간이 빠르고 재료비도 절감되지만, 큰 성형압력이 필요하며, 반대로 살두께가 두꺼우면 냉각될 때 수축에 의해 싱크마크 또는 기포가 발생한다.

가. 살두께 결정시 고려할 사항

① 구조상의 강도

② 금형으로부터 이형시의 강도

③ 충격에 대한 힘의 균등한 분산

④ 인서트의 균열방지(성형재료와 금속의 열팽창 차이에 의한 균열)

⑤ 구멍, 창, 인서트에 의해 발생하는 웰드의 보강

⑥ 살두께가 얇은 부분에 생기는 연소 현상의 방지

⑦ 살두께가 두꺼운 부분에 생기는 싱크 마크의 방지

⑧ 예리한 모양의 부분 또는 살두께가 얇아 생기는 충진부족의 방지

나. 살두께 설정시의 설계 기준

① 가공 생산성과 성형품 물성과의 균형을 취하기 위한 적정 살두께는 1.5~3.5(㎜)

정도로 한다.

② 두께는 가능한 한 균일하게 하고, 불연속적인 두께 변화가 있지 않도록 한다. (그림 3-19 참조)

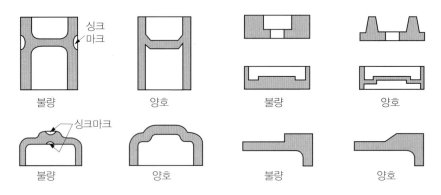

그림 3-19 균일한 살두께

③ 게이트 부근은 어느 정도 두껍게 하고, 거리가 멀어짐에 따라 약간 얇게 한다.

④ 부품의 기능상 두께에 변화를 주어야 할 때는 그 부분에 코너 R을 가능한 한 크게 한다. (R은 최저 0.3mm)

⑤ 인서트 외주의 살두께는 ≧인서트의 외경×1/2

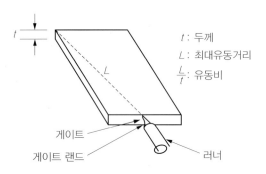

그림 3-20 유동비 L/t

표 3-6 성형재료의 살두께

재료수지명	수지온도(℃)	사출압력(kg/㎠)	금형온도(℃)	살두께(Smm)
폴리에틸렌(PE)	300~360	600~1,500	40~60	0.9~4.0
폴리프로필렌(PP)	160~260	800~1,200	55~65	0.6~3.5
폴리아미드(PA)	200~320	800~1,500	80~120	0.6~3.0
폴리아세탈(POM)	180~220	1,000~2,000	80~110	1.5~5.0
폴리스티렌(PS)	200~300	800~2,000	40~60	1.0~4.0
AS	200~260	800~2,000	40~60	1.0~4.0
ABS	200~260	800~2,000	40~60	1.5~4.5
메타크릴(PMMA)	180~250	1,000~2,000	50~70	1.5~5.0
PVC(경질)	180~210	1,000~2,000	45~160	1.5~5.0
폴리카보네이트(PC)	280~320	400~2,000	90~120	1.5~5.0
셀룰로오스	160~250	600~2,000	50~60	1.0~4.0
아세테이트 부틸렌	150~250	600~2,000	50~60	1.0~4.0

⑥ 힌지부의 살두께는 0.3~0.5(㎜)로 한다.

⑦ 유동길이(L), 살두께(t)와의 비(L/t)가 과대하게 되지 않도록 게이트 수 또는 살두께를 결정한다. (그림 3-20, 표 3-6, 7 참조)

표 3-7 L/t와 사출압력과의 관계

재료수지명	사출압력 (kg / cm²)	L / t	재료수지명	사출압력 (kg / cm²)	L / t
폴리에틸렌	1,500	280~250	경질 PVC	900	140~100
	500	140~100		700	110~70
폴리프로필렌	1,200	280~240	연질 PVC	900	280~200
	700	240~200		700	240~160
폴리스티렌	900	300~280	폴리카보네이트	1,300	160~120
폴리아미드(나일론)	900	320~200		1,200	150~120
폴리아세탈(델린)	1,000	210~110		900	130~90
	1,300	170~130			
	1,200	160~120			

6. 보강과 변형 방지

가. 보강

(1) 모서리의 보강

① 성형품의 모서리 부분은 내부응력이 집중되어 균열 또는 변형을 일으키는 원인이 되므로, R(rounding)을 준다. (그림 3-21 참조)

② 내면 구석에 살두께의 1/2을 R에 주어 응력집중을 감소시키고, 살두께를 증가시킨다. (그림 3-22(a) 참조)

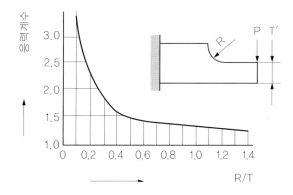

그림 3-21 R/t와 응력집중의 관계

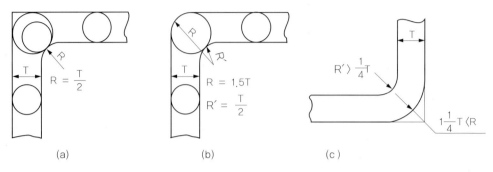

그림 3-22 구석부의 설계   그림 3-23 AS, PS, ABS수지에 대한
구석부의 R

③ 외측 모서리에는 살두께의 1.5배의 R을 준다. (그림 3-22ⓑ 참조)

④ PS, AS, ABS 수지에 대해서는 내면 구석에 1/4T 이상의 R을 주고, 외측 모서리
에는 1 1/4T 이상의 R을 준다. (그림 3-23 참조)

⑤ 실제로 부품의 기능상 요구되는 경우 금형의 복잡성 등의 원인으로 이상적인
R을 줄 수 없을 경우에는 최소한 0.3(㎜) 이상의 R을 주어야 한다.

⑥ 유리섬유 강화품종의 수지는 빼내기 구배 및 캐비티면의 모서리의 R도 보통의
스티렌계 수지보다 크게 한다.

나. 측벽부의 보강

용기나 상자 모양의 성형품을 설계할 때 중요한 점은 측벽부를 보강하며, 내부 응
력을 흡수하고 변형을 방지하여 양호한 제품이 되도록 하는 것이다.

(그림 3-24)은 측벽에 단을 만들거나 리브를 부착하여 중앙부의 두께를 두껍게 하
여 강성을 부여하고 내부 응력을 흡수하여 변형, 휨 등을 감소시키는 설계 예이다.

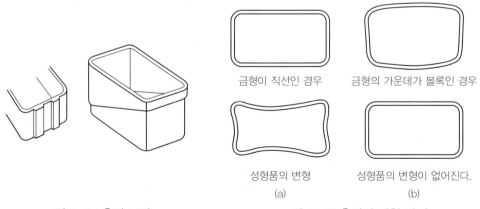

그림 3-24 측벽 보강   그림 3-25 측벽의 변형 방지

(그림 3-25)은 측벽의 평면도로서 (a)와 같이 직선이면 내부 응력이 전체적인 변형으로 나타나서 성형품은 그림과 같이 중앙 부분이 오목하게 되어서 제품 가치가 저하된다. (b)와 같이 중앙 부분을 볼록하게 하면 내부 응력을 측벽에서 흡수하여 전체적인 변형이 없어진다.

다. 테두리의 보강

테두리의 형상은 미관과 기능을 고려하고, 강도를 보강하도록 설계되어야 한다. (그림 3-26)은 오른쪽으로 갈수록 강성을 증가시키면서 휨을 방지할 수 있는 테두리의 설계 예이다.

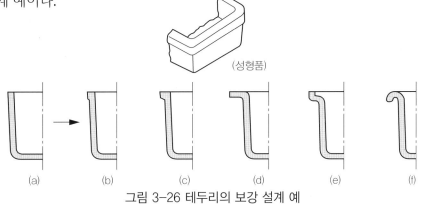

그림 3-26 테두리의 보강 설계 예

라. 평판부의 보강과 변형 방지

평판부는 휘거나 비틀림 등이 잘 발생된다. 따라서 응력 흡수가 잘되어 변형이 일어나지 않도록 설계되어야 하며, 다이렉트 게이트(direct gate)보다는 다점 핀 포인트 게이트(pin point gate)나 팬(fan) 혹은 필름(film) 게이트를 사용하도록 한다.

(그림 3-27)의 (a)와 같이, 원판을 성형하는 비틀림 변형이 발생한다. 이를 방지하기 위하여 게이트는 다점 핀 포인트 게이트를 설치하는 것이 바람직하다.

변형을 방지하고 평판부를 보강하기 위하여 (b)와 같이 만곡을 만들어 주거나 (c)와 같이 물결 모양의 요철을 만들어 주도록 설계한다.

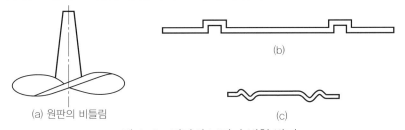

그림 3-27 평판의 보강과 변형 방지

마. 용기의 바닥 부분의 보강

보통 용기 바닥은 평면부로서, 면적이 크고 바닥의 중앙에 게이트(gate)를 설치하는 경우가 많다. 이때 수지의 흐름 방향과 그 직각 방향의 성형 수축률 차이 때문에 게이트 부근에 현저히 내부 응력이 발생하여 크랙이나 변형이 발생하기 쉽다.

따라서 바닥면에 강성을 주고 내부응력을 흡수하도록 설계하여야 한다.

(그림 3-28) (a)와 같이 파도형 단면을 가진 바닥은 강성을 부여하는데 이상적이며, 성형품이 변형하지 않고 불균일한 수축 때문에 발생하는 응력을 감소시킬 수 있다. 또한 (b), (c)처럼 피라미드형, 왕관형으로 만들면 다른 부분의 변형 없이 응력을 분산할 수 있다. 바닥면적이 대단히 클 때는 (d), (e)와 같이 모서리 부분을 큰 R로 하거나 (f)와 같이 단을 줌으로써 응력을 분산시키고 흐름을 양호하게 하여 좋은 성형품을 얻을 수 있다.

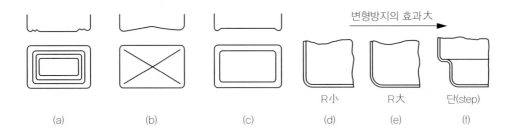

그림 3-28 용기의 바닥 부분의 보강과 변형 방지

(1) 리브(rib)에 의한 보강

리브는 성형품에서 길게 돌출된 부분으로서, 성형품의 장식, 보강, 휨방지(그림 3-29)와 얇은 두께로 강도를 증가시키므로 성형품의 경량화를 기할 수 있다.

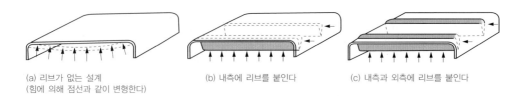

(a) 리브가 없는 설계
(힘에 의해 점선과 같이 변형한다)

(b) 내측에 리브를 붙인다

(c) 내측과 외측에 리브를 붙인다

그림 3-29 리브에 의한 변형방지(화살표)

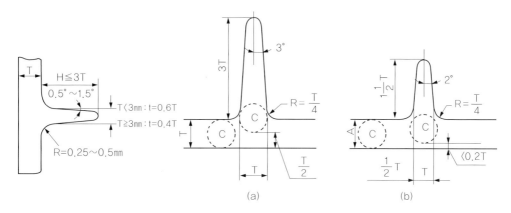

그림 3-30 일반적인 리브   그림 3-31 리브 두께와 접촉부의 면적 관계

그림 3-32 싱크마크의 발생을 방지하기 위한 리브 설치

① 일반적인 리브설계 (그림 3-30 참조)

② 리브 두께와 접촉부의 면적은 수축을 유발할 수도 있으므로 (그림 3-31), 리브를 두껍게 하는 것보다는 수를 증가시키는 것이 좋다. (그림 3-32 참조)

③ 세로 방향 리브의 구배는 일반적으로 측벽과 바닥 두께에 의해서 A, B의 치수가 정해지며, 구배는 다음과 같은 식을 적용한다. (그림 3-33 참조)

$$\frac{0.5(A-B)}{H} = \frac{1}{500} \sim \frac{1}{200}$$

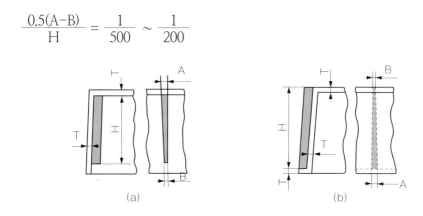

그림 3-33 세로방향 리브의 구배

④ 바닥 리브의 구배는 세로방향 리브와 같은 방법으로 설계한다. (그림 3-34 참조)

$$\frac{0.5(A-B)}{H} = \frac{1}{150} \sim \frac{1}{100}$$

⑤ 리브의 설치 방향은 금형내에서 수지가 흐르는 방향으로 한다.

⑥ 리브에 다른 부품을 조립하는 것은 피한다.

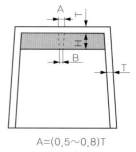

A=(0.5~0.8)T

그림 3-34 바닥리브의 구배

바. 변형 방지

변형은 고정밀도를 요구하는 성형품에 있어서 성형수축과 함께 부득이 나타나는 현상으로서, 그 변형량을 어떻게 작게 하느냐가 중요하다. 또한 변형은 대부분 각 부위의 냉각속도 혹은 유동 배향에 의한 성형 수축률의 이방성에 기인하는 내부 응력에 의해 발생한다.

(1) 변형의 발생 요인
① 각 부위의 냉각속도 차
② 유동방향에 의한 성형수축의 이방성
③ 내부응력에 의한 경우
④ 코어가 쓰러짐으로 편육하는 경우
⑤ 성형압력으로 인하여 금형이 변형하는 경우

(2) 설계상, 성형상의 변형 대책
① 수축차에 의한 변형은 살두께의 변경, 리브의 설치, 게이트의 위치 변경, 냉각의 조정 등으로 해결한다.
② 비틀림 변형은 잔류응력을 작게 하는 방향으로 성형조건을 설정한다.
③ 금형 구조상 냉각이 불균일하지 않도록 해야 한다.
④ 코어의 온도가 캐비티 온도보다 높으면 코어쪽으로 끌려 들어가는 방향으로 변형하므로 이를 고려한다.

7. 보스(boss)

보스는 성형품 구멍의 보강이나 조립시의 끼워 맞춤, 나사 조임용 구멍 등의 목적으로 사용되는 돌기부를 말하며, 다른 부품과의 접촉부가 되는 경우가 많으므로, 보스의 설계 위치, 형상 치수, 수 등은 사용 상태, 사용시의 기능 등을 충분히 고려해야 한다.

표 3-8 나사결합을 위한 작업 기준 예

항 목	H I P S	A B S	유리섬유강화AS
1. 나사 바깥지름 − 보스구멍 안지름	0.5mm	0.5mm	0.3mm
2. 보스 상부의 두께	나사골지름 이상	나사골지름×⅝이상	나사골지름 이상
3. 상기조건 시의 나사끼움 토크	약 5kg · cm	약 70kg · cm	약 10kg · cm

※ 이 조건은 GPPS는 적용불가능하고, AS는 적용하지 않는다.

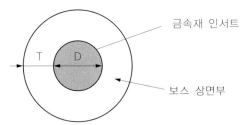

수지의 종류	(T/D)×100%
HIPS AS및 강화품	70
ABS 수지	50

그림 3-35 금속 인서트

가. 일반적인 보스 설계
① 보스의 바닥부를 강화시키기 위하여 보강 리브를 설치한다.
② 원활한 체결 방법과 만족한 나사결합을 위한 작업기준〈표 3-8〉
③ 금속 인서트 보스 설계의 작업기준 (그림 3-35 참조)

나. 보스의 구배
① 셀프 태핑 스크루(self-tapping screw)용의 빼기구배는 $0.5(D-D')/H = \frac{1}{30} \times \frac{1}{20}$ 로 한다. (그림 3-36)

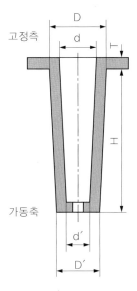

그림 3-36 보스

② 보스의 높이가 30(㎜) 이상이며, 강도를 필요로 하는 경우는 다음과 같이 한다.

고정측 : $0.5(d-d´)/H = \dfrac{1}{50} \sim \dfrac{1}{30}$

가동측 : $0.5(D-D´)/H = \dfrac{1}{50} \sim \dfrac{1}{30}$

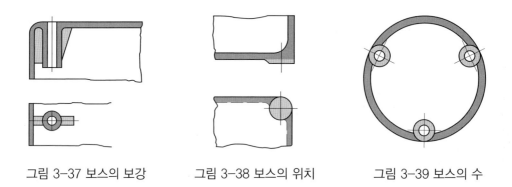

| 그림 3-37 보스의 보강 | 그림 3-38 보스의 위치 | 그림 3-39 보스의 수 |

다. 보스 설계시 유의사항

① 높이가 높은 보스는 가스가 빠지지 않거나 충전부족을 일으키기 쉬우므로 피하는 것이 좋다.

② 보스를 높게할 필요가 있을 때 보스의 측면에 리브를 붙여서 재료의 흐름을 좋게 하고 보강을 한다. (그림 3-37 참조)

③ 살두께가 두꺼우면 싱크마크의 원인이 되므로 고려한다.

④ 보스는 안쪽으로 위치하도록 하고, 자리는 0.3~0.5(㎜) 나오도록 한다. (그림 3-38 참조)

⑤ 보스 또는 다리의 수가 4개 이상의 경우는 보스의 높이를 맞추기가 어려우므로 3개로 한다. (그림 3-39 참조)

⑥ 관통 구멍의 보스는 반드시 그 주변에 웰드라인이 발생하는 것을 고려해야 한다.

⑦ 보스의 구멍과 구멍의 간격, 구멍과 성형품 단과의 간격은 적어도 구멍의 지름 이상으로 해야 한다.

⑧ 두껍고 높은 보스를 설치해야 할 경우는 사출성형시에 수지의 압력 전달이 충분한, 게이트에 비교적 가까운 위치로 한다.

금형 설계를 고려한 성형품 설계

1. 파팅 라인(parting line)

금형에 충전하여 고화된 성형품, 러너 및 게이트를 금형으로부터 이형 시키기 위해 고정측 형판과 가동측 형판이 열릴 때, 성형품의 어느 위치에서 금형이 열리느냐 하는 것이 결정되어야 한다. 이 열림의 기준선을 파팅라인 또는 분할선이라 한다.

파팅라인 결정이 성형품의 상품가치와 금형 가격에 큰 영향을 미치므로, 금형 설계시 파팅라인의 위치와 방법을 잘 고려하여야 한다. 〈표 3-9〉이 파팅라인을 결정하는 데는 다음과 같은 사항을 고려하여야 한다.

① 눈에 잘 띄지 않는 위치 또는 형상으로 한다. (그림 3-40 참조)
② 금형 열림 방향에 수직인 평면으로 한다. (그림 3-41 참조)

표 3-9 파팅면의 비교

금형의 파팅	성형품	결 론	성형품 취급	비 교 항 목		
				파 팅	플래쉬	금형비용
고정측 / 가동측	P.L	× 나쁘다	× 나쁘다	나타난다	발생이 쉽다	中
P.L	P.L	×× 매우 나쁘다	× 나쁘다	매우 잘 나타난다	매우 발생이 쉽다	大
P.L	P.L	○ 좋다	○ 좋다	나타나지 않는다	발생이 어렵다	小

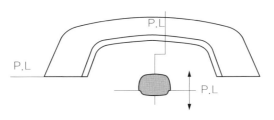

그림 3-40 전기다리미의 손잡이

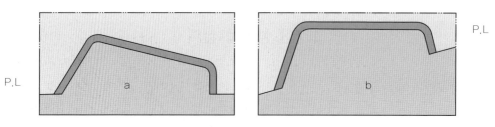

그림 3-41 수직 파팅 라인과 경사진 파팅 라인

③ 언더컷(undercut)을 피할 수 있는 곳을 택한다. (그림 3-42 참조)

④ 마무리가 잘 될 수 있는 위치 또는 형상으로 한다. (그림 3-43 참조)

⑤ 빼기 구배에 관계되지 않는 한, 성형품은 한쪽에서만 성형되도록 한다.

⑥ 금형의 공작이 용이하도록 위치를 정한다. (그림 3-44 참조)

⑦ 게이트의 위치 및 그 형상을 고려한다.

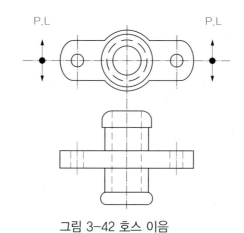

그림 3-42 호스 이음

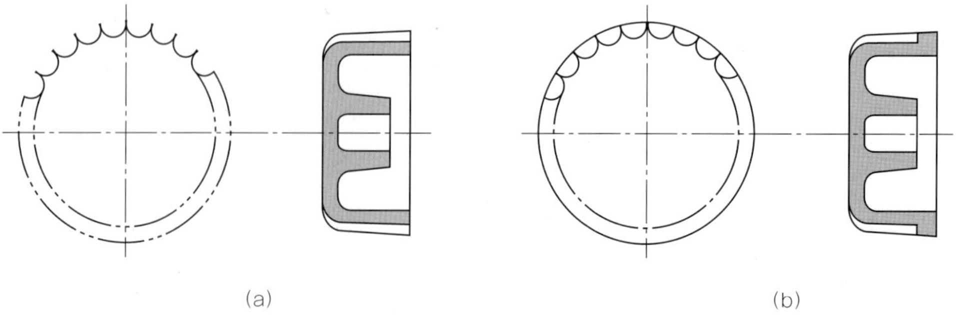

(a)   (b)

그림 3-43 물결모양 제품의 파팅 라인

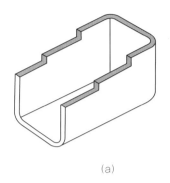
(a)

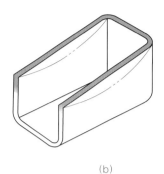
(b)

그림 3-44 단이 있는 성형품

표 3-10 성형품 높이에 대한 구배의 변화량

(단위 : mm)

	1/4°	1/2°	1°	2°	3°	4°	5°
0	0.11	0.22	0.44	0.87	1.31	1.74	2.19
	0.22	0.44	0.88	1.75	2.62	3.50	4.37
50	0.33	0.65	1.31	2.62	3.93	5.24	6.56
	0.44	0.87	1.75	3.49	5.24	7.00	8.75
100	0.55	1.09	2.19	4.36	6.55	8.74	10.94
	0.66	1.31	2.63	5.24	7.86	10.49	13.12
150	0.77	1.52	3.06	6.11	9.17	12.22	15.31
	0.99	1.74	3.50	6.98	10.48	13.98	17.50
200	0.99	1.96	3.94	7.85	11.79	15.73	19.68
	1.10	2.18	4.38	8.73	13.10	17.88	21.87
250	1.21	2.39	4.81	9.60	14.41	19.22	24.06
300	1.32	2.61	5.25	10.47	15.72	20.97	26.24

2. 빼기 구배

금형에서 성형품을 쉽게 빼내기 위해서는 빼기 구배를 가능한 한 크게 하는 것이 좋으나, 성형품의 형상, 성형재료의 종류, 금형의 구조, 표면의 다듬질 정도 및 다듬질 방향 등에 따라 빼기 구배를 다르게 준다.

가. 빼기 구배의 일반적 설계 기준

① 성형품 수직벽의 구배는 일반적인 경우에 1/30~1/60(2°~1°), 실용 최소 한도는 1/240(1/4°)의 구배를 주어야 한다.

② 성형품에 무늬가 있는 경우에는 0.25(㎜)에 대해 1°의 구배를 준다.

③ 유리섬유, 탄산칼슘, 탤크 등을 충전한 성형재료는 성형 수축률이 작기 때문에 성형시 이형이 어려우므로 가능한 한 구배를 크게 한다.

④ 스티렌계 수지는 보통 2°/25(㎜)이어야 하고 최소한 1°/25(㎜)이어야 한다.

⑤ 리브는 0.5° 정도로 하되 측벽은 세로 리브는 0.25°로 한다.

⑥ 싱크 마크를 방지하기 위하여 리브 밑바닥은 벽 살두께의 1/2로 하고 앞끝 두께는 금형 제작상 최저 1(㎜) 이상으로 하는 것이 좋다.

⑦ 창살의 피치는 3(㎜) 이상으로 하고, 창살부 전체의 길이가 길수록 빼기 구배를 5° 이상으로 한다.

⑧ 창살 높이가 높을 때(약 8㎜이상) 창살은 사다리꼴 모양으로 한다.

⑨ 성형품 높이에 대한 구배의 변화량은 〈표 3-10〉과 같다.

나. 상자 또는 덮개의 빼기 구배 설정요령 (그림 3-45 참조)

① H가 50(㎜) 까지의 것은 $\dfrac{S}{H} = \dfrac{1}{30} \sim \dfrac{1}{35}$ 로 한다.

② H가 100(㎜) 이상의 것은 $\dfrac{S}{H} = \dfrac{1}{60}$ 이하로 한다.

③ 얇은 가죽 무늬가 있는 것은 $\dfrac{S}{H} = \dfrac{1}{5} \sim \dfrac{1}{10}$ 로 한다.

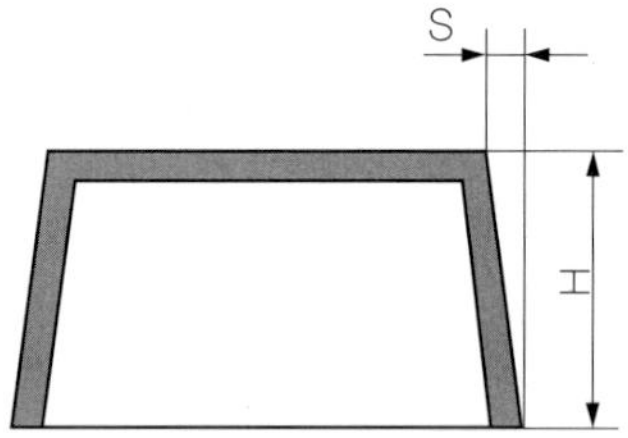

그림 3-45 상자

④ 컵과 같은 제품은 고정측 형판(컵의 외면측 성형부)보다 가동측 형판(컵의 내면측 성형부)에 빼기 구배를 약간 많이 주는 것이 좋다.

다. 창살의 빼기 구배 설정기준

① 창살의 형상치수 및 창살부 전면적의 치수에 따라 빼기 구배를 약간 달리 선정하는 것이 좋다.

② 일반적인 구배는 0.5(A-B) / H = 1/12~1/14로 한다.

③ 창살의 피치가 4(㎜) 이하일 때는 구배를 1/10 정도로 한다.

④ 창살부의 C의 치수가 클수록 구배를 많이 주는 것이 좋다. (그림 3-46(a))

⑤ 창살의 높이(H)가 8(㎜) 이상이거나, C의 치수가 큰 경우에도 구배를 크게 줄 수 없다면, (그림 3-46(b))와 같이 캐비티 창살의 1/2 H 이하의 창살을 붙여서 성형품을 가동측 형판에 남도록 한다.

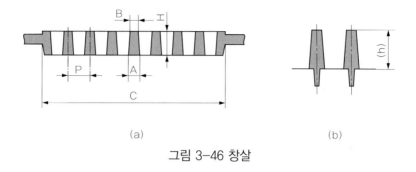

(a)

(b)

그림 3-46 창살

3. 성형품의 구멍

성형품의 구멍은 게이트의 반대측에 웰드 라인이 생겨 강도가 감소되므로, 강도상의 문제가 되는 경우에는 구멍을 후가공하는 것이 바람직하다. 이형방향의 구멍 설계는 금형 구조상 용이하지만, 가로 방향의 구멍을 성형하기 위해서는 일반적으로 슬라이드 코어(slide core)를 설정하여야 하므로, 제품의 구조 설계상 허용하는 범위에서 슬라이드 코어를 사용하지 않는 구조로 하는 것이 요망된다. 구멍의 설계시 고려해야 할 사항은 다음과 같다.

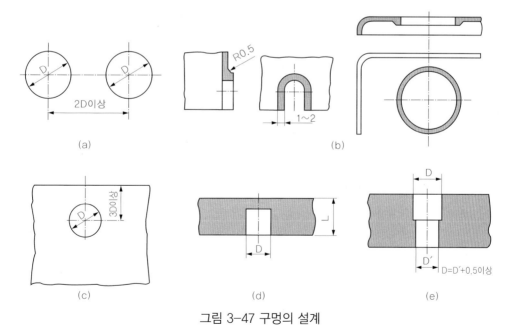

그림 3-47 구멍의 설계

① 구멍과 구멍의 중심거리는 구멍지름의 2배 이상으로 한다. (그림 3-47(a) 참조)
② 구멍 주변의 살두께는 두껍게 한다. (그림 3-47(b) 참조)

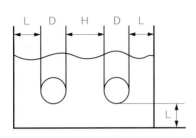

구멍지름 (D)	단에서 구멍까지의 거리(L)	두 구멍간의 거리(H)
1.5	2.5	3.5
2.5	3.0	5.0
3.0	4.0	6.5
5.0	5.5	8.5
6.5	6.5	11.0
8.0	8.0	14.0
10.0	10.0	18.0
12.5	12.5	22.0

그림 3-48 여러 개의 구멍

③ 구멍과 제품 끝과의 거리는 구멍지름의 3배 이상으로 한다. (그림 3-47(c) 참조)

④ 성형재료의 흐름방향에 직각으로 막힌 구멍에서 가는 핀이 휘어질 염려가 있을 경우, D<1.5(㎜)일 때 L≦D, D>3(㎜)일 때 L<2D로 한다. (그림 3-47(d) 참조)

⑤ 핀으로 제품의 중간에서 맞대는 구멍의 경우, 상하 구멍이 편심될 우려가 있으므로 어느 한쪽의 구멍을 크게 잡는다. (그림 3-47(e) 참조)

⑥ 다수의 구멍을 성형하는 경우, 웰드 라인 및 내부응력을 고려하여 재질 및 성형조건에 따라 구멍의 위치 및 간격은 (그림 3-48)에 따른다.

4. 성형 나사

성형 나사는 성형품의 외측 또는 내측에 나사부를 갖는 제품을 성형하는 것이며, 나사를 조립할 때 느슨하게 조립되도록 조립 여유가 있는 것이 중요하다. 플라스틱 나사를 금속제 나사와 같이 설계하면, 강도상 불충분하므로 다음 사항을 고려하여 설계하도록 한다.

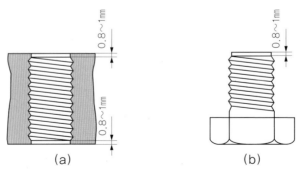

(a)   (b)

그림 3-49 성형 나사

① 나사산의 피치는 0.75(㎜)이상으로 한다. (그림 3-49 참조)
② 길이가 긴 나사는 수축으로 인하여 피치가 틀려지므로 피한다.
③ 성형품 공차가 수축값보다 작을 경우는 적합하지 않다.
④ 나사의 끼워맞춤은 지름에 따라 다르나 0.1~0.4(㎜)정도의 틈새를 준다.
⑤ 나사에는 반드시 1/15~1/25의 빼기 구배를 준다.
⑥ 나사의 끝부분은 나사 상부에서 0.8~1.0(㎜) 아래부터 시작되도록 한다.
⑦ 8(㎜)이하의 나사는 태핑(tapping)을 하든지, 금속으로 인서트한다.

5. 스냅(Snap)

플라스틱(plastic)은 탄성을 가지고 있으므로 스냅(snap)을 이용하여 조립하는 경우가 많다. 스냅용 성형 재료는 탄성이 큰 POM이 많이 사용된다.

보통 언더컷(under cut)은 금형의 파팅 라인(P.L)과 평행이 되도록 처리한다. (그림 3-50)(a)의 경우 언더컷량(H)은 다음 식으로 계산하고, 성형 재료별로는 〈표 3-11〉에 따라 그 값 이하가 되도록 해야 강제 이젝팅이 가능하다.

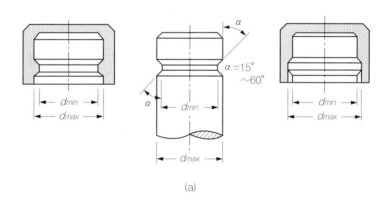

(a)

그림 3-50 스냅 장치

표 3-11 스냅 언더컷량

성형 재료	최대 언더컷량 H (%)
PS, AS(SAN), PMMA	1 ~ 1.5
경질 PVC, 내충격 PS, ABS, POM, PC	2~3
PA	4~5
PP, HDPE	6~8
LDPE, 연질 PVC	10~12

6. 금속 인서트

인서트란 나사 또는 체결 구멍 등 성형품 조립시 작용하는 집중하중을 흡수하고 또는 접합할 수 없는 성형품을 조립하기 위해 성형공정 중에 금속제품을 삽입하는 것을 말한다. 그러나 인서트 공정이 있어 성형능률이 떨어지므로, 가능한 한 인서트를 피하며, 셀프 태핑 또는 접착방법으로 하는 것이 바람직하다. 인서트 설계시 유의할 사항은 다음과 같고, 그 고정방법은 (그림 3-51)과 같다.

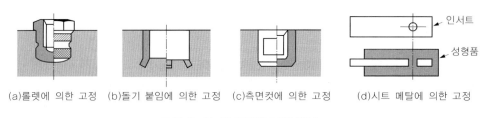

(a)롤렛에 의한 고정   (b)돌기 붙임에 의한 고정   (c)측면컷에 의한 고정   (d)시트 메탈에 의한 고정

그림 3-51 인서트의 고정 방법

① 인서트 제품에는 롤렛(rolet) 혹은 언더컷 등을 주어서 인서트가 기계적 구속력을 갖도록 한다.
② 수지의 흐름 방향에 의해 웰드 라인, 잔류응력에 의한 휨, 수축률 등에 의하여 국부적인 변화가 일어나지 않도록 한다.
③ 인서트를 중심으로 축의 중심이 편심 혹은 기울어짐이 일어나지 않도록 한다.
④ 금형의 온도 변화에 주의를 요한다.
⑤ 인서트 제품의 변형 및 축간거리 등에 주의를 요한다.
⑥ 인서트 부위의 바깥지름은 재료에 따라 다르지만 일반적으로 인서트 제품 지름의 2배 이상으로 한다.
⑦ 예리한 각 부분이 있는 제품은 인서트하지 않는다.
⑧ 볼트나 나사를 인서트하는 경우에는 나사부가 제품에 들어가지 않도록 한다.
⑨ 인서트 보스 주위에는 가능한 한 보강용 리브를 설치한다.

7. 언더컷(Under cut)

성형기의 형체 형개 방향의 운전만으로는 성형품을 빼낼 수 없는 요철 부분을 언더컷(under cut)이라고 한다. 언더컷이 있으면 일반적으로 금형의 구조가 복잡해지고 고장 발생이 많으며, 성형 사이클의 연장, 금형의 가격의 상승 등에 영향을 미치므로 성형품 설계 단계에서부터 피하는 것이 좋다.

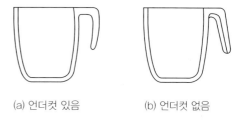

(a) 언더컷 있음　　(b) 언더컷 없음

그림 3-52 성형품의 언더컷

(그림 3-52)에서 보는 바와 같이 (a)는 언더컷이 있기 때문에 분할형(分割型)으로 하지 않을 수가 없지만, (b)처럼 언더컷을 없애면 분할형으로 하는 것을 피할 수 있다.

제3절   성형성을 고려한 성형품 설계

성형품의 설계는 대상으로 하는 부품의 요구 성능에 대해, 재료의 물성과 성형재료의 유동성 및 금형 설계상의 각종 제약이나 성형기의 성능 등과의 종합적인 밸런스를 도모하면서 신중히 진행시켜야 한다. 가능하다면, 최종 제품의 설계가 플라스틱 부품의 특징을 살리고, 결점을 막도록 배려하는 것이 가장 바람직하다고 할 수 있다.

그런데 실제로는 위에서 설명한 각종 요인이 완전히 해명되고 체계화되어 있어야 비로소 합리적인 성형품의 설계가 가능하게 되며, 다른 재료에 비해 역사가 짧은 플라스틱 재료에 있어서는 충분히 해명되지 않은 사항도 많으므로 경험에 의한 설계를 행하는 경우도 적지 않다. 다음은 성형품 설계에 있어서 성형성과 각종 트러블 요인에 대해 합리적인 설계를 위한 제품의 형상 변경 예를 보여준다.

1. 품질면에서의 성형품 설계 변경 예

번호	그 림	설 명
1		성형품 두께가 일정하지 않으면 냉각 불균일로 수축 불량이 발생한다. 살두께는 가능한 한 균일하게 한다.
2		단면 살두께가 두꺼운 곳은 리브로 강도를 유지할 수 있도록 변경하여 살두께는 균일하게 한다.
3	싱크 마크 t T $(t = 0.5 \sim 0.8T)$	리브의 두께가 성형품의 살두께에 비하여 두꺼우면 리브 이면에 싱크 마크가 발생한다.

번호	그 림	설 명
4	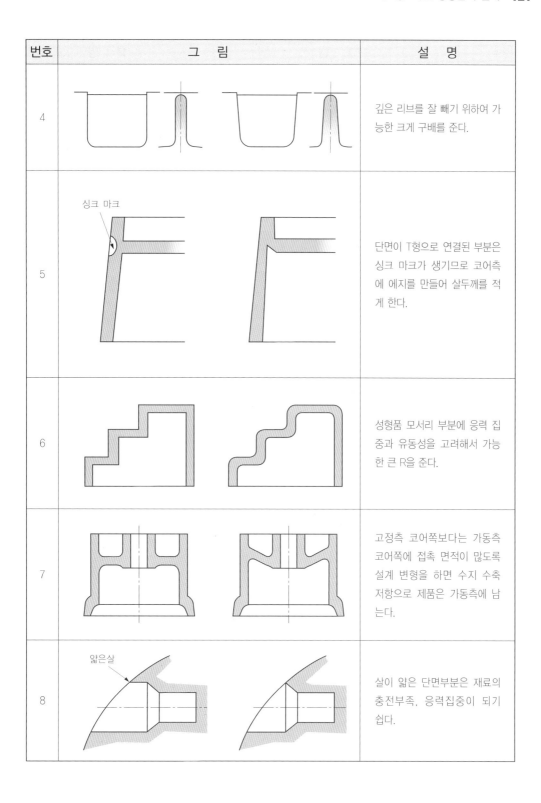	깊은 리브를 잘 빼기 위하여 가능한 크게 구배를 준다.
5		단면이 T형으로 연결된 부분은 싱크 마크가 생기므로 코어측에 에지를 만들어 살두께를 적게 한다.
6		성형품 모서리 부분에 응력 집중과 유동성을 고려해서 가능한 큰 R을 준다.
7		고정측 코어쪽보다는 가동측 코어쪽에 접촉 면적이 많도록 설계 변형을 하면 수지 수축 저항으로 제품은 가동측에 남는다.
8		살이 얇은 단면부분은 재료의 충전부족, 응력집중이 되기 쉽다.

번호	그 림	설 명
9	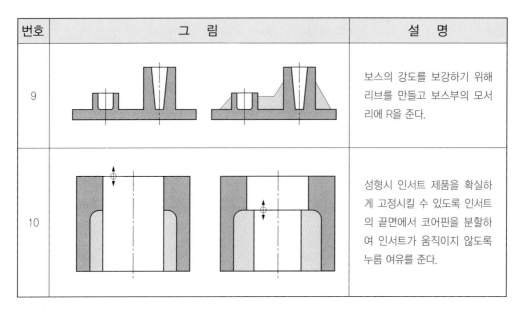	보스의 강도를 보강하기 위해 리브를 만들고 보스부의 모서리에 R을 준다.
10		성형시 인서트 제품을 확실하게 고정시킬 수 있도록 인서트의 끝면에서 코어핀을 분할하여 인서트가 움직이지 않도록 누름 여유를 준다.

그림 3-53 품질면에서의 성형품 설계 변경 예

2. 가공성을 고려한 성형품 설계 변경 예

번호	그 림	설 명
1		파고 들어갈 때 좌우 대칭의 형상은 가공이 쉽다.
2		오목한 문자는 볼록한 문자보다 가공이 어렵다. 그러나 호빙 가공은 이와 반대가 된다.
3		물결 모양의 이음부의 골의 각은 금형으로써 예각이 되지 않도록 한다.
4		오목 들어간 부분보다 볼록 나온 부분이 절삭가공이 쉽다. 호빙가공은 마스터를 만들게 되므로 이와 반대가 된다.
5		기울어진 보스 또는 모양은 금형의 구조가 복잡 또는 대형화가 되므로 파팅 라인에 대하여 직각이 되도록 한다.

번호	그 림	설 명
6	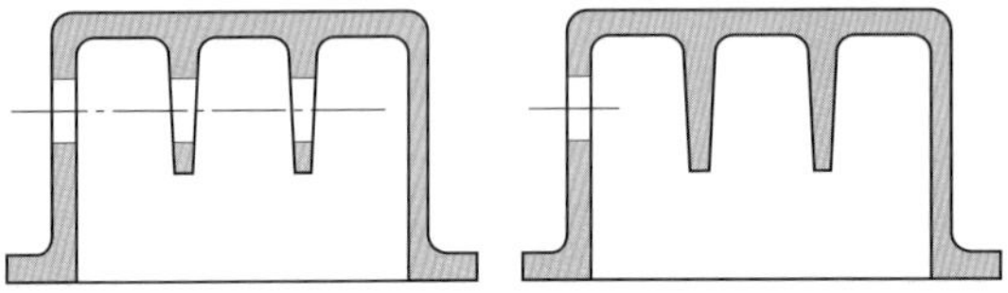	내부의 브래킷에 구멍을 뚫으려고 할 때에는 경제성을 고려하여 복잡한 금형구조를 피하여야 한다.
7	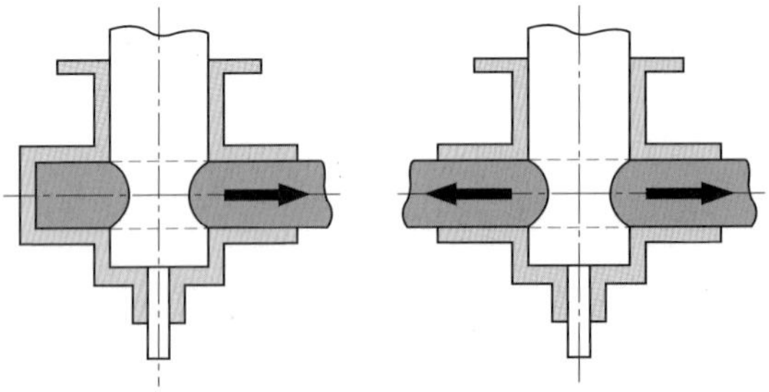	코어부에 비교적 큰 사이드 코어를 관통시키면 고장 원인이 되기 쉬우므로 두 방향의 두개의 사이드 코어를 사용한다.
8	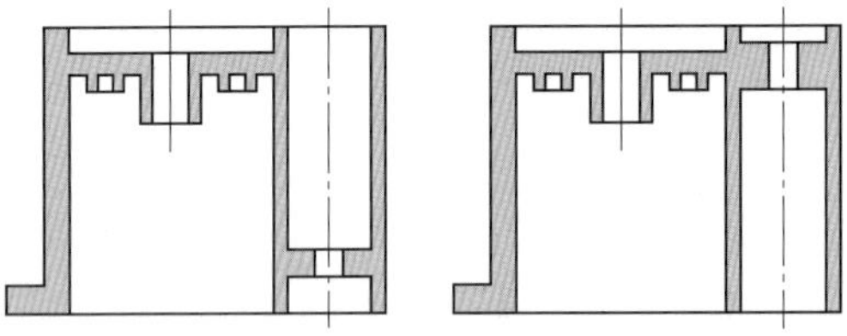	성형품의 깊이가 가능한 한 한쪽 방향으로 붙도록 한다.
9	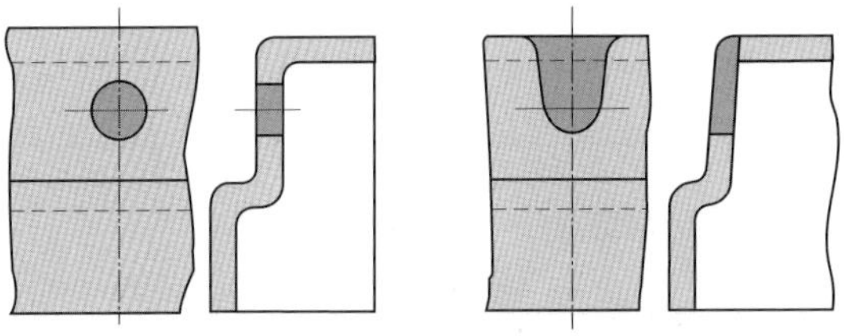	측면의 구멍을 가능한 사이드 코어로 하지 않는 것이 좋다.
10	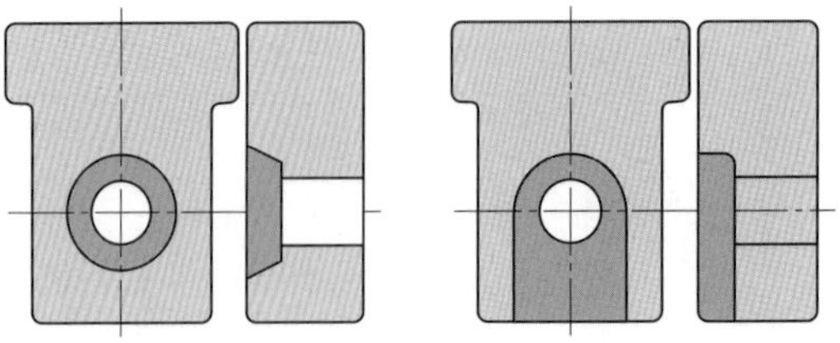	살두께가 얇은 벽이나 언더컷 일부를 없애기 위해 U형으로 구멍을 늘린다.

그림 3-54 가공성을 고려한 성형품 설계 변경 예

익힘문제

1. 사출 성형품의 설계 목적을 쓰시오.

2. 성형 수축률을 구하는 식을 쓰시오.

3. 성형 수축을 일으키는 요인을 쓰시오.

4. 사출 성형품의 치수에 영향을 주는 요인을 쓰시오.

5. 성형품의 살두께를 결정할 때 유의하여야 할 사항은?

6. 성형품의 변형 원인을 쓰시오.

7. 성형품의 구석부에 라운딩을 주는 이유를 쓰시오.

8. 보스에 대하여 설명하시오.

9. 파팅 라인을 설명하시오.

10. 파팅 라인을 정할 때 유의 사항을 쓰시오.

11. 보통 제품의 경우 빼기 구배는 어느 정도가 적당한가?

12. 구멍이 있는 성형품 설계를 할 때 주의해야 할 사항을 설명하시오.

13. 성형품에 금속 인서트를 고정하는 방법을 설명하시오.

14. 성형품 인서트에 대하여 설명하시오.

15. 금속 인서트물의 직경이 D일 때 인서트 외주의 살두께는 얼마로 하는 것이 적합한가?

16. 성형품의 변형을 방지하기 위해 성형품 측벽에 리브를 설치한다. 리브의 두께는 살 두께의 몇 %가 적합한가?

17. 성형품에 구멍 및 인서트물이 있을 때 어떤 현상이 발생하는가?

18. 호칭치수 600(㎜) 성형수축을1 25/1000일 때의 금형치수는 얼마로 가공하여야 하나?

19. 성형품의 리브를 붙이는 목적은?

제4장

사출 성형기

사출 성형기

제1절 사출 성형기의 구조와 종류

1. 사출 성형기의 구조

사출 성형기는 열가소성 및 열경화성 수지를 여러 형상의 제품으로 성형하는데 있어서 중요한 역할을 하는 기계로서 금형의 개폐 및 죔을 하고, 수지를 용융해서 고압으로 금형에 충전한다. 사출 성형기는 1872년 John과 Isiah Hyatt에 의해 고안되어 셀룰로이드(celluloid) 제품생산에 사용된 이후 오늘날에 이르러서는 다양한 수지의 개발과 함께, 경제성 있는 사출성형을 할 수 있는 성형기가 계속적으로 개발·보급되고 있다.

사출 성형기(injection molding machine)는 사출장치, 형체장치, 프레임, 유압구동부, 전기제어부 등으로 구성되어 있다.

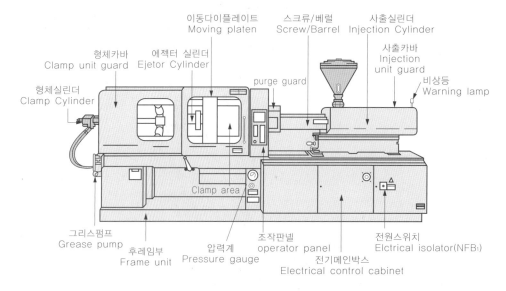

그림 4-1 사출 성형기의 구조

가. 사출 장치(injection system)

수지를 용용시켜 일정량을 금형의 캐비티 안으로 유입시키는 장치로서, 호퍼(hopper) 가열실린더(heating cylinder), 노즐(nozzle), 유압실린더(hydraulic injection cylinder) 등으로 이루어져 있다. 플런저식 사출성형기에서는 매회의 사출에 필요한 재료를 계량하여 가열 실린더로 보내는 재료 공급장치(feeder)가 있다.

스크루식(screw type)일 경우 스크루의 형상은 (그림 4-2)와 같고 공급부, 압축부, 계량부 등으로 이루어져 있다.

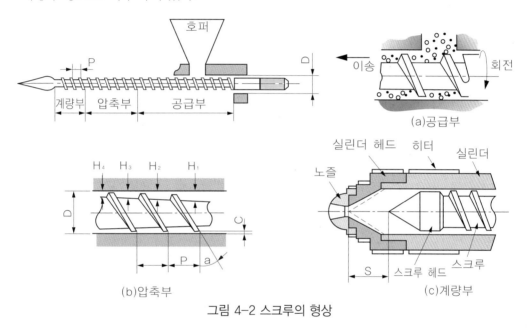

그림 4-2 스크루의 형상

나. 형체장치(mold clamping system)

사출시에 금형이 열리지 않도록 강력한 형체력으로 금형을 닫고, 사출된 수지가 고화하면 금형을 열고 성형품을 빼낼 수 있도록 한 장치로서, 금형설치판(mold plate), 타이바(tie bar 또는 tie rod), 형체실린더(clamping cylinder), 이젝터(ejector), 안

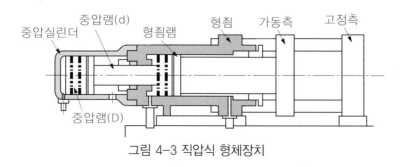

그림 4-3 직압식 형체장치

전문(safety door) 등으로 되어 있다. 형체장치는 직압식, 토글식, 토글직압식 등의 3
가지로 분류할 수 있다.

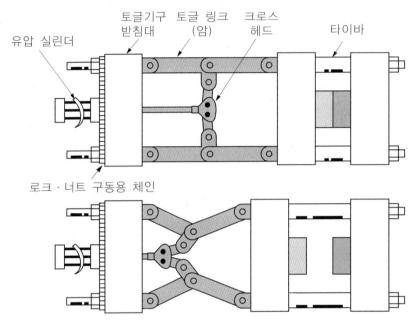

그림 4-4 더블 토글식 형체장치

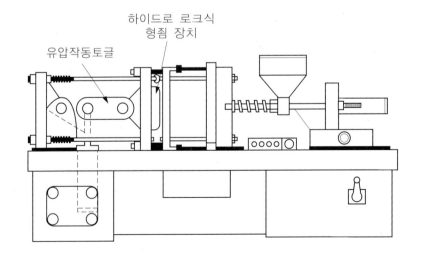

그림 4-5 토글 직압식 형체장치

표 4-1 금형의 형체장치 비교

항목＼형식	직 압 식	토 글 식	토 글 직 압 식
가격	중간정도	싸다	비싸다
금 형 체 결 력	면적×유압 이상을 기대하기 어렵다.	사출시에 형체결력 이상의 유지력이 발생하기 때문에 플래시가 생기기 어렵다.	직압식과 같다.
개 폐 속 도	고속은 어렵다.	빠르다.	매우 빠르다.
조 정	가장 쉽다.	오래 걸린다.	쉽다.
저 속 닫 힘	압력을 내리면 속도가 느리게 된다.	스트로크 중의 위치에 따라 속도가 변화하기 때문에 조정에 요령이 필요하다.	설계에 관해서는 매우 유효하다.
보 수	가장 쉽다.	윤활유 관리에 주의해야 한다.	쉽다.
소 요 동 력	대	소	소
스 트 로 크	금형 두께에 따라 변하기 때문에 주의해야 한다.	금형두께와는 관계가 없으므로 최대 스트로크를 확보 할 수 있다.	토글식과 같다.
금형이 열리는 힘	보통 형체결력의 20% 정도	매우 크며 형체결력을 올려 커지게 한다.	직압식과 같다.
내 구 력	크다.	평행도가 불량한 금형을 사용하면 작게 된다.	직압식과 같다.

다. 프레임(frame)

사출장치, 형체결장치, 유압구동부 등이 조립되어 있는 기계의 토대로서, 기계 각 부가 발생하는 힘을 받아서 진동에 견디고 오랫동안 정밀도를 유지하도록 충분한 강도와 강성을 가져야 한다.

라. 유압 구동부(hydraulic power system)

사출장치나 형체장치를 작동하는 유압실린더에 압력유를 공급하며 전동기, 펌프 등의 동력원, 기름의 압력, 방향, 유량 등을 제어하는 밸브류, 기름탱크, 배관 등으로 구성된다.

마. 전기 제어부(electerical control system)

사출장치나 형체장치의 동작과 가열실린더 및 노즐의 온도를 제어한다. 그 구성은 전동기나 히터에 동력을 공급하는 동력 회로부분과 각 동작을 단독 또는 연속적으로 하게 하는 동작제어회로 부분과 실린더 각 부분 및 노즐의 온도를 검출하고, 히터의 전류를 제어하므로써 이들을 설정온도로 유지하는 가열제어회로 부분으로 이루어져 있다.

2. 사출 성형기의 종류

가. 작동방향에 의한 분류

(1) 수평식(horizontal type)

형체장치는 금형의 개폐방향, 사출장치는 플런저 또는 스크루의 운동방향이 모두 수평으로 조합된 것으로서, 그 특징은 다음과 같다. (그림 4-6 참조)

① 성형품을 빼내기 쉽고 자동운전에 적합하다.

② 금형의 설치가 쉽다.

③ 가열실린더나 노즐의 조정 및 수리가 용이하다.

④ 고속화가 용이하고 생산성이 높다.

⑤ 기계의 높이가 낮으므로 낮은 공간에 설치할 수 있다.

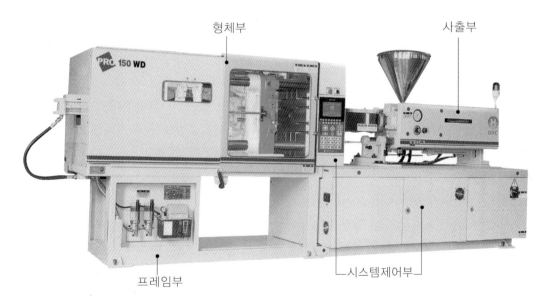

그림 4-6 수평식 사출 성형기

(2) 수직식(vertical type)

형체장치와 사출장치가 모두 수직으로 조합되어 있으며, 그 특징은 다음과 같다.

① 인서트(insert)를 사용할 때 조립한 인서트의 안정도가 좋아 움직이는 일이 적다.

② 기계의 설치면적이 적다.

③ 중력의 작용 방향으로 운동하므로 무거운 금형을 부착해도 안정성이 좋다.

④ 가열실린더의 온도의 불균일이나 수지 흐름의 불균일이 적다.

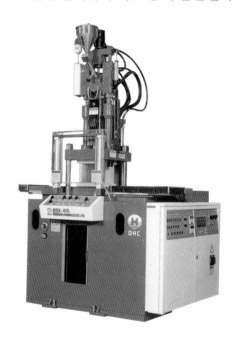

그림 4-7 수직식 사출 성형기

나. 수지의 가소화와 사출방식에 의한 분류

(1) 스크루식(screw type)

1개의 스크루를 수지의 가소화와 사출에 사용한다. 즉, 재료의 가소화(plasticization)는 스크루의 회전에 의해서 이루어지고 용융수지를 가열실린더 앞부분에 모아서 사출시에는 이 스크루가 전진해서 사출한다. 특징은 다음과 같다.

① 가소화 능력이 크다

② 재료의 혼련작용이 양호하고 사출압력이 적어도 되며, 유동성이 나쁜 재료가 쉽게 성형된다.

③ 재료의 체류장소가 좁기 때문에 분해하기 쉬운 재료에 적합하다.

④ 재료의 색상 바꿈이 쉽다.

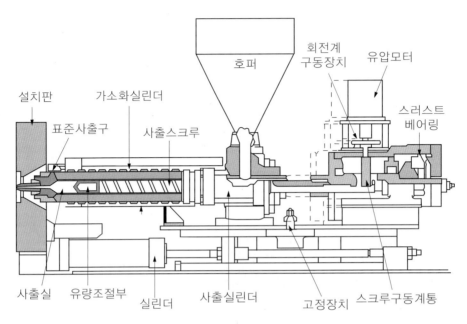

그림 4-8 스크루식 사출성형기

(2) 플런저식(plunger type)

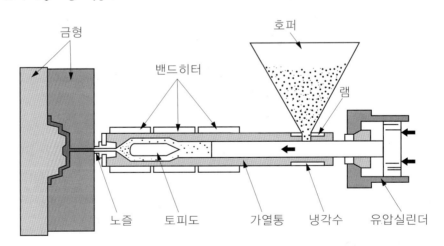

그림 4-9 플런저식 사출성형기

토피도(torpedo)를 내장하는 가열실린더와 사출플런저로 구성되어 있으며, 그 특징은 다음과 같다.

① 성형기의 값이 싸다.

② 소형으로 고속 사출성형이 가능하다.

(3) 프리플러식(preplasticizing)

재료의 가소화와 사출의 각각의 다른 실린더에 의해 이루어지는 방식으로서, 조합하는 방법에 따라 여러가지 방식이 있다.

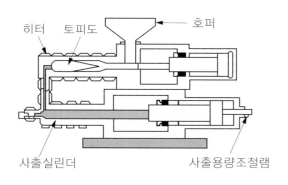

그림 4-10 프리플러식 사출장치   그림 4-11 2스테이지 플런저
                                              프리플러식 사출장치

다. 형체방식에 의한 분류

직압식은 금형의 개폐를 유압실린더에 의해 행하는 형식이며, 토글식(toggle system)은 금형의 개폐를 토글기구에 의해 행하는 형식이다. 토글직압식은 전용실린더가 토글기구를 움직여 금형의 개폐를 행하고, 다음에 형체실린더가 작동하여 형체결을 한다.

라. 구동방식에 의한 분류

사출성형기를 구동하는 원동력 방식에 따라 분류하면 기계식, 유압식, 수압식, 공압식 등이 있다.

마. 성형의 종류에 따른 분류

성형품의 성형방법에 따라 필요한 사출기의 형태를 선정할 수 있다. 여기서는 사출대상을 열가소성수지로 한정하여, 일반적으로 많이 사용되고 있는 범용성형기 및 이중(이색 : Two Color) 사출 성형기에 대해서만 설명 한다.

(1) 범용성형기

열가소성수지를 사출하는 일반적인 성형기로서 정밀제품서부터 일반생활용품까지 생산할 수 있는 대표적인 성형기이다.

(2) 이중(이색)사출기

전화기 버튼 및 컴퓨터 키보드 버튼 등은 버튼 자체의 색깔과 버튼 위에 새겨진 글자의 색깔이 다르다. 즉 이중색(Two Color)으로 되어 있다. 이렇게 이중색으로 되어 있는 부품을 사출성형공정을 통해 완성하는 방식을 이중(이색)사출성형방식이라 하며 이때 사용되는 기계를 이중사출 성형기라 한다.

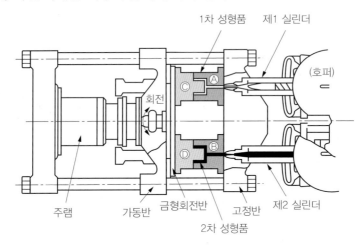

그림 4-13 이색 성형 사출기

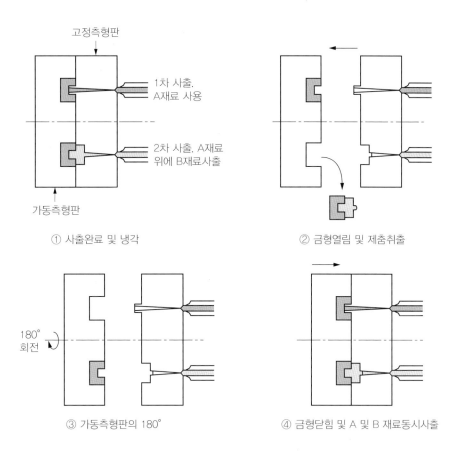

고정측형판

1차 사출.
A재료 사용

2차 사출. A재료
위에 B재료사출

가동측형판

① 사출완료 및 냉각

② 금형열림 및 제춤취출

180°
회전

③ 가동측형판의 180°

④ 금형닫힘 및 A 및 B 재료동시사출

그림 4-13 이중사출작업의 금형구조 및 원리

3. 사출 성형기의 사양

사출성형기의 사양서에서는 〈표 4-2〉에서와 같이 성형능력과 기계의 크기를 나타
내는 수치가 기재되어 있다. 이 중에서 중요한 사항에 대하여 설명하기로 한다.

표 4-2 사출 성형기의 사양 예

항 목				단 위	제 원
사 출 형 태	스크루지름	Screw diameter		mm	36
	이론사출용적	Theoretical injection volume		cm³	112
	사출량 PS	Injection capacity	Polystylene	g(oz)	103(3.6)
	사출량 PE		Polyethylene	g(oz)	82(2.2)
	사출압력	Injection capacity pressure		kg/cm²	1570
	사출률	Injection rate		cm³/s	72
	가소화능력	Plasticization capacity (polystyrene)		kg/h	20
	호퍼용량	Hopper Capacity		ℓ	50
	스크루최고회전속도	Maximum screw ratation speed		r.p.m	124
	형체결력	Mold Clamping force		ton	75
	형개방력	Mold opening force		ton	3.6
	타이바간격	Distance between tie-bar(W×W)		mm	310×260
	형판치수	Die plate dimensionr(W×W)		mm	460×410
	형체결행정	Mold clamping stroke		mm	270
	형판 공간무	Daylight	Without spacer	mm	550
	최대간격 공간유		With spacer	mm	450
	최소금형두께	Minimum mold thickness		mm	180/280
	형체속도 고속	Mold closing speed	High	m/min	22.7
	저속		Low	m/min	3.1
	형개속도 고속	Mold closing speed	High	m/min	19.4
	저속		Low	m/min	2.7
	압출력	Ejection force(hydraulic)		ton	2.2
	압출행정	Ejection stroke		mm	55
공 통	사용유량	Amount of oil required		ℓ	200
	펌프용전동기	Electrical requirements of pump motors		kW	11
	히터용량	Heater capacity		kW	4.83
	기계크기	Machine dimensions(L×W×H)		m	3.6×0.9×1.4
	기계중량	Machine weight		ton	3.5

가. 사출 용량(shot capacity)

1숏의 최대량을 나타내는 값으로, 형체력과 함께 사출성형기의 능력을 대표하는 수치이다. 여기에는 이론 사출용적(theoetical injection volume:㎤)과 사출중량(shot weight:g(oz))이 있으며, 사출용적 V(㎤)는 계산값으로 나타내는 것이 일반적인 표시 방법이다.

사출플런저 또는 스크루의 지름을 D(㎝), 스트로크를 S(㎝)라 하면

$$V = \frac{\pi}{4} D^2 S \quad \cdots\cdots\cdots\cdots\cdots\cdots\cdots\cdots\cdots\cdots\cdots\cdots\cdots\cdots\cdots\cdots (4.1)$$

V : 사출용적(단위는 ㎤과 cc 사용)
D : 사출스크루의 직경(㎝)
S : 스크류의 사출시 이동거리(㎝)

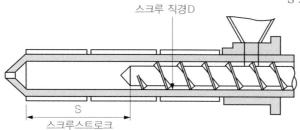

그림 4-14 스크루의 용적

그러나 플런저식에서는 플런저의 스트로크 전부가 사출에 유효한 것은 아니므로 이 식은 적용되지 않는다. 사출 중량에는 노즐에서 사출되는 수지의 최대중량과 성형 가능한 최대중량의 두가지가 있으며, 후자가 실용적인 수치라고 생각되나 수지종류 금형, 성형조건, 측정방법 등의 기준이 없다. 또한 사출량은 사용하는 수지에 따라서 달라지므로 어느 것을 표시기준으로 할 것인가를 정할 필요가 있다. 과거에는 셀룰로 오스 아세테이트 수지가 기준이었으나, 현재는 일반용 폴리스티렌 수지로 한다.

이 외에도 기계의 가열, 사출특성 등의 영향을 미치므로, 정확한 사출용량을 구해야 만 한다. 사출량의 단위로는 미터법의 그램(g), 인치계의 온스(oz)가 사용되고 있다.

사출용적과 사출량의 관계는 사출량 W(g), 사출용적 V(㎤)라 하면,

$$W = V \cdot \rho \cdot \eta \quad \cdots\cdots\cdots\cdots\cdots\cdots\cdots\cdots\cdots\cdots\cdots\cdots\cdots\cdots\cdots\cdots (4.2)$$

위 식에서 ρ(g/㎤)는 용융수지의 밀도로 충전(charge)할 때의 온도와 압력에 따라 다르다.

예를 들면 상온, 상압에서 밀도 1.055인 GP폴리스티렌은 200℃, 140(kg/㎠)에서는 0.99가 되고 정상 상태에서 0.93의 폴리에틸렌의 밀도가 180℃, 5(kg/㎠)에서는 0.76으로 감소한다.

그러나 각 수지에 대하여 여러 가지 온도와 압력에 있어서의 밀도가 명확하게 된 것은 아니므로 측정해서 구해야만 한다. η는 사출효율로 스크루 또는 플런저의 스트로크가 수지의 사출에 유효하게 작용하는 비율을 말하며, 가열 실린더와의 틈에서 사출시 수지가 누설해서 역류하면 효율은 저하한다. 역류방지 밸브가 있는 스크루라도 밸브가 닫힐 때까지는 누설을 하므로 100(%)라고 할 수는 없다.

나. 가소화능력(plasticization capacity)과 회복률(recovery rate)

(1) 가소화 능력

가열실린더가 매 시간마다 어느 정도의 성형재료를 가소화할 수 있는지를 나타내고 일반적으로는 성형사이클과 관계없이 능력을 최대로 발휘하였을 때의 수치로 표시한다. 사출량과 마찬가지로 이 값은 플라스틱 수지에 따라 다르고, 보통은 폴리스티렌의 경우를 나타내나, 사용하는 수지, 제품형상, 금형구조, 성형조건 등에 따라 다르다.

(2) 회복률

회복률이란 가소화 능력을 최적 조건에서 최대값으로 표시하는 것은 적합하지 않아 여러 가지 조건하에서 구한 그래프로 표시해야 한다는 전제로 인라인 스크루식(in-line screw type)을 대상으로 미국에서 제정되었다. 이것은 규정된 수지를 일정한 온도로 유지하면서 같은 시간 간격으로 가소화와 공사출을 반복하여 사출량과 스크루 회전시간의 비로 가소화 성능을 구하고, 이것을 사출량이나 배압, 스크루 회전수 등과 관계지어서 표현하려고 하는 것이다.

이와 같은 그래프가 있으면 여러 가지 조건에서 가소화 성능이 구해지며, 실제로 견적, 생산계획, 작업개선 등에 크게 도움이 된다.

다. 사출압력(injection pressure)과 사출력(total injection pressure)

사출플런저 또는 스크루의 끝면에서 수지에 작용하는 단위 면적당의 힘과 전체 힘의 최대값을 말한다. 이것은 힘의 발생원에 해당하는 유압 실린더의 용량으로 정해지는데, 실린더의 지름 D_0(cm), 유압 P_0(kg/㎠), 플런저 또는 스크루 지름 D(cm)라고 하면 사출압력 P_1(kg/㎠), 사출력 P(ton)는

$$P = \frac{\pi}{4} D_0^2 \cdot P_0 \cdot 10^{-3} \quad \text{...} \quad (4.3)$$

$$P_1 = 10^3 \cdot \frac{P}{\frac{\pi}{4} D^2} = P_0 \cdot \frac{D_0^2}{D^2} \quad \text{..} \quad (4.4)$$

플런저식의 사출압력은 1400(kg/㎠) 정도가 보통이며, 이 압력으로 재료 펠릿(pellet)을 눌러도 가열 실린더 내에서의 손실이 많으므로 용융수지에 유효하게 작용하는 것은 30~50(%) 정도로 감소한다.

인라인 스크루식의 성형기에 있어서는 플런저식과 같이 가열 실린더 내에서의 압력 손실이 거의 없으므로 사출압력도 적다. 일반적으로 1000(kg/㎠) 정도의 사출압력으로 성형하나 기계가 높은 압력을 낼 수 있으면 성형성이 나쁜 재료도 처리할 수 있고, 낮은 성형온도, 높은 사출속도, 러너리스 성형 등에 의해 사이클을 빨리 할 가능성도 있으므로, 플런저식과 같은 정도의 압력이 요구되는 경우도 있다.

라. 사출율(injection rate)

노즐에서 사출되는 수지의 속도를 나타내며, 단위시간에 사출하는 최대용적으로 표시한다.

사출플런저 또는 스크루의 지름을 D(㎝), 사출용량 V(㎤), 사출속도 v(㎝/sec), 사출시간 t(sec), 유압실린더의 지름 Do(㎝), 작동유의 유량 Qo(㎤/sec)라 하면 사출율 Q(㎤/sec)는

$$Q = \frac{\pi}{4} D^2 \cdot v \ \text{또는} \ Q = \frac{V}{t} \quad \text{..} \quad (4.5)$$

단, (식4.1)에서 사출용적은 $V = \frac{\pi}{4} D^2 \cdot S$

그리고, 사출시간은 $t = \frac{S}{v}$ 이므로,

$$v = \frac{Q_0}{\frac{\pi}{4} D_0^2}$$

위 식에서 사출률 Q는 다음 식과 같이도 된다.

$$Q = Q_0 \cdot \frac{D^2}{D_0^2} \quad \text{..} \quad (4.6)$$

이것은 플런저 또는 스크루 선단부에 있어서의 수지의 속도로서, 노즐에서 사출될 때의 것은 아니다. 플런저식 기계에서는 재료 펠릿에 가해진 압력이 반 용융 및 용융 수지에 작용되어 사출이 되므로 플런저 선단부와 노즐에서 수지의 속도는 다르다.

그러나 프리플러식은 용융이 끝난 수지를 밀어내므로 그 차이는 극히 작다.

사출성형에서는 금형의 충전을 가급적 단시간에 끝내는 것이 바람직하므로 사출률은 클수록 좋다. 특히 나일론이나 폴리스티렌과 같이 응고하기 쉬운 수지나, 얇고 깊은 성형품은 성형시에 사출된 수지가 금형 내에서 냉각하여 급속히 유동성을 잃고 충전부족(short shot)이 되는 수가 있다. 이러한 때에 사출률이 크면 수지 냉각이 진행되기 전에 충전을 완료할 수가 있어서 두께가 균일하고 변형이 적은 성형품을 얻을 수 있다.

한편, 경질 PVC와 같이 열안정성이 적은 수지의 경우는 높은 사출률로 사출하면 수지의 유동저항에 의하여 과열되어 흑줄(black streak) 등의 불량 현상을 일으키는 경우도 있으므로 어느 정도의 속도를 낮추어야 한다.

마. 플런저 또는 스크루의 지름과 스트로크(plunger or screw diameter and stroke)

사출플런저 또는 스크루의 지름과 왕복운동 길이는 여러 성능과 상관 관계가 있다. 즉, 지름이 클수록 사출용량, 사출률이 크고, 사출 압력은 작아지며, 가소화 능력은 증가하는 경향이 있다. 스트로크가 길면 사출용량이 증가하나, 플런저식은 수지의 공급이 감쇄되어 비례적으로 증대하지는 않는다.

바. 스크루 회전수(screw speed)와 스크루 구동출력(screw motor power)

어느 것이나 가소화 성능을 좌우하는 중요한 요소이며, 회전수는 변속 가능한 범위로, 출력은 최대 출력으로 표시한다. 회전수는 변속 범위가 넓고, 변속 단계가 많은 편이 좋으나 변속방법이 쉬운 것도 필요하다.

한편, 스크루의 구동은 그것에 맞는 충분한 구동출력이 요구되며, 구동하는 힘(토크)이 부족하면 회전수 부족으로 가소화 능력은 저하된다. 스크루의 구동에는 전동기와 유압모터의 2가지 방법이 있으며 전동기는 출력일정, 유압모터는 토크일정 등의 출력 특성이 다르며, 전동기는 kW, 유압모터는 kg-m의 단위로 표시한다.

출력과 토크 관계를 나타내면 다음과 같다.

$$\text{출력(kW)} = \text{토크(kg-m)} \times \text{회전수(r.p.m)} \times \frac{1}{574} \quad \cdots\cdots\cdots\cdots\cdots\cdots\cdots\cdots (4.7)$$

사. 히터 용량(heater capacity)

가열실린더와 노즐에 감기는 히터의 전용량을 표시한다. 실린더 부분의 가열은 시동시 소정의 온도까지 상승시키는 것과 성형중에 재료를 용융, 보온하는 것의 2가지

목적이 있으며 이에 맞도록 히터용량이 정해진다.

플런저식은 실린더의 전열에 의해 재료를 용융하므로 히터용량은 가소화 능력에 큰 영향을 미친다. 스크루식에서는 스크루의 회전에 의한 전단작용이 가소화에 큰 역할을 하며, 히터는 2차적이며 시동시의 승온을 위한 용량으로 충분하다.

보통 성형 온도까지 도달하는데 소형 성형기에서 30분, 대형 성형기에서는 1시간 이내가 좋다.

아. 호퍼 용량(hopper capacity)

성형 재료가 호퍼에 저장될 때의 최대 저장량으로 나타내며, 용적(ℓ)과 중량(kg) 의 2가지 단위가 사용된다.

$$중량(kg) = 용적(ℓ) \times 부피 비중 \quad\quad\quad\quad\quad\quad\quad (4.8)$$

부피 비중은 성형재료의 입도에 따라 다르나, 보통 수지는 0.5~0.6으로 한다.

자. 형체력(mold clamping force)과 성형 면적(projected molding area)

금형을 체결하는 힘의 최대값과 성형 가능한 최대의 투영 면적을 말한다. (그림 4-16) 수지가 사출되어 충전되면 캐비티내의 수지 압력은 금형을 열려고 하는 작용을 하지만 형체력이 그 보다 크면 금형이 열리지 않는다.

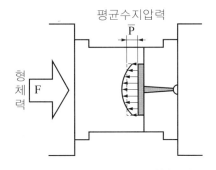

그림 4-15 형체력과 성형면적

금형 캐비티내의
단위 면적당 평균압력 $\bar{P}(kg/cm^2)$
캐비티의 투영면적 $A(cm^2)$
형체력을 $F(ton)$라 하면 (그림 4-15 참조)

$$F \geqq \bar{P} \cdot A \cdot 10^{-3} \quad\quad\quad\quad\quad\quad\quad\quad (4.9)$$

위의 식과 같이 되면 금형은 열리지 않는다. 따라서 형체력이 크면 클수록 투영 면적이 큰 제품의 성형이 가능해진다.

다음에 최대 투영면적 A_{max}는 (식4.9)를 등식으로 하여 형체력 F가 정해져 있으므로 금형내의 평균압력 P만 알면 대입해서 구할 수 있다. 여기에서 수지에 가해진 사출 압력이 금형을 충전할 때까지 가열실린더, 노즐, 스프루, 러너, 게이트 등에서 어느 정도 감쇄되는지와 캐비티 내의 압력 분포가 어떻게 되는지를 알면 P의 값은 계산될 수 있으나, 실제로는 압력의 손실정도나 캐비티 내의 압력 분포는 수지의 종류, 실린더 구조 및 치수, 캐비티의 형상, 성형조건 등에 의하여 변하므로 각각의 경우에 대하여 계산으로 구하거나 측정하기가 쉽지 않다.

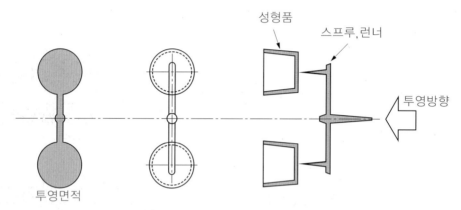

성형품

스프루, 러너

투영방향

투영면적

그림 4-16 3매구성 금형의 전투영면적

개략적인 기준으로서 플런저식 성형기로 폴리스티렌을 사용하여 비교적 간단한 형상의 것을 성형할 경우에 사출 압력이 플런저, 캐비티 간의 압력 손실에 의해 경험적으로 30~50(%) 정도 감소하므로 P=350~475(kg/㎠) 정도로 한다.

표 4-3 수지의 종류별 캐비티 내 평균압력

수지의 종류	평균압력(kgf/cm²)
PS, AS (SAN), ABS, PP, PE	200~300
PMMA, PVC, PA, POM, PBT, m-PPE	300~400
PC, PPS, PSF	400~500

인라인 스크루식의 경우에는 가열 실린더 내의 압력 손실이 적고, 수지의 용융도 균일하고 충분히 이루어지므로, 유동성이 좋아 낮은 사출 압력으로 성형이 가능하다. 따라서 금형내의 평균압력 P도 250~300(kg/㎠) 정도로 취하면 된다.

〈표 4-3〉은 수지의 종류에 따른 캐비티내의 평균압력을 나타낸다.

(예제) 아래 성형품의 필요형체력을 구하시오. 성형수지는 ABS이고 2캐비티로 한다.

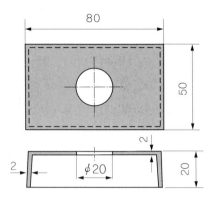

(답) 1) 러너의 레이아웃을 구상한다.

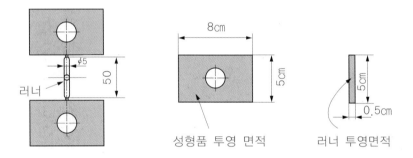

성형품 투영 면적   러너 투영면적

2) 러너 투영면적(Ar)을 계산한다.

Ar=0.5×5=2.5≒3(㎠)

주) 반올림한다.

3) 성형품 투영면적(Ap)을 계산한다.

Ap=(5×8)−($\pi \times 1^2$)=37(㎠)

4) 전투영면적(Aa)을 계산한다.

Aa=(2×37)+3=77(㎠)

5) 형체력(Fo)을 계산한다.

표1에 따라 Pm=300(kgf/㎠)

Fo=77×300×10−3=23.1(ton)

6) 필요형체력(Fc)를 계산한다.

Fc≥1.25×23.1=28.9(ton)

주) 필요 형체력 계산은 성형기 최대형체력의 80%정도의 힘으로 설정함에 식을 정리하면 Fc≥Fo/0.8(ton) 또는 Fc≥1.25Fo(ton) 되며 성형기의 최대형체력은 형체력 30(ton) 이상이 적합하다.

차. 형 개방력(mold opening force)

성형이 끝나고 제품을 꺼낼 때 금형을 열기 위하여 가할 수 있는 최대의 힘을 말한다. 실제로 형을 여는데 필요한 힘은 수지의 성질, 금형 표면의 다듬질 정도, 성형품의 고화상태, 제품형상 등에 따라 다르지만 성형기의 개방력이 이보다 커야 금형을 열 수 있다. 금형을 여는 순간 캐비티내에 생기는 틈새에 일시적으로 부압이 걸려 형 열기를 방해한다.

직압식 형체 장치에서의 개방력은 형체력과 마찬가지로 유압의 크기에 램의 유효면적을 곱한 값으로서 스트로크에 관계없이 일정하며, 형체력의 1/10~1/15 정도가 보통이다.

토글식에서의 개방력은 형체력과 마찬가지로 스트로크에 따라 변화하며, 금형이 열리기 시작할 때는 크지만 형 열기가 진행됨에 따라 속도는 증가하는 반면 개방력은 감소한다.

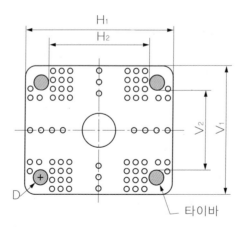

그림 4-17 금형 부착판

카. 다이 플레이트 치수(die plate size)와 타이 바 간격(Space between tie-bars)

(그림 4-17)와 같이 다이 플레이트의 바깥 치수와 타이바의 안쪽 치수를 각각 수평 및 수직의 치수로 나타낸다.

다이 플레이트의 치수는 $H_1 \times V_1$, 타이바의 치수는 $H_2 \times V_2$로 나타내며, 이것은 금형을 부착할 수 있는 크기를 나타낸다.

금형의 설치 공간은 금형치수, 형체력, 투영면적 등과 관련해서 성형품의 크기를 제한한다. 실제로 형체력은 충분하여도 금형에 부착되지 않는다든가, 또는 그 반대로 되는 경우도 있다.

타. 형체 스트로크(Mold Clamping stroke, mm)

금형을 개폐하는 다이프레이트의 이동거리를 말하며 제품의 높이 및 금형구조에 따라 스트로크의 치수가 변한다. 대략적으로 제품높이의 2배 이상이 된다.

다이프레이트의 간격과 최대 금형두께, 최소 금형두께, 형체결 스트로크 등을 검토하여 적당한 성형기를 선택하고 특히 깊이가 큰 성형품은 성형품의 취출이 가능한 충분한 스트로크가 확보되어야 한다.

(1) 2매구성 금형의 형체 스트로크

2매구성 금형의 형체 스트로크의 계산은 성형품 깊이치수의 2배와 파팅라인의 수직방향으로의 스프루와 런너의 길이를 합한 치수에 여유치수를 감안하여 결정한다. (그림 4-18)에 2단 금형의 형체스트로크의 계산예를 예시하였다.

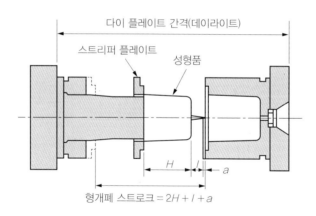

그림 4-18 2매구성 금형의 필요한 형체스트로크 계산 예

(2) 3매구성 금형의 형체 스트로크

3매구성 금형은 런너와 성형제품이 자동적으로 금형이 열리면서 분리되는 핀 포인트 게이트(Pin point Gate) 방식으로서 작동원리는

- 런너를 제품으로부터 분리하기 위해 1차로 런너프레이트와 고정측 형판이 열리고
- 런너를 스프루부싱에서 뽑아내기 위해 2차로 런너프레이트와 고정측 취부판 사이가 열리고

• 3차로 고정측 및 가동측 형판이 열리는 방식

으로서 계산방식은 다음과 같다. 이 계산식은 금형설계시 스톱볼트, 플러볼트 및 서포트 핀 칼라 등을 설계할 때 이 계산식에 의해 길이를 계산 할 수 있다.

a) 1차 형개거리 계산법

      1차 형개거리 = 런너 스프루길이 + 취출여유

취출여유는 보통 30~50mm 정도로 하며 최소 형개거리는 취출로보트와 작업자의 손이 들어 갈 수 있도록 120mm 정도로 한다.

b) 2차 형개거리 계산법

일반적으로 5.0mm으로 하며 런너록크핀의 록크길이가 4mm보다 클 경우는(록크 길이+1.0mm)로 한다.

c) 3차 형개거리 계산법

2매구성 금형의 형개거리계산방식에 준한다. 단 여기서는 런너 및 스프루가 없기

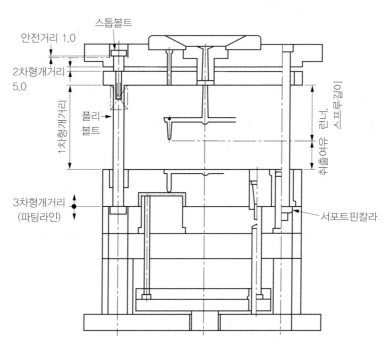

그림 4-19 3매구성 금형의 필요한 형체스트로크 계산 예

때문에 제품 길이의 2배+120mm를 해주는 것이 적당하다.

※ 안전거리 : 스톱볼트와 플러볼트에 3차형개력이 직접 작용하면 나사가 풀릴 우려가 있다. 만약에 나사가 풀리면 금형의 파손사고
가 발생한다. 따라서 3차 형개력을 서포트핀의 칼라가 받도록 스톱볼트를 1.0mm 여유를 준다. (그림 4-19)에 3매구성 금형 형체스
트로크의 계산 예를 예시하였다.

파. 최대 다이 플레이트 틈새(daylight opening)와
최대 · 최소 금형두께(max · min mold thickness)

성형기에 부착 가능한 금형의 두께를 직접 또는 간접적으로 표시하는 수치로서 형
체방식에 따라 표현을 달리한다.

(1) 최대 다이 플레이트 틈새, 최소 금형두께

직압식 경우에 사용되며, 최소 다이 플레이트 틈새란 부착 가능한 가장 얇은 금형
을 말한다.

최대·최소 다이 플레이트 틈새란 형체 램의 전진 한도와 후퇴 한도 내에서의 이동
거리이고, 정지하고 있는 두 다이 플레이트의 틈새이며, 양 치수 차는 형체 스트로크
와 같다. 이 차의 사용 범위를 확대하기 위하여 형채 램과 이동 다이 플레이트 사이
에 스페이서(spacer)를 끼운다. 이 때 최대 다이 플레이트 틈새는 스페이서를 제거하
였을 때이고, 최소 다이 플레이트 틈새는 스페이서를 부착하였을 때의 값이다.

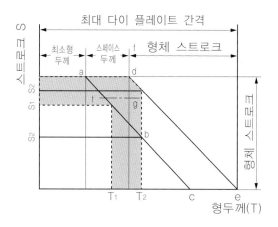

그림 4-20 형두께와 형체 스트로크의 관계

두 치수의 차는 형체 스트로크에 스페이스의 두께를 더한 것이다.

금형 두께와 스트로크와의 관계는 (그림 4-20)에서 스페이서가 없을 때 ac, 스페이서
가 있을 때 de와 같이 되며 최소 다이 플레이트 틈새보다 두꺼운 금형 T1을 설치하면

형체 램은 금형두께의 증가만큼 앞에서 서고, 형체 스트로크 S1은 그만큼 감소한다.

이와 같이 직압식은 최대·최소 다이 플레이트 틈새에 들어가면 어떠한 두께의 금형도 형체되는데 (그림 4-20의 스머징구역), 금형 두께가 두꺼우면 제품도 깊어 빼내는데 긴 형체 스트로크가 필요하며, 금형 두께와 스트로크는 한계가 있다.

(2) 최대·최소 금형두께

토글식은 형체력의 토글 링크가 뻗은 위치, 즉 형체 스트로크의 최대치에서만 발생하므로 직압식과 같이 스트로크의 임의점에서 조여도 된다는 것은 아니고 금형두께가 바뀌면 형체가 완전히 전진한 상태에서 금형이 닫히도록 조정한다.

형체 완료시의 다이 플레이트 틈새가 최소일 때 최소 금형 두께, 최대일 때 최대 금형두께이다. 이것이 금형두께 조정 장치의 조정 범위내에 들어가는 금형이면 부착이 가능하다. (그림 4-20에서 $\overline{fg}$)

하. 형 개폐 속도(mold opening and closing speed)

형체 램의 전진 후퇴 속도의 최대치를 표시하며, 직압식 또는 유사한 형체기구에 사용한다. 형 개폐 공정의 처음과 끝은 금형이나 제품의 보호를 위해 저속으로, 중간은 가급적 급속 운동시키도록 조절한다.

일반적으로 중·소형은 50(m/min), 대형은 30(m/min) 이상을 고속이라 한다. 토글식에서는 금형의 개폐 스트로크 중에 항상 속도가 변하므로 이러한 표시는 어렵다.

갸. 이젝팅 힘(ejecting force)과 이젝팅 스트로크(ejecting stroke)

성형품 밀어내기에 이용되는 힘과 밀어낼 수 있는 길이의 최대치를 말하며 스트로크는 형체 스트로크에 따라 정해진다.

이젝팅 힘은 직압식일 때 형 개방력과 같고, 스트로크 중에는 속도도 일정하나, 토글식은 힘이 속도와 동작 위치에 따라서 변한다.

냐. 노즐 터치력(nozzle sealing force)

사출되는 수지가 새지 않도록 성형기의 노즐을 금형의 스프루 부시에 꼭 눌러서 밀착시키는 힘의 최대치를 말한다.

노즐의 선단과 스프루 부시의 접촉이 나쁠 때 그 사이로 샌 수지는 노즐을 후퇴시키는 작용을 하고, 또 금형의 캐비티에 충전된 수지도 높은 압력을 발생시켜 같은 작용을 한다. 노즐 터치력은 이들에게 견딜 만큼의 충분한 크기로 한다. 특히 웰 타이프(well type) 노즐은 사용시 수지 압력이 작용하는 면적이 커지므로 보통의 스프루 부시보다 큰 노즐 터치력이 요구된다.

한편 금형의 스프루 부시와 사출 성형기 노즐과의 접촉부로부터 수지가 새는 것을 방지하기 위하여 구면이 접촉하도록 되어 있으며(그림 4-21), 스프루 부시의 구면의 R 치수가 성형기 노즐 선단 구면의 R치수보다 항상 크게 되어야 한다.

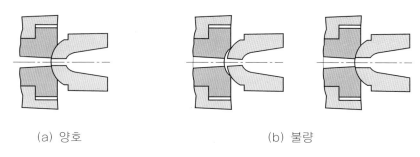

(a) 양호　　　　　　　　　　　　　(b) 불량

그림 4-21 노즐 터치의 양부

댜. 드라이 사이클 타임(dry-cycle time)

성형재료를 공급하지 않고 성형기를 공운전할 때 1사이클의 운전·동작시간의 최소치를 말한다.

사출성형의 생산성은 수지의 용융, 제품의 냉각 및 고화, 기계의 동작 등의 속도에 의해 정해진다. 이러한 모든 속도와 성능을 나타내는 것이 드라이 사이클 타임이다. 여기에는 이론 드라이 사이클 타임과 실제 드라이 사이클 타임이 있다.

이론 드라이 사이클 타임은 계산으로 구한 1사이클의 공운전시간이며, 실제 드라이 사이클 타임은 성형기를 실제로 무부하 최고 속도로 공운전할 때 1사이클에 요하는 시간을 말한다. 실제시간과 이론시간이 다른 것은 각 동작의 연결시 생기는 릴레이나 밸브의 전환 시간의 지연, 공정 말단에서 쇼크를 줄이기 위한 감속 등 실제 운전상 필요한 추가 시간이 포함된다.

토글식에서는 금형의 개폐 속도를 표시할 수 없으므로 드라이 사이클로 표시하지만 직압식은 속도만을 표시하는 경우가 많으며 이는 이론 드라이 사이클타임의 계산으로 구할 수 있다.

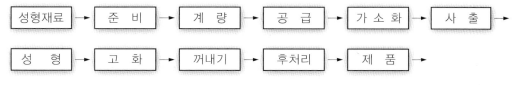

그림 4-22 사출성형 공정도

제 2 절 사출 성형기의 운전

1. 사출 성형 공정

사출 성형의 가공공정, 즉 성형 재료로부터 완성 제품에 이르는 가공 순서를 도시하면 다음과 같다. (그림 4-22 참조)

가. 준비

성형 재료는 그대로 성형기에 공급될 경우도 있으나 재료에 따라서는 수분을 없애기 위해 건조하거나 균일한 가열을 위해 예열을 하는 경우가 있다. 또한 재료에 충전제 또는 첨가제를 넣을 경우 이 공정에서 잘 혼합하여야 한다.

나. 계량과 공급

일정한 성형 가공속도에 대하여 매 숏마다 일정량의 성형재료를 공급하기 위해 자동적으로 계량하여 기계로 보내게 되며, 이 계량과 공급 두 공정을 조합해서 하는 경우가 많다.

다. 가소화

고체의 분상 또는 입상의 성형 재료를 소요의 형으로 성형하는데 좋은 유동 상태로 하는 공정이다.

성형재료를 가열해서 어느 온도 이상으로 되면 유동성을 나타내는데, 일정한 성형 속도에 부합하고 또 가열 상태에서도 변질하지 않고 균일하게 유동화시키려고 하면 간단한 가열만으로는 충분하지 않다. 따라서 스크루 등이 사용된다.

라. 사출과 성형

가소화되어서 유동 상태로 된 플라스틱을 노즐에서 정해진 형상의 캐비티내에 고압으로 충전하는 공정이다. 가급적 빨리 그리고 균일한 상태로 금형 내에 충만시키기 위해서는 상당히 높은 압력을 필요로 하고 또 금형의 유로라든가, 공기배출 등이 알맞게 설치되어져야 한다.

마. 고화

금형 내에 충만한 수지를 가급적 빨리 연속적으로 균일하게 고화 시키기 위해서는 열가소성 플라스틱에 대해서는 냉각방법을, 열경화성 플라스틱에 대해서는 가열방법을 신중히 고려할 필요가 있다. 그리고 재료에 따라서는 금형 온도가 낮으면 성형품 표면이 여러 가지 불량 상태로 되고, 너무 높으면 수축이 증가하거나, 고화 시간이 길어져서 생산성이 저하되므로 적당한 금형 온도를 설정하는 것이 중요하다.

바. 꺼내기와 후처리

금형 내에 고화된 성형품을 자동적으로 금형에서 꺼내기 위하여 이젝터 핀이 사용된다. 그리고 금형에서 꺼낸 성형품의 불필요한 부분, 즉 게이트, 러너, 스프루 및 거스러미 등을 제거하는 공정이 필요하며, 성형 재료에 따라서는 성형한 채로 잔류하는 내부응력 등을 제거하기 위하여 어닐링(annealing) 공정을 추가하기도 한다.

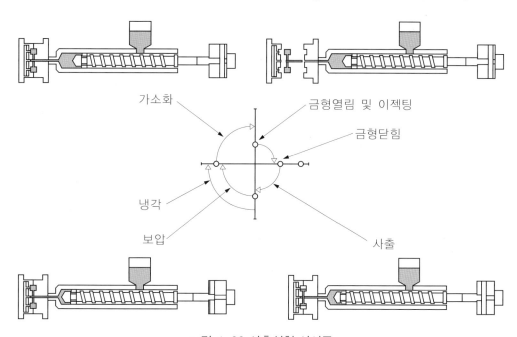

그림 4-23 사출성형 사이클

2. 사출 성형기의 동작

사출 성형기의 동작은 금형이 닫히는 것부터 시작하여 성형품을 빼낼 때까지를 1 사이클이라 하여 계속적으로 반복된다. (그림 4-23 참조)

그 운전 방법에는 수동운전, 반자동운전, 전자동운전 등이 있다.

1사이클을 이루는 각 동작은 사출 성형기의 종류에 따라 다소 차이는 있지만 기본 동작은 거의 같으며, 여기에서는 일반적으로 많이 사용되고 있는 인라인 스크루식 사출 성형기의 각 동작에 대해서 설명한다.

성형 사이클의 표준 동작을 시퀀스(sequence) 선도로 표시하면 다음과 같다.

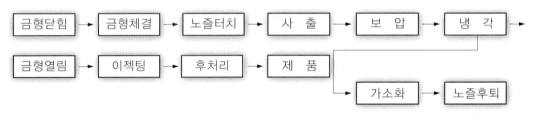

그림 4-24 성형기의 동작 시퀀스

가. 금형 닫힘(mold closing)과 금형 체결(mold clamping)

금형의 닫힘(그림 4-24)은 저속 전진→고속 전진→저속 형체, 금형의 체결은 저속 형개→고속 후퇴→저속 이젝팅의 동작 순서로 진행된다. 이들 일련의 동작은 주로 리밋 스위치와 도그의 조정에 의해 제어되며 적정 위치에서 자동적으로 변환된다.

실제로는 직압식과 토글식의 형체는 제어 방법이 다르다. 직압식은 작동 유량이나 동작 실린더의 변환에 의해 변속하나, 토글식은 토글 기구의 특성에 따라 속도가 변한다.

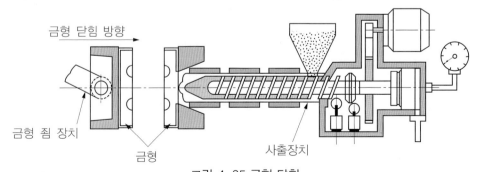

그림 4-25 금형 닫힘

나. 노즐 터치(nozzle touch)와 사출(injection) (그림 4-26 참조)

사출 장치 전체의 동작은 매 사이클마다 금형에 접촉했다 떨어지는 노즐 터치와 보수를 위해 노즐을 완전히 후퇴시키는 경우가 있다. 그 움직임량은 리밋 스위치와 도그(dog) 조정에 의해 제어되고, 자동 사이클 중에서는 다른 동작과 연관해서 이루어진다.

먼저 인젝션 타이머가 타임 아웃(time out)해서 사출이 완료되면 스크루가 계량을 개시함과 동시에 형체측은 냉각 타이머(cooling timer)가 작동하며 그 사이에 금형은 폐쇄되어 제품은 금형 안에서 고화한다.

냉각 타이머가 타임 아웃하면 금형이 열리는데, 이때 노즐(사출장치 전체)을 후퇴시켜서 금형에서 떨어지게 한다. 이 동작은 스프루를 노즐로부터 떨어지게 하는데 유효하며 스프루 브레이크(sprue break)라고 한다.

일단 분단된 노즐은 다음 사이클에서는 형체결과 동시에 금형에 터치한다. 이 동작을 노즐 터치 또는 벡 시스템(beck system)이라고 한다.

노즐 터치가 끝나면 스크루가 피스톤 역할을 하여 실린더 내의 용융 수지를 캐비티 안으로 사출한다.

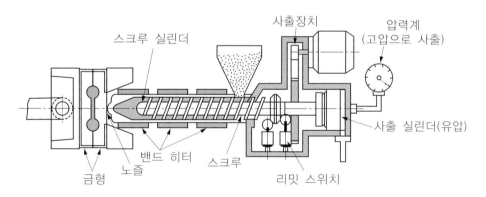

그림 4-26 노즐 터치와 사출

다. 보압(holding pressure)

금형 안에 사출된 용융 수지는 고압으로 충전되기 때문에 역방향으로 압력이 작용되므로 용융 수지가 고화될 때까지 강한 힘으로 압력을 가해 주어야 한다. 이 압력을 보압이라고 한다.

보압을 해주면 금형의 캐비티 안에 사출된 용융 수지가 냉각될 때 체적 감소에 의한 부족량을 보충하여 주는 역할을 하여 주므로 수축에 의한 불량을 막아준다. 이 압력은 필요에 따라서 조정할 수 있으므로 조정압력이라고도 하며, 사출 압력을 1차 압력, 보압을 2차 압력이라고도 한다. 보압으로 옮겨지는 시간은 스프루 전진 스트로크의 끝부분에서 리밋 스위치로 제어하거나 타이머로 제어한다.

라. 냉각(cooling) 및 가소화(plastification)

금형의 캐비티 안에 있는 수지의 냉각이 충분하지 못한 상태에서는 성형품을 빼내기가 어렵다. 따라서 일정한 시간동안 성형품은 캐비티 안에서 고화되는데, 이것을 큐어링(curing)이라 한다. 고화가 시작되면 형체력은 적어도 되기 때문에 금형이 닫혀진 상태에서 형체 실린더는 저압으로 된다. 이 큐어링 시간을 이용하여 사출 장치는 다음 사이클의 준비로서 수지를 용융시키기 위하여 가소화 공정에 들어간다. 이 공정은 스크루를 전동기 또는 유압 모터로 회전시켜 행한다. 스크루가 회전하면 새로운 재료는 호퍼로부터 스크루에 떨어지고, 떨어진 재료는 스크루의 골을 통해 노즐 쪽으로 보내어진다. 보내는 동안에 압축 또는 밴드 히터에 의해 가열 용융되어 노즐 부분에 저장된다.

용융된 수지가 한곳에 모이기 때문에 그 압력에 의해 스크루는 후퇴하며 수지 계량용 리밋 스위치를 누르기까지 후퇴가 계속된다. 이것을 계량 스트로크라고 하며, 사출량은 이 스트로크로 결정된다. 즉 계량용 리밋 스위치는 전후로 이동할 수 있도록 되어 있으며, 캐비티의 용적에 맞추어 조정한다.

마. 노즐 후퇴(nozzle retraction)와 금형 열림(mold opening)

가소화가 완료된 사출 장치는 그대로 금형에 접촉하고 있으면 노즐이 냉각되어 노즐속의 수지가 고화될 우려가 있으므로 사출 장치가 후퇴한다. 이와 병행해서 사출 성형기의 이동측 형판이 후퇴하며 금형이 열린다.

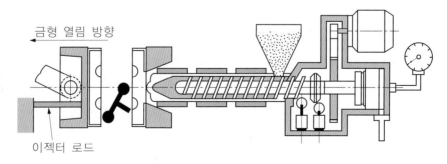

그림 4-27 금형 열림 및 이젝팅

바. 이젝팅(ejecting)

금형 열림이 완료되면, (그림 4-27)과 같이 이젝터 로드에 의해 성형품을 밀어낸다. 성형품의 이젝팅이 끝나면 다시 금형 닫힘이 시작되어 새로운 사이클을 시작하게 된다.

3. 사출 성형기의 구비 요건

① 사이클마다 작동에 변동이 없을 것
② 정확한 재현성이 있을 것
③ 사출 압력이 높고 2차 압력의 조정이 정확하게 될 것
④ 형체 기구의 강성이 크고 휨이 적을 것
⑤ 균일한 가소화와 사출량의 정확한 조절이 가능할 것
⑥ 무인운전이 가능할 것

제3절 사출 성형기의 주변 기기

사출성형 작업에서는 자동화, 성력화를 위해서 사출성형 뿐만 아니라 전후 공정, 즉 사출 성형기에의 원료 투입에서부터 성형품의 **빼내기**, 뒤처리까지를 포함한 모든 공정에 걸쳐 자동화를 생각해야 한다. (그림 4-28)에서는 사출 성형품 제조 공정을 나타내고 있다. 주변기기에는 원료 공급장치, 제품 빼내기장치, 금형 자동 교환장치 등과 같이 성력화에 기여하는 것과 온도조절장치, 금형냉각장치 등 생산성 향상과 품질 개량에 기여하는 것, 운전상태의 이상을 감지해서 경보를 내거나 성형기에 피드백(feedback)하는 감시장치 등이 있다.

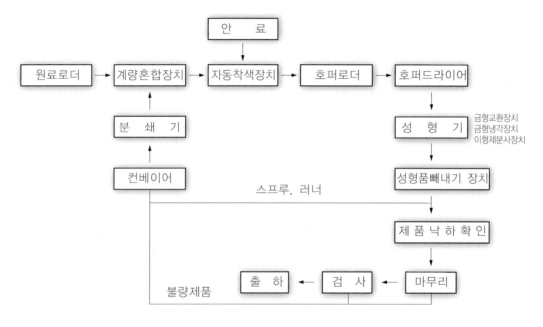

그림 4-28 사출 성형품의 제조 공정

1. 호퍼 로더

원료 탱크, 드라이어(dryer), 성형기 등에 자동적으로 재료를 반송하는 장치로서 흡입식, 압송식, 코일 스크루식 등이 있다. 흡입식은 단거리 수송에 적합하고 가장 일반적으로 사용되고 있다. 그러나 재료 수송 후의 재료와 에어의 분리가 필터로 행해지기 때문에 필터의 눈막힘이 문제가 된다. 이에 대한 해결책으로서 팬의 역회전이나 압축 공기의 분사 등으로 소제하며 이 때 분진에 의한 환경 오염도 동시에 고려하는 것이 필요하다.

압송식은 많은 기계에의 분배 수송이 쉽고 대용량을 장거리 수송할 수 있으며, 분체에 의한 필터의 눈막힘이 없다. 이 방법도 분진 발생에 대한 충분한 대책이 있어야 한다. 코일 스크루식은 필터의 눈막힘이나 배풍에 의한 분진의 우려가 없으므로 열경화성 수지 등의 분체 원료 수송에 사용되는데 수송거리가 어느 정도 제한된다.

(그림 4-29)는 흡입식과 압송식 로더에 의한 원료 공급 시스템 예를 표시한다.

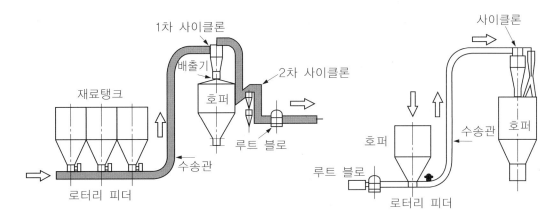

그림 4-29 호퍼 로더 시스템

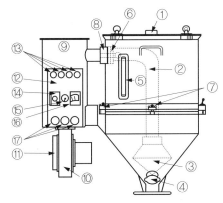

① 열풍배출구 ② 열풍관 ③ 열풍 분출구 ④ 재료 빼내기 구멍 ⑤ 관찰창 ⑥ 열풍관 부착 플랜지 ⑦ 호퍼 상하죄기 볼트 ⑧ 호퍼 히터 박스 부착 플랜지 ⑨ 히터 박스 ⑩ 팬 ⑪ 에어필터 ⑫ 조작반 ⑬ 파일럿 램프(좌측부터 전원, 팬, 히터, 보조히터) ⑭ 서모 스타트(열풍 온도 제어용) ⑮ 서모스타트(과열방지용) ⑯ 온도계 ⑰ 푸시버튼 스위치(좌측부터 팬, 히터, 보조히터)

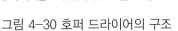

그림 4-30 호퍼 드라이어의 구조

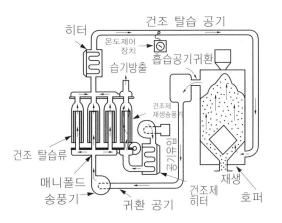

그림 4-31 탈습 건조기의 구조

2. 호퍼 드라이어(hopper dryer)

흡습한 재료로 성형하면 성형품에 은줄(silver streak), 탐(burn), 기포 등의 외관상의 불량이나 수지의 가수분해에 의한 강도 저하를 가져온다. 호퍼 드라이어는 성형기의 호퍼 내에서 원료의 건조나 건조가 끝난 재료의 흡습을 방지하는 것으로 열풍 건조식과 탈습 건조식이 있다. (그림 4-30, 4-31 참조)

열풍건조식은 대기를 가열하여 호퍼내로 불어 넣는 것으로 가장 많이 사용되고 있다. 탈습 건조식은 건조에 사용하는 열풍을 제습해서 순환시키는 방법으로 고습도 분위기 중에서의 건조 효과가 높고, 건조 조건이 안정되며, 비교적 낮은 온도와 적은 풍량으로 건조되므로 소비 전력이 적고 효율적이다.

3. 분쇄기

제품의 성형후에 발생되는 스프루, 러너, 불량제품 등을 재사용하는데 편리한 형상으로 분쇄하기 위한 장치이다. 요구되는 성능은 다음과 같다.
① 호퍼로 자동 투입되는 구조일 것
② 구동음 수준이 낮을 것
③ 성형직후의 여열이 있는 것도 쉽게 분쇄될 것
④ 기내의 청소가 간단할 것
⑤ 콤팩트(compact)하여 분쇄실이 클 것

그림 4-32 분쇄기

4. 계량 혼합 장치

원재료, 안료 및 재생 재료를 임의의 비율로 혼합시켜 주는 장치로서, 주로 스테인리스 강재의 원통형 또는 각형의 텀블러(tumbler)가 사용된다. 이 장치는 혼합 능률은 좋지 않으나 장치가 간단하고 청소하기가 용이하며 많이 사용되고 있다.

회전수는 30~40rpm 정도로 회전시키며, 보통 10분 정도 혼합시키는 것이 좋다.

그림 4-33 계량 혼합 장치

5. 자동 컬러링 장치

일반적으로 자동계량 혼합장치와 조합하여 사용한다. 자동계량 혼합장치를 성형기 밖에 설치하고, 자동 컬러링 장치를 성형기의 호퍼상에 놓는 방식이 많으나 양자를 조합해서 성형기의 호퍼상에 설치할 수 있는 것도 있다.

한편 안료로 액상 착색제를 사용하여 성형기의 호퍼에 직접 적하시켜 가소화 중에 스크루의 혼련 작용에 의해 분산 착색시키는 리퀴드 컬러 시스템 방법도 있다.

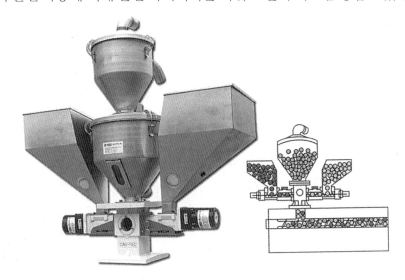

그림 4-34 자동 컬러링 장치

6. 금형 온도 조절기

금형 온도 조절기는 성형 중인 금형온도를 일정하게 유지하고, 품질을 고르게 하기 위하여 사용된다.

열매탱크, 열매 가열용 히터와 열매 냉각 장치, 열매 순환 펌프 등으로 구성된다. 사용 온도가 100℃ 이하인 것에는 물을 사용하며, 100℃를 넘는 것에는 비등점이 높은 오일계 열매가 사용된다. 온도 제어는 열매의 온도를 일정하게 유지하는 것이 일반적이나 더욱 높은 정밀도로 온도를 제어하기 위해 금형의 온도를 측정하고 이를 일정하게 유지하도록 순환되는 열매의 유량을 변화시키기도 한다.

한편, 금형 냉각 장치는 용융 잠열이 큰 재료의 성형이나 두꺼운 성형, 발포 성형 등 큰 냉각 능력을 필요로 할 경우에 사용된다.

시스템의 구성은 (그림 4-32)과 같이 수냉식의 칠러(chiller)와 칠러에의 냉각수를 식히는 냉각 타워(cooling tower)로 이루어지고, 금형에의 냉각수는 칠러로 식혀진 저온수를 순환시키고, 그 외는 냉각 타워로 냉각한 것을 사용한다.

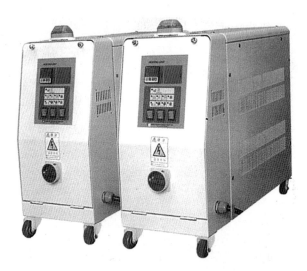

그림 4-35 금형 온도 조절기

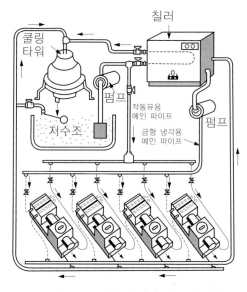

그림 4-36 냉각 장치의 시스템 개념도

7. 금형 교환 장치

사출 성형작업에서 금형 교환은 완전한 시간 낭비이므로, 이에 요하는 시간은 가급적 단축해서 성형기의 정지 시간을 적게 하는 것이 가동률의 향상에 직결된다.

금형 교환의 합리화 방법으로 여러 가지가 시도되고 있으며, 이 중에는 금형 두께의 통일에 의한 형개폐 제어의 고정화, 퀵 조인트(quick joint)에 의한 금형 온도 조절기 배관의 원 터치화, 위치 결정 지그나 고정구의 개량에 의한 금형 부착 시간의 단축, 금형의 예비 가열에 의한 온도 상승 때의 성형 불량 감소 등이 있다. 금형 교환에 따르는 수지 바꿈이나 색 바꿈도 성력화에 대한 중요한 문제이다. 성형기의 제어 기술이 향상되고, 성형품의 불량품이 낮아지는 추세이므로 수지 바꿈, 색 바꿈을 위해 소비되는 재료는 성형 불량 중의 가장 큰 부분을 차지하고 있다.

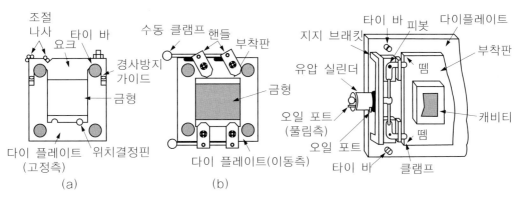

그림 4-37 신속 금형 교환 장치   그림 4-38 금형 자동 클램프 장치

8. 성형품의 빼내기 장치

성형품의 빼내기에 이용되는 합리화 기기에는 성형기내의 성형품을 확실히 낙하시키기 위한 보조 수단으로서 사용되는 제품 자동 낙하 장치, 성형품을 성형기의 외부까지 반출시키는 제품 빼내기 장치가 있다.

근래에는 복잡한 형상의 성형품을 스프루, 러너로 각각 따로 꺼내서 가르는 장치가 개발 보급되고 있다. 또 컨베이어 시스템과 연결시켜서 제품 라인과 스프루, 러너 회수 라인을 별도로 해서, 회수한 스프루, 러너를 분쇄기를 거쳐 호퍼에 연동시켜 생산 효율을 높이고 있다. 성형품의 척킹(chucking)에는 기계식, 진공식, 흡입식 및 가압식 등이 있고, 각각 성형품의 형상에 따라 적합한 전용척이 사용되고 있다.

그림 4-39 성형품의 빼내기 장치

9. 자동 낙하 확인 장치

성형품이 금형에서 완전히 이형하여 아래쪽의 슈터(shooter)나 컨베이어 위에 낙하한 것을 확인하는 장치로서 충격식, 중량식, 광전관식 등의 여러 가지가 있다.

충격식은 성형품의 낙하에너지를 이용하는 것으로 저렴하고 부착은 간단하나 검출 가능한 중량에 한계가 있다. 중량식은 성형품의 무게를 계량하여 낙하를 확인하는 것으로 정확히 계량되므로 다수개 빼기의 낙하 확인에 적합하나, 검출에 시간을 요하여 성형 사이클이 그만큼 길어지고 고가이다. 광전광식은 투광기와 수광기의 빔(beam)을 차단했느냐, 안했느냐로 검출하며 검출이 빨라 다수개 빼기에도 응용이 가능하고, 편리한 장치이나 값이 비싸다.

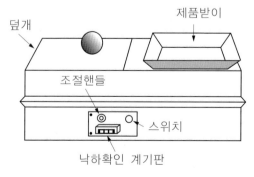

그림 4-40 계량식 낙하 확인 장치

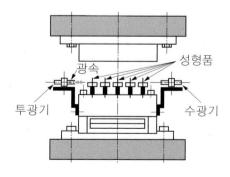

그림 4-41 광전관식 낙하 확인 장치

익힘문제

1. 사출기구에 대해서 간단히 설명하시오.

2. 형체 기구에 대해서 간단히 설명하시오.

3. 수직식 사출 성형기의 특징을 쓰시오.

4. 수평식 사출 성형기의 특징을 쓰시오.

5. 사출 성형기의 크기는 무엇으로 나타내는가?

6. 가소화 능력을 표시할 때 기준이 되는 수지는 어느 것인가?

7. 사출 성형기의 운전 방법을 쓰시오.

8. 사출 성형기의 보조 기기 중 준비 공정용 기기의 종류를 쓰시오.

9. 성형 공정용 보조 기기의 종류를 쓰시오.

10. 스크루의 지름 D=36(mm)이고, 사출속도가 7(cm/sec) 일 때 사출률을 구한 값은 몇 (cm³/sec) 인가?

11. 성형기의 스크류 직경 D=30(mm), 스트로우크 S=70(mm), 용융수지밀도 ρ=0.98(g/cm³), 효율 η=90%일 때 유효 사출용량은 몇 g인가?

12. 인서트(insert)물을 성형시 사용하기 편리한 사출성형기 형식은 무엇인가?

13. 투영면적이 6000(mm²)이고 사출압력이 50(kg/cm²)일 때의 형체력은 몇 (ton)인가?

14. 그림과 같은 제품을 성형할 사출성형기를 선정하고 물음에 답하시오.

    (단, 사용수지 : PS, 비중 : 1.05, 캐비티수 1개, 금형치수 : 380×310, 금형두께 280(mm))

    1) 투영 면적 A는 몇 (cm²)인가?

    2) 최저 형체력은 몇 (ton)인가?

    3) 설정 형체력은 몇 (ton)이 필요한가?

    4) 성형품의 용적은 몇 (cm³)인가?

    5) 몇 g인가? 몇 oz인가?

    6) 카다로그 상에서는 몇 (cm³)이상의 성형기가 필요한가?

    7) 최적 몇 (mm)의 형개 스트로크가 필요한가?

    8) 상기 조건에 맞는 사출성형기의 사양을 완성하시오.

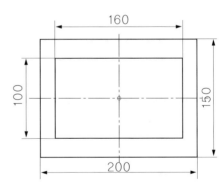

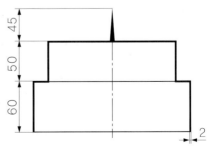

제5장

성형조건 및
성형불량의 원인과 대책

제1절 성형 조건

제2절 성형 불량의 원인과 대책

성형조건 및 성형불량의 원인과 대책

제1절 성형 조건

사출 성형기에 의해 성형품을 제조하는 공정은 재료의 계량 → 용융 → 혼련 → 사출 → 냉각 → 빼내기가 전자동 또는 반자동으로 반복되는데, 성형품의 품질은 성형 조건에 따라 현저하게 영향을 받는다.

물론 좋은 품질의 성형품을 제조하는 데는 사용 수지의 특성을 이용한 제품 설계와 금형 설계를 하고, 또한 성형품에 적합한 용량의 성형기를 선정하는 것도 중요하지만, 무엇보다도 적정한 성형 조건을 설정해야만 좋은 품질의 성형품이 얻어질 수 있을 것이다.

다시 말하면, 성형 재료를 충분한 온도 관리하에서 가소화하고, 적정한 사출 속도와 사출 압력으로 금형내에 주입 성형해서 균일한 냉각으로 고화시키는 일이 중요하다. 이들 작업은 별개 문제가 아니며, 서로 밀접한 관계가 있으므로 충분히 검토해서 실시해야 한다.

1. 성형 조건의 결정

성형품의 품질에 영향을 주는 성형 조건으로는 용융 수지 온도, 사출 속도와 사출 압력, 균일한 냉각 등이 있다. 또한 성형품의 형상, 크기, 사용 재료에 따라 그 성형성이 다르므로 한층 복잡해서 한결 같지는 않으나, 우선 수지의 종류에 따라 온도 조건의 범위를 정한다. 정해진 온도 범위내에서 온도, 압력, 속도를 선정한다. 그러나 이들의 요인은 서로 관계가 있으므로 다음의 수단을 취하는 것이 좋다.

① 온도를 일정하게 하고, 저압(고압), 저속(고속)의 조합
② 압력을 일정하게 하고, 고온(저온), 고속(저속)의 조합
③ 속도를 일정하게 하고, 고온(저온), 저압(고압)의 조합

구체적인 설정으로서는 될 수 있는 대로 저온, 저압측에서 출발해야 한다. 또 원료 공급량도 처음에는 적은 쪽에서 출발해서 서서히 증가해 가고, 금형 온도도 균일하게 해야 한다.

가. 실린더 온도

실린더 온도는 수지의 종류 및 등급, 금형의 구조, 성형기에 따라 차이가 있으므로 멜트 인덱스 플로(melt index flow)나 스파이럴 플로(spiral flow)의 길이를 참고하여 범위를 정한다. 용융 수지의 충전이 곤란한 얇은 제품의 성형, 제품 형상이 크고 유동거리가 길 때나 표면 광택을 특히 요할 때는 일반적으로 실린더 온도를 좀 높게 설정해서, 유동 저항을 작게 하는 것이 좋다. 그러나 극단적으로 높이는 것은 수지의 열분해를 일으킬 위험성이 있으므로 주의해야 한다.

살두께가 두꺼운 제품의 경우는 유동 저항도 작고 충전이 용이하므로 실린더 온도를 조금 낮게 설정하는 것이 싱크 마크나 기포 발생을 방지하는 것도 되므로 좋은 대책이다. 실린더 온도가 낮을 때는 일반적으로 성형품에 배향 현상이 강하게 나타나므로 유의한다. 이와 같이 실린더 온도는 재료의 유동성에 큰 영향을 주므로 성형중에 변화가 없도록 제어하여야 한다.

나. 사출 압력 및 사출 속도

일반적으로 사출 압력 및 사출 속도는 시험 사출시에 높게 설정하여 준다. 사출 속도를 빠르게 하는 것은 특히 두께가 얇은 제품을 성형할 때 중요하고, 캐비티에서의 수지 온도가 거의 균일하게 되어 성형품의 밀도, 강도를 균일하게 하며, 표면 광택이 좋아지고 성형 수축을 작게 해서 휨의 발생을 막으며, 또한 압력 강하가 작아지므로 대형 캐비티에 대해서도 충분한 충전이 되는 등의 효과가 있다. 그 반면 잔류 응력이 커지는 경우도 있다.

살이 두꺼운 제품의 성형시는 얇은 제품만큼 엄격하지 않고 압력, 속도 모두 비교적 작아도 별 문제는 없다. 이와 같이 사출 압력 및 사출 속도는 금형내에서의 유로의 단면적에 따라 달라지므로 제품 설계에서의 살두께나 게이트 위치의 선정에 유의하여야 한다.

다. 금형 온도

금형 온도의 설정은 가급적 약간 높게, 또한 균일하게 해야 한다. 용융된 고온의 수지를 금형내에 신속히 충전하고, 이것을 균일한 속도로 냉각, 고화시키는 것이 좋다.

즉, 약간 높은 금형 온도의 설정은 수지의 유동 저항을 작게 하며, 배향이 작아지고, 잔류 응력도 작으며 성형품의 표면 광택을 향상시키는 효과를 가져 온다. 금형을 냉각한 다는 것은 식히는 것이 아니고, 고온으로 주입된 수지의 온도를 금형 밖으로 빨리 배출하는 것이며, 그것을 위해서는 냉각수가 항상 금형안을 순환하고 있어야 한다.

금형 온도 조절기의 사용이나 금형의 냉각수 출구와 입구의 온도차가 ±3℃ 이내로 되도록 유량을 조절하는 등에 유의해야 한다.

금형 온도를 약간 높게 설정하면 성형 수축률이 커져 싱크 마크의 발생, 성형사이클의 연장 등의 단점도 있으므로 재료 특성에 맞는 온도 설정을 해야 한다.

라. 사출 시간

사출 시간은 성형품의 형상, 크기에 따라 다르나 완전한 충전과 외관상의 제품 품질에 따라서 정한다. 일반적으로 평판상의 얇은 제품에서는 휨이 발생하기 쉬우므로 사출 시간을 짧게 하고, 살이 두꺼운 제품은 싱크 마크나 기포의 발생을 막기 위해 길게 한다. 그리고 게이트 지름이 클 때에는 짧게, 지름이 작을 때는 길게 설정한다. 물론 사출 시간에는 성형 온도, 사출 압력과의 상관 관계가 있다.

마. 냉각 시간

냉각 시간은 실린더 온도, 금형 온도, 스프루, 러너를 포함한 성형품의 살두께에 따라 크게 변화한다. 충분히 냉각하면 성형품의 변형을 방지할 수 있으나, 성형 사이클

표 5-1 성형 조건이 성형품에 미치는 영향

성형조건	좋아지는 효과	나빠지는 효과
재료 공급이 많을 때	충전 부족(short shot)의 해소	플래시(flash)의 발생, 잔류응력이 큼
성형 재료의 온도가 높으면	성형성이 향상, 잔류 응력의 감소, 유동 배향이 적어진다.	성형재료·안료의 분해, 플래시 발생, 수축률이 커짐
사출 압력이 크면	성형성이 향상, 싱크 마크가 적어진다.	잔류 응력이 커진다.
사출 속도가 빠르면	분자 배향이 적어진다.	
금형 온도가 높으면	잔류 응력이 작아진다.	수축률이 커진다. 냉각시간이 길어진다. 생산성이 저하된다.
냉각 시간이 길면	변형이 작아진다.	생산성이 저하된다.
가압 시간이 길면	싱크 마크가 적어진다.	잔류 응력이 커진다.

의 연장이나 금형으로부터의 제품 빼기가 나빠진다. 냉각 시간이 짧을 때는 성형품
은 충분히 고화되지 못하므로 이형에 의한 외력으로 변형을 일으키거나 치수 안정
성이 나빠진다. 이러한 점에서 냉각 시간으로서는 성형품을 빼낼 때 무리가 없어야
하고 변형을 일으키지 않는 시간을 설정하는 것이 필요하다. 〈표 5-1〉은 성형 조건
별로 성형품에 미치는 영향을 열거한 것으로서 성형 조건의 설정시 참고되어야 할
사항이다.

2. 성형품의 품질과 성형 조건

성형 조건을 구성하는 각 요인이 성형품 품질에 미치는 영향은 각종 수지의 조직
구조에서 오는 특성의 차에 따라 다를 것이고, 성형품의 품질 평가의 중점을 어디에
두는가에 의해서도 성형 조건은 달라진다. 성형 조건을 구성하는 각 요인은 단독으
로 만족한 품질의 성형품을 얻는 데는 부족하며, 각 요인이 서로 복잡하게 영향을 미
치는 경우가 많으므로 실제 경험의 축적도 중요하다.

사출 성형에서 성형품의 품질을 결정짓는 과정은 크게 나누어 충전 단계, 게이트
실 단계, 냉각 단계의 3단계를 들 수 있으며, 각 단계에서 성형품의 외관, 치수, 물성
등의 품질에 영향을 준다. 〈표 5-2〉는 성형품의 품질과 성형 요인의 관계를 나타낸
것이다.

표 5-2 성형품의 품질과 성형 과정

품 질 항 목		성형 과정			품질 항목에 영향을 주는 기본적 요인
		충 전	게이트실	냉각(금형내)	
외관	충전 부족 플래시	○	△		–
	변형(휨, 비틀림)	△	△	△	수지, 충전재의 유동 배향, 잔류응력
	플로 마크, 웰드라인 실버스트리크 등	○	△		–
치수	성형 수축률	△	△	○	열, 압력에 의한 용적변화 결정화(또는 경화반응)에 의한 용적변화
	배향에 의한 치수차	△			수치, 충전재의 유동 배향
물성	응력 균열	△	△	△	성형 압력에 의한 내부 응력, 열수축의 불균일에 의한 내부 응력, 유동배향에 의한 내부 응력, 2차 가공조건, 사용시의 여러 가지 조건
	기계적 성질 및 각종 특성	△	△	△	

주) △ : 품질항목과 직접 관련한다. ○ : 품질항목과의 직접적 관련이 특히 깊다.

가. 성형품의 외관과 성형 조건

일반적으로 외관은 성형 불량으로서 눈으로 보아서 평가되며, 상품 가치에 연결되는 중요한 품질이다. 외관 불량은 그 현상의 종류가 많고, 또 불량의 하나 하나가 어떤 성형 조건의 영향을 받고 있고, 수지의 종류, 성형품의 형상, 금형의 구조 등과 함께 검토해서 대처해야 한다.

성형품의 표면 광택은 금형의 표면에 용융 수지가 심하게 충돌하고, 또한 압착되어 냉각 고화해서 금형면의 상태를 재현하는 것이므로, 그 과정에서 휘발분이나 이형제가 들어가지 않아야 한다. 웰드 라인은 용융 수지가 금형의 유로에서 분기해서 흐르고, 다시 합류해서 융합하는 위치에 발생하는 자국이므로 성형품의 디자인 변경 이외에 그것을 없앨 수는 없다.

나. 성형품의 물성과 성형 조건

성형품의 물성은 기본적으로는 사용된 수지 자체의 물성을 이어 받지만, 성형품의 설계, 금형 설계, 성형 조건에 따라서는 그 고유의 특성을 충분히 발휘할 수 없는 경우가 있다. 여기서는 성형품의 물성에 영향을 주는 성형 요인을 중심으로 수지의 종류에 따른 차이점을 고찰해 본다.

결정성 폴리머의 사출 성형에서의 물성에의 영향은 수지 온도와 금형 온도라는 결정화에 영향을 주는 열적인 요인이 크다. 수지의 흐름 방향과 직각 방향에 따라 인장 항복 강도의 거동이 다르다. 흐름 방향의 인장 항복 강도는 어떤 실린더 온도 이하는 대단히 크고, 그 온도 이상에서는 거의 변화하고 있지 않다. 신장은 흐름 방향에서는 온도의 상승과 함께 완만하게 향상되고, 직각 방향에서는 위의 온도 이하로 낮으며, 유동이 큰 등급일수록 이 경향이 현저하다. 이들은 모두 배향에 기인하는 것이며, 유동성이 큰 등급이 저온측에서 수지 온도의 영향을 크게 받는 것은 저분자의 수지일수록 결정화하는 속도가 빠르기 때문이다.

금형 온도의 영향은 온도가 높을수록 인장항복강도를 높이고 신장은 약간 저하시킨다. 이것은 온도가 높을수록 서냉이 되고 결정화도가 높아지기 때문이다.

폴리스티렌, 폴리카보네이트 등의 비결정성 폴리머에서는 수지의 배향성이 물성을 좌우한다. 배향성을 주는 요인으로는 성형 온도나 금형 온도, 유동성을 들 수 있으며, 결정성 폴리머와 거의 같은 경향을 나타내며, 수지 온도와 금형 온도가 약간 높은 것이 물성 향상에 기여한다.

열경화성 수지는 열가소성 수지와 달리 성형 과정에서의 가열, 가압에 의한 화학 반응에 의해 경화시켜서 성형품을 만듦으로 금형온도, 경화 시간이 크게 영향을 미친다. 금형 온도가 높으면 경화 정도도 높아지고, 경화 시간을 짧게 할 수도 있다. 경화 시간은 성형품의 성능을 결정짓는 중요한 요인이며, 전기적 특성·기계적 특성·물리적 특성에 영향을 미치므로 유의하여야 한다.

3. 생산성과 성형 조건

플라스틱 제품이 소비자에게 사랑을 받고, 안심하고 사용되기 위해서는 제품 설계, 금형 설계, 그리고 그 가공과 적정한 성형 조건에 의한 성형과 품질 검사가 전제 조건이 될 것이다. 물론 경제성을 무시할 수는 없으므로, 가격에 대한 소비자의 이해도 필요하지만 생산성의 향상에 충분한 배려를 해 나가야 한다. 그러나 단지 시간당의 생산수 또는 성형품 1개당의 숏 시간만으로 계산되는 것은 아니며, 후가공에 요하는 시간과 비용이나 원재료 사용량에 대한 양품의 회수율을 높이기 위한 대책 등 종합 판단을 해서 진행시키는 것이 중요하다.

사출 성형에서의 성형 조건은 온도, 압력, 시간의 요소에 의해서 설정된다. 양품을 얻기 위한 최적 성형 조건은 성형품의 외관 및 치수 정밀도와 생산성 향상을 목적으로 한 성형 사이클 단축에 주는 영향을 고려해서 설정해야 하며, 수지가 설계 등의 영향도 받으므로 사전에 충분히 목적하는 성형품의 기능을 만족시키는 조건의 검토가 필요하게 된다.

사출 성형의 생산성 향상과 단가 절감은 성형 사이클을 단축하는 것이 우선해서 행하여진다. 그 성형 사이클에서 가장 긴 시간을 요하는 공정은 일반적으로 냉각 시간이다. 수지의 종류나 성형기의 능력에 따라서는 가소화 시간이 되는 경우도 있다. 따라서 성형 사이클 단축의 순서로서는 냉각 시간, 냉각 온도를 변화시켜서 양품 성형이 가능한 범위를 구하기 위해 사출 압력, 금형 온도를 약간 높게 설정하고, 용융 수지 온도는 설정한 사출 압력 금형 온도로 만족할 성형품이 얻어지는 온도로 해 두고 성형 테스트를 시도한다. 처음에 사출 시간을 변동시켜서 최저 사출 시간을 구하고 다음에 냉각 시간의 단축과 냉각 온도의 저하를 시도해서 최저 시간과 최저 금형 온도를 구하는 방법으로, 성형 사이클의 단축을 도모하는 것이 일반적이다. 성형 사이클의 단축은 어디까지나 성형품의 품질이 사용하는 수지의 특성을 유지하며, 제품 사양에 합치하는 것이 전제이다.

나사형의 사출 성형기에서는 가소화 시간이 성형 사이클 단축에 영향을 주는 인자의 하나이다. 짧은 시간에 보다 많은 수지를 가소화할 수 있다면 경제적이므로 나사 회전수는 혼련과 가소화가 충분하고 균일하게 되는 것이 좋으며, 실린더내의 발열이나 구동모터 출력 등의 제한 때문에 일률적으로 고속으로 하는 것이 어렵다.

성형 사이클은 성형기의 타이머 설정에 의해 정해지는데, 금형의 구조, 수지의 열적 성질, 성형품의 살두께나 형상 등에 의해 설정되므로 정해진 수지로 일정한 성형품을 성형할 때에 영향을 주는 인자를 선정해서 대처해야 한다. 성형 사이클은 크게 충전 시간, 냉각 시간, 형개폐 시간으로 나뉠 수 있다. 여기서 충전 시간이란 가소화된 수지가 캐비티에 유입해서 충전이 끝날 때까지의 시간이고, 냉각 시간이란 가압 유지하의 냉각과 가압 제거 후의 냉각 시간의 합이다.

충전 과정은 가소화된 수지의 용융 상태, 유동 속도, 유동 거리 및 유동중의 온도, 압력 변화의 정도에 따라 얻어지는 성형품의 외관이나 물성을 거의 결정하는 중요한 과정으로, 수지의 용융 점도가 낮고, 실린더 온도가 높으며, 사출 압력이 높고 게이트가 클수록 충전 시간은 짧다.

냉각 시간은 성형 사이클 중 가장 긴 시간이 걸리는데 용융 수지 온도, 금형 온도, 스프루, 러너를 포함시킨 성형품의 살두께가 영향을 준다. 일반적으로 수지의 열전도율이 크고 열변형 온도가 높을수록 짧으며, 한편 실린더 온도, 금형 온도가 높고 성형품의 살두께가 두껍고 비열이 커질수록 길어진다. 냉각 시간의 단축은 금형의 냉각 방법이나 금형의 구조를 충분히 검토해서 결정해야 한다.

사출 성형에서는 스프루나 러너의 파생은 피할 수 없다. 물론 스프루, 러너를 재생해서 사용하는 것으로 원재료의 양품 회수율을 높이는 조치가 취해지는데 재생하는 재료의 열이력의 파악, 보관이 충분하지 않으면 성형품 품질의 저하, 오염에 의한 외관 불량이 되고 성형 회수율의 저하나 원가 상승의 원인이 된다. 따라서 낭비를 적게 하고 단가 절감, 회수율 향상, 성형 사이클 단축 또는 2차적이긴 하지만 위험 방지 대책의 의미도 포함시킨 러너리스 성형이 개발되기에 이르렀다.

러너리스 성형은 성형기의 노즐에서 직접 캐비티로 용융 수지를 사출하는 방법과 금형내에서 러너를 가열하거나 굵은 러너를 설치해서 러너 중심부의 고화를 막고 사출하는 방법으로 대별된다.

4. 각종 재료의 성형 조건

제품의 사용 분야에 따라 성형품에 요구되는 기능이 다르고, 사용되는 플라스틱 재료도 선택된다. 사용 재료에 따라 성형 수축률도 다르고, 성형 조건이 주는 영향도 달라진다. 여기서는 대표적인 재료의 일반적인 성형에 대해서 필요하다고 생각되는 유의점에 대해 설명한다.

〈표 5-3〉는 대표적인 수지의 성형 조건의 일례를 표시하는데, 이것은 어디까지나 목표이며 성형품의 형상, 크기, 살두께 등의 요인에 의해 달라진다.

표 5-3 각종 수지의 성형 조건(살두께 3.0mm이하)

항 목	폴리아세탈	폴리프로필렌	고밀도 폴리에틸렌	PVC	폴리스티렌	AS 수지
온도(℃)						
실린더 뒷부분	200~230	200~270	200~240	140~150	170~180	200~260
실린더 중앙	200~230	230~300	230~290	150~160	190~300	220~290
실린더 앞부분	200~230	220~290	220~280	160~170	200~310	220~260
실린더 노즐	190~200	200~250	200~250	170~180	190~290	200~290
금형 온도	60~100	30~80	30~80	40~60	30~70	40~80
수지 온도	200~210	200~300	200~230	160~180	180~260	200~260
사출압력(kg/㎠)	1,000~1,400	600~1,400	600~1,400	1,000~1,500	700~1,400	700~1,400
성형 사이클(s)	40~60	10~60	10~60	40~190	4~60	10~60
사출 시간(s)	5~20	5~20	5~25	20~50	1~30	2~20
게이트치수(mm)						
원형게이트 지름	0.8~1.5	0.5~8.0	0.5~8.0	5~15	0.8~6.5	0.8~6.5
랜드 길이	0.8~1.0	0.8~1.0	0.8~1.5	2~5	0.8~1.0	0.8~1.0
직사각형 게이트 폭	0.8~1.5	2~5	2~5	5~15	1.5~2.5	1.5~2.5
직사각형 깊이	0.8~1.5	2~5	2~5	5~15	0.6~1.3	0.6~1.3
랜드 길이	0.8~1.0	1.0~1.2	1.0~1.2	2~5	0.8~1.0	0.8~1.0
성형 수축률(%)						
흐름에 평행 방향	2.0~2.5	1.1~2.3	1.6~3.0	0.4~0.6	0.3~0.8	0.2~0.8
흐름에 직각 방향	2.0~2.5	1.1~2.2	1.5~2.5	0.4~0.6	0.3~0.8	0.2~0.8

항 목	ABS 수지	폴리카보네이트	나일론 6	나일론 6-6	아크릴수지	
온도(℃)						
실린더 뒷부분	200~250	300~330	240~300	310~350	230~260	
실린더 중앙	200~250	290~320	230~290	290~350	240~270	
실린더 앞부분	200~250	290~310	230~290	270~320	260~280	
실린더 노즐	200~250	290~310	220~260	적 당	250~270	
금형 온도	40~90	80~120	20~90	20~90	70~90	
수지 온도	200~250	280~300	240~270	270~300	250~270	
사출압력(kg/㎠)	700~1,500	1,000~1,500	800~1,500	1,000~1,500	1,000~1,400	
성형 사이클(s)	30~45	20~40	15~30	20~30	20~45	
사출 시간(s)		5~20	5~20	15~20	6~15	
게이트치수(mm)						
원형게이트 지름	1.5~2.5	1.0~2.5	1.0~1.5	0.8~1.5	2~3	
랜드 길이	0.8~1.0	0.8~1.0	0.8~1.0	0.8~1.5	1.5~2.0	
직사각형 게이트 폭	2~3	2.5~3.0	1.5~3.0	0.8~1.5	깊이×1.5~2.0	
직사각형 깊이	1.5~2.5	2~3	1.5~3.0	0.5~1.0	살두께의 70~90%	
랜드 길이	0.8~1.0	0.8~1.0	0.8~1.0	0.8~1.5	2~5	
성형 수축률(%)						
흐름에 평행 방향	0.3~0.5	0.5~0.8	0.8~1.5	1.5~2.0	0.4~0.9	
흐름에 직각 방향	0.3~0.5	0.5~0.8	0.8~1.5	1.5~2.0	0.2~0.5	

가. 폴리 아세탈

폴리아세탈은 결정성 폴리머이며, 그 성형 수축률은 비결정성 폴리머의 폴리스티렌 등보다 크고 1.5~3.5(%) 범위이다. 성형 수축률에 영향을 주는 인자로는 성형품의 살두께, 게이트 치수, 사출압력, 사출속도, 금형온도 등이 있고, 수지온도의 영향은 크지 않다.

성형기는 플러저형이나 스크루형의 어느 것에나 사용되나, 스크루형이 비교적 낮은 사출압력으로 성형되는 이점이 있다. 성형온도는 기계적 강도나 치수 정밀도를 얻기 위해서 균일한 수지온도의 설정이 필요하고, 190~220℃ 범위에서 성형한다.

사출압력은 고압이 좋고, 800~1200(kg/㎠)의 범위가 적합하다. 금형온도는 60~80℃ 범위가 적합하며, 광택을 중시할 때는 약 120℃ 정도로 한다. 그러나 결정성 폴리머이므로 금형온도가 높아지면 성형 수축률은 커지므로 유의한다.

폴리아세탈은 흡습성이 적으므로, 장기 방치하지 않으면 그대로 성형에 사용해도 지장은 없다. 그러나 성형기내에서 장시간 체류하고 고온을 받으면 열분해가 일어나 포름 알데히드 가스가 발생해서 위험하다.

이와 같이 폴리아세탈은 가열 체류가 가장 좋지 않으므로, 성형을 할 때에 성형 사이클이 성형품의 품질에 주는 인자가 된다. 사이클은 금형온도, 제품의 살두께 및 형상에 따라 결정되는데, 6(㎜) 두께에 대해 전사이클을 약 60초로 하는 것이 기준이 되어 있다. 3(㎜) 두께에서는 약 30초, 12(㎜) 두께는 약 120초의 설정이 좋다. 성형 수축률이 크고, 변형의 우려가 있는 성형품이나 살두께가 불균일한 제품에서는 사이클을 좀 길게 하여야 한다.

금형은 보통의 강재가 좋으며, 스프루와 러너는 가급적 짧게 하고 스프루의 테이퍼는 1°~3°, 러너는 원형이 좋으며 3~10(㎜) 지름이 일반적이다. 게이트는 각종 형상의 것이 적용되며, 성형도 쉽다.

게이트 랜드는 2(㎜) 두께 이하의 성형품에서 1(㎜) 이하, 2(㎜) 두께 이상의 성형품에서는 살두께의 1/2~2/3로 한다. 너무 긴 랜드는 너무 얇은 게이트 두께와 함께 압력 손실, 게이트 실 시간의 단축화가 이루어지고, 캐비티내의 압력 전달 부족이나 충전부족이 되기 쉽다.

나. 폴리 프로필렌

범용 플라스틱 중에서 가장 비중이 가볍고(0.90~0.91), 유동성이 우수하므로 초대형 성형품, 극히 얇은 성형품의 성형이 쉽다. 성형기는 플런저형, 스크루형의 어느 것이든 좋지만, 스크루형이 성형온도를 낮게 설정할 수 있고, 좋은 품질의 성형품을 얻는 점에서도 유리하다.

성형기의 크기는 비중이 작으므로 성형품 중량의 1.5배 정도의 공칭 용량의 성형기가 적합하다. 금형은 성형 수축이 크고 변형이 비결정성 폴리머에 비해 두드러지므로 금형의 냉각, 특히 코어 냉각을 충분히 배려한 설계로 한다.

성형 조건은 성형기, 성형품의 크기와 형상, 금형의 구조 및 수지의 등급에 따라 다르지만, 성형 온도는 200~300℃ 범위에서 성형한다. 성형 온도가 너무 저온이면 분자 배향을 일으키고, 변형 또는 충격강도의 저하를 초래할 우려가 있다. 따라서 약간 높게 설정한다.

금형 온도는 40~60℃가 표준이며, 싱크 마크가 우려되는 성형품에서는 더욱 낮게 한다. 상자형 성형품의 측벽의 휨 방지에는 코어를 충분히 냉각해서 캐비티와의 온도차를 내는 것이 유효하다. 또 금형 온도에 의해 성형 수축률이 변환하므로, 치수 정밀도를 요구하는 성형품의 경우는 금형 온도 조절기를 사용하는 것이 좋다. 사출 압력은 플래시가 발생하지 않는 최고 압력이 좋고, (800~1200kg/㎠)가 표준이다. 싱크 마크, 공동이 발생하기 쉬운 성형품에서는 약간 높게 한다. 사출 시간은 5초 이상으로 하며, 싱크 마크, 공동이 문제가 될 경우에는 길게 하고 게이트측의 휨이 문제가 될 때는 짧게 한다. 폴리프로필렌은 흡수성이 거의 없으므로, 성형 때의 예비 건조할 필요는 없고, 착색도 쉽다.

성형품의 살두께는 1.8~2.5(㎜)가 적당하고 균일한 설계가 바람직하다. 게이트는 핀포인트, 다이렉트, 특수 게이트 등에 모두 적용된다. 핀 포인트 게이트의 지름은 0.5~1.5(㎜), 랜드는 짧은 편이 좋고, 1.0~2.0(㎜)정도로 한다.

폴리프로필렌의 성형에서는 금형의 냉각이 특히 중요하고, 냉각수 구멍의 배치를 충분히 검토해서 설치해야 한다. 냉각수 구멍의 간격은 구멍의 중심에서 40~45(㎜)로 하고, 성형품과 구멍의 접근 거리는 구멍 벽에서 25(㎜) 이내로 하면 좋은 결과가 얻어진다. 그리고 금형의 냉각수 출입구의 온도차가 성형 중에 ±2~3℃ 범위가 되도록 냉각수의 유량을 조절하는 것이 중요하다.

다. 폴리 에틸렌

폴리에틸렌은 그 중합 방법에 따라 성상이 다르며, 일반적으로 저밀도(고압법) 폴리에틸렌과 고밀도(중·저압법) 폴리에틸렌으로 대별된다. 저밀도 폴리에틸렌은 고밀도 폴리에틸렌에 비해 부드럽고 성형성이 우수하다. 고밀도 폴리에틸렌은 저밀도 폴리에틸렌에 비해 강성, 내충격성이 우수하며, 원통 용기나 컨테이너 등의 대형 성형품에 실용된다.

성형기는 플런저형, 스크루형의 어느 것이나 사용할 수 있으며 용융 수지 온도를 높이면 일반적으로 표면 광택이 증가하여 외관은 좋아지지만 성형 수축률이 커지는 경향을 나타낸다. 또 너무 저온으로 해도 성형 수축률은 커지며 변형한다. 일반적인 성형온도는 180~300℃ 범위이다. 실제로 얇은 성형품에서는 40~50℃, 두꺼운 성형품에서는 20~30℃ 높게 설정하는 것이 좋다.

사출 압력 및 사출 속도는 캐비티내의 수지온도가 거의 균일해지고, 성형품의 밀도와 강도를 균일하게 하기 위해서도 높고, 빠른 것이 좋다. 충전 후는 성형품에 과대한 응력을 주지 않기 위해 낮은 유지 압력으로 바꾼다. 유지 압력을 높이면 성형수축률을 작게 할 수 있으나 너무 높으면 과충전에 의한 게이트부의 변형이 커서 균열의 원인이 되므로 주의한다.

일반적으로 금형 온도를 높이면 성형품의 광택은 향상되나 성형 사이클이 길어지고 충격강도가 저하한다. 또 성형수축률과 비중도 커진다. 금형 온도가 낮으면 급냉에 따르는 냉각 변형이나 분자 배향에 의해 성형품의 변형이나 표층박리나 생기거나 과냉각에 의한 금형면에 결노현상에 의해 성형품의 외관을 나쁘게 한다. 일반적으로는 40~80℃ 범위에서 선정한다.

라. 염화비닐 수지

염화비닐 수지는 다른 플라스틱 재료와는 달리 많은 안정제를 배합하여야 한다. 그 이유는 가공시 열분해 온도가 낮기 때문이며, 무가소제의 경질에서부터 연질 및 초산비닐 공중합체에 이르기까지 여러 가지 배합이 이루어진다. 염화비닐 수지는 용융시의 점도가 높고, 또한 가공시의 온도와 수지 자체의 분해 온도가 근접해 있으므로 열분해에 의한 태움이나 금형의 부식 등의 문제가 있어 성형시에 엄밀한 온도 제어가 요구된다.

성형기는 스크루형의 사용이 바람직하며, 금형은 열분해하기 쉬운 것, 유동성이 나쁜 것을 고려한 설계가 필요하다. 스프루, 러너, 게이트는 수지의 유동을 돕고, 압력 전달을 쉽게 하기 위해 굵고 짧게 하며, 제품의 살두께를 가능한 한 두껍게 한다. 염화비닐 수지는 열분해에 의해 발생하는 염산가스로 금형을 부식하므로 만일을 고려해서 수지의 유로는 모두 경질크롬 도금을 한다.

성형온도는 약간 낮게 설정하는 것이 좋으며, 일반적으로는 180~190℃의 범위로 한다. 성형중에 온도 관리를 유의함과 동시에 때때로 퍼지(purge)에 의해 수지온도를 체크하면 좋다. 사출 압력은 800~1200(kg/㎠)의 범위에서 설정하며, 사출 속도는 다른 플라스틱에 비해 조금 낮게 한다. 속도가 빠르면 게이트부에서의 마찰열에 의해 태움의 원인이 되므로 중·저속의 범위를 설정한다.

스크루 배압은 조금 낮게 한다. 배압이 높으면 노즐에서 수지의 유출이 있는 플로마크의 원인이 된다. 스크루 회전수도 높으면 발열이 많아지고, 분해의 원인이 되기 쉽다. 일반적으로 배압은 5~15(kg/㎠)로 하고, 스크루 회전수는 20~40(rpm)의 범위가 적합하다.

염화비닐 수지의 성형은 열분해시키지 않는 것이 가장 좋고, 성형 종료 후는 반드시 실린더내를 안정한 폴리에틸렌이나 폴리프로필렌으로 치환해서 염화비닐 수지가 남지 않도록 한다.

마. 폴리카보네이트

폴리카보네이트는 융점이 높고, 용융 점도도 높으므로 일반적으로 높은 성형 온도와 압력이 필요하다. 또 탄산에테르 결합을 가지고 있기 때문에 수분이 있으면 용융시에 분해를 일으키게 되어 성형품의 외관, 품질은 물론 성형상에 트러블을 발생하므로 사용시에 충분한 관리와 완전한 건조를 필요로 한다. 건조시킬 경우에는 용기째 110~120℃의 건조기에 넣고 4~5시간 가열해서 호퍼에 넣고 성형하게 되는데, 펠릿의 온도가 내려가면 급속히 흡수하므로 호퍼를 110℃ 정도로 유지하는 것이 중요하다.

사출 성형기는 스크루형이 적합하다. 플런저형도 사용되지만 성형품이 커지면 문제가 있으므로 소형 성형품의 경우에 사용하는 것이 좋다. 성형기의 노즐은 수지를 고온으로 유지하기 위해 가열한다. 노즐의 온도는 실린더 온도보다 약간 높은 것이 좋고, 흘러내림 현상을 막기 위해 밸브가 붙은 노즐이 적합하다.

금형의 구조도 수지의 점도가 높은 것을 고려해서 스프루와 러너는 가능한 한 굵고 짧게 해서 굴곡부를 적게 설계하고, 단면은 원형이 좋다. 스프루와 러너를 포함해 캐비티의 연마를 잘해서 유동 저항을 작게 한다. 게이트도 원형으로서 랜드가 짧은 것이 좋으며, 위치는 가능한 한 두꺼운 부분에 설치하여야 한다.

폴리카보네이트는 150℃ 이하에서는 연화하지 않으므로 성형 온도는 보통 260~300℃의 범위가 좋다. 분해 온도는 약 340℃이고, 성형품의 중량에 대해 성형기의 실린더가 크면 수지의 체류에 의한 분해가 있으므로 310℃ 이상으로는 올리지 않는 것이 좋다. 금형 온도는 성형품의 형상이나 크기에 따라서도 달라지지만, 85~110℃의 범위가 좋다. 금형 온도가 높으면 유동성이 좋아지고, 광택도 좋고, 변형이 작은 성형품을 얻을 수 있으나 성형 사이클이 길어진다. 온도가 낮으면 변형이 일어나기 쉽고, 크레이징이나 균열의 원인이 된다.

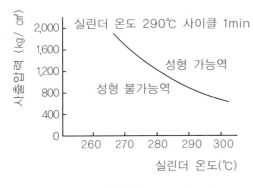

그림 5-1 실린더 온도와 사출 압력

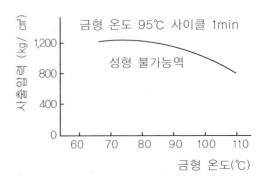

그림 5-2 금형 온도와 사출 압력

용융 온도가 높으므로 큰 사출 압력을 필요로 하는데, 너무 높으면 내부 변형이 생기고, 성형품이 깨지기 쉽다. 사출압력과 성형온도는 수지의 유동과 서로 관련이 있기 때문에 단독으로 처리하지 않는 것이 좋다.

성형온도가 낮을 때는 성형 가능역에 도달하는 사출압력은 당연히 높아진다. 온도가 높을 때는 압력을 낮게 할 수 있다. 물론 게이트 지름이나 성형품의 살두께에 따라서도 다르나, (그림 5-1), (그림 5-2)와 같은 관계가 있다.

바. 나일론

결정성 폴리머로서 융점 이상의 용융 영역에서 사출 성형된다. 흡수성이 높은 수지이므로 충분한 건조를 하지 않으면 성형품에 기포, 은줄, 재질 연화 등의 트러블이 일어난다. 나일론은 온도에 의한 용유 점도의 변화가 폴리에틸렌에 비하면 크고 성형시의 온도 변화로 점도가 변해서 품질의 안정성이 부족하므로 성형온도는 엄밀하게 조절해야 한다.

수지를 충분히 섞어 균일한 용융 상태가 요구되므로 스크루형 성형기가 좋다. 융점 부근에서 겉보기 비열이 커서 용융에 다량의 열량이 필요하므로 실린더 가열 용량이 큰 것이 바람직하며, 또 점도의 온도 의존성이 크므로 실린더 온도를 충분히 조절할 수 있는 것을 선정한다. 특히 노즐 히터는 가급적 용량을 크게 한다. 노즐에서의 흘러내림이 발생하기 쉬우므로 역테이퍼 노즐이나 밸브가 달린 노즐이 사용된다.

성형온도는 성형 수축률, 성형품의 강도, 외관에 영향을 주며, 일반적으로 230~300℃의 범위에서 성형한다. 보통은 약간 높은 것이 좋은 결과를 가져 오며, 너무 높으면 수지가 열분해를 일으켜서 변색하거나 은줄이 발생하기 쉽다.

금형온도는 20~100℃의 범위에서 선정되며 냉각이 균일하게 적정하게 유지되도록 조절해야 한다. 금형온도가 낮으면 표면 경도가 낮고, 강성도 낮아진다. 그러나 성형품의 살두께가 얇고 강인성이나 투명성의 요구에는 낮은 편이 효과적이다.

사. 아크릴 수지

아크릴 수지는 투명성이 우수하고 성형수축률도 GP폴리스티렌과 같이 작아, 주로 판재, 조명기구의 렌즈 등의 고급 부품에 사용된다. 사출 성형용으로서의 아크릴 수지는 메타크릴산 메틸의 중합체를 주성분으로 한 것이며, 유동성은 폴리스티렌보다 나쁘므로 높은 성형온도가 필요하게 된다. 성형온도의 조절이나 금형 설계에 의해 유동 저항을 작게 하도록 배려해야 하며, 러너와 스프루는 가급적 굵고 짧게 하는 것이 좋다.

유동성이 떨어지므로 폴리스티렌의 경우보다 약간 고온·고압으로 성형되며, 수지 온도가 너무 높으면 성형품이 부서지기 쉽다. 일반적으로 수지 온도는 200~220℃로 사출된다. 사출압력은 900~1200(kg/㎠)의 범위에서 성형되며 재료 등급, 성형품의 형상 등을 고려해서 정한다.

금형 온도가 높은 편이 유동성을 향상시키므로 내부 변형이 작고, 성형품의 물성이 개선되며, 너무 높으면 싱크 마크가 발생한다. 일반적으로 60~80℃가 표준이다.

제2절 성형 불량의 원인과 대책

사출 성형에 있어서 목적한 성형품의 외관이나 형상이 불량품이 되어서 그 해결이 난처해지는 경우가 많다. 이 불량 현상의 원인은 성형기, 금형, 성형 조건, 수지 등의 요인이 복합적으로 작용하여 나타나게 되므로, 불량 현상을 잘 파악하여 대책을 강구하여야 한다. 그러기 위해서는 성형 불량의 원인과 대책에 대해 충분한 이해와 실제 성형에서의 관찰과 경험을 쌓아서 대응할 수 있도록 해야 한다.

1. 충전 부족(short shot)

충전 부족은 성형할 수지가 실린더 안에서 충분히 가열되어 있지 않거나, 사출 압력이 낮을 경우나, 금형 온도가 매우 낮을 때 캐비티 전체에 수지가 돌아가지 않고 냉각 고화해서 성형품의 일부가 부족되는 현상 (그림 5-3)을 말하며, 〈표 5-4〉는 발생개소별 충전 부족의 불량원인을 나타낸다.

충전 부족의 가장 결정적인 요인은 금형의 형상과 수지의 유동성이다. 수지의 유동성은 수지의 종류, 등급에 따라 다르므로 성형품의 실용 강도, 디자인에 의해 적절한 것을 선정한다. 또 성형 조건과 성형품의 살두께에 의해서도 좌우된다. 용융 수지가 성형기의 노즐, 금형의 스프루, 러너, 게이트를 통과할 때 수지가 냉각되어 점도가 높아져서 유동성이 저하되고, 고화해서 성형품의 말단까지 도달하지 않는 경우가 있다. 이러한 경우 노즐, 스프루, 러너, 게이트의 단면적을 넓히고, 또한 길이를 단축시키고 캐비티의 살두께를 허용되는 범위내에서 늘리거나, 게이트의 위치 변경이나 보조 러너를 설치하는 것이 효과적이다. 금형 온도가 지나치게 낮으면 유동 저항은 커지므로 주의하여야 한다.

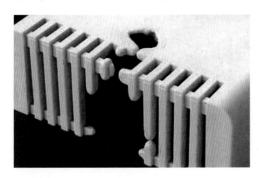

그림 5-3 충전 부족

표 5-4 충전 부족의 불량 원인

동 식 물 유	불 량 원 인
성　　　　형　　　　기	사출능력(용량, 가소화능력)이 부족하다. 재료의 공급이 부족하다. 사출 압력이 낮다. 수지온도가 낮고 유동성이 나쁘다. 사출속도가 너무 느리다. 노즐부의 저항이 크고 압력 손실이 크다. 재료의 낙하와 스크루에의 흡입이 불량하다.
금　　　　　　　형	게이트의 밸런스가 불량하다. 게이트, 러너 및 스크루가 너무 작다. 금형 온도가 낮다. 캐비티 내의 공기가 잘 빠지지 못한다. 캐비티의 살두께가 너무 얇고, 콜드 슬러그가 막힌다. 금형의 냉각이 부적당하다.
재　　　　　　　료	재료의 흐름이 나쁘다. 윤활 처리가 부적당하다.

2. 플래시(flash)

플래시는 금형의 파팅 라인, 코어의 분할면, 부시, 이젝터 핀, 슬라이드 코어의 주위 등의 틈새에 용융 수지가 흘러 들어감으로써 성형품에 여분의 수지가 붙는 현상을 말한다.(그림 5-4)

주로 금형의 제작 단계에서 틈새가 크게 가공되어 생기는 경우가 많으며, 과대한 사출 압력으로 인하여 슬라이드 코어가 밀리거나 형판이 변형되어 생기는 경우도 있다. 또한 성형품의 생산 수량이 많은 경우에 슬라이딩 부분에 마모가 증대되어 발생하기도 한다. 〈표 5-5〉은 발생 개소별 플래시의 불량 원인을 나타낸다.

플래시의 대책으로는 우선 금형의 보수가 선결되어야 한다. 즉 맞춤면이나 슬라이딩면의 접촉 상태를 양호하게 하고 이젝터 핀, 부시는 끼워 맞춤 정밀도를 높인다. 또한 성형품의 투영 면적에 걸리는 압력이 성형기의 형체력보다 크면 금형이 열려서 플래시가 발생한다. 캐비티내의 압력은 성형 재료, 성형품의 형상, 성형조건, 금형의 구조, 성형기의 종류 등에 따라 차이가 있으나 일반적으로 $200{\sim}400(\mathrm{kg/cm^2})$의 값이 취해진다. 따라서 형체력의 부족에는 기계의 변형이 필요하다.

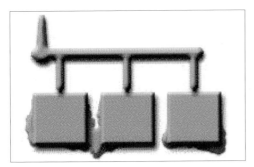 

그림 5-4 플래시

표 5-5 플래시의 불량 원인

발 생 개 소	불 량 원 인
성 형 기	사출 압력이 높거나, 사출 압력 유지 시간이 길다. 형체력이 부족하다. 재료의 공급량이 과대하다. 수지 온도가 높다.
금 형	금형의 중심이 맞지 않거나, 접촉상태가 불량하다. 금형의 분할면이 이물질이 부착해 있다. 캐비티의 투영 면적이 과대하다.
재 료	성형시의 수지 점도가 너무 낮다.

3. 싱크 마크(sink mark)

　모든 성형품은 성형 후 체적이 감소해 가면서 고화된다. 이 때 성형품의 표면에 부분적으로 발생하는 오목 현상을 싱크 마크라 하며 (그림 5-5), 성형 불량 현상 중 가장 발생률이 높고 바람직하지 못한 것이다.

　금형내에 주입된 용융 수지가 냉각될 때 일어나는 수축은 당연히 금형에 접하는 표면이 빨리 냉각되어 수축한다. 내부는 냉각이 늦게 됨에 따라 빨리 수축하는 쪽으로 수지는 움직이고, 늦게 수축하는 부분은 수지량이 부족해서 싱크 마크가 발생한다. 〈표 5-6〉은 싱크 마크의 불량 원인을 나타낸다.

　싱크 마크의 발생이 두꺼운 살부분에 많고 재료의 수축, 냉각 속도에 차가 있는 점을 고려해서 대처하면 된다. 살두께는 가급적 균일하게 설계하며, 필요에 따라 리브, 보스 등의 부분적으로 두껍게 되는 성형품의 경우라도 될 수 있는 대로 작게 한다. 금형의 냉각 홈은 충분히 뚫고 균일하게 함과 동시에 싱크 마크가 발생하기 쉬운 장소는 냉각을 강력하게 할 필요가 있다. 또한 금형내에 압력이 성형품 전체에 전달되도록 게이트, 러너의 단면적을 크게 하고 사출 유지 시간을 길게 한다.

그림 5-5 싱크마크

표 5-6 싱크 마크의 불량 원인

발 생 개 소	불 량 원 인
성　　형　　기	사출압력이 낮거나, 사출 압력 유지시간이 짧다. 사출 속도가 느리다. 재료의 공급량이 적다. 수지온도가 너무 높다. 노즐부의 저항이 크고, 압력 손실이 크다.
금　　　　형	금형온도가 너무 높거나 또는 불균일하다. 게이트, 러너, 스프루가 가늘고 저항이 크다. 캐비티에 두꺼운 부분이 있다.
재　　　　료	수지의 흐름이 너무 양호하다. 재료의 수축률이 크다.

4. 웰드 라인(weld line)

　용융된 수지가 금형의 캐비티내에서 분기하여 흐르다가 합류한 부분에 생기는 가는 선을 말한다. 한개의 게이트로 흐르게 해도 도중에 구멍이 있거나, 인서트가 있거나, 편육이 있을 때에 발생한다.(그림 5-6) 두개 이상의 게이트로 성형할 경우도 포함시켜서, 게이트의 위치를 변경시켜서 눈에 띄지 않는 장소로 이동시키는 이외에 방법이 없다. 〈표 5-7〉은 발생 개소별 웰드 라인 현상의 원인이다.

　웰드 부분은 융합이 완전하지 않기 때문에 강도가 저하함으로 설계시에 고려해야 한다. 웰드 라인은 공기나 휘발분이 들어가서 발생하는 경우가 많으므로, 합류부 말단에 에어벤트를 붙인다. 또한 게이트의 위치를 바꾸어서 눈에 띄지 않는 위치로 이동시키는 외에 사출 속도를 빠르게 하거나 금형 온도, 수지 온도, 사출 압력을 올리는 등으로 웰드 라인을 최소화시켜야 한다.

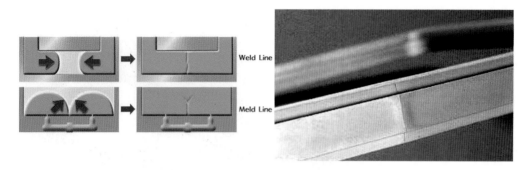

그림 5-6 웰드 라인

표 5-7 웰드 라인의 불량 원인

발 생 개 소	불 량 원 인
성 형 기	수지온도가 낮고, 유동성이 부족하다. 사출압력이 낮다. 사출 속도가 느리다.
금 형	게이트부에서 웰드부까지의 흐름이 너무 길다. 금형온도가 너무 낮다. 게이트의 위치나 수가 부적당하다. 이형제의 사용이 너무 많다.
재 료	재료중에 수분이나 휘발분이 포함되어 있다. 수지의 흐름이 나쁘다. 재료의 고화가 나쁘다.

5. 플로 마크(flow mark)

용융 수지가 캐비티 안에 충전되면서 유동 궤적을 나타내는 줄무늬가 생기는 현상 (그림 5-7)으로서, 게이트를 중심으로 동심원 모양으로 발생한다. 이것은 금형내에 최초로 유입한 수지의 냉각이 너무 빠르므로 다음에 흘러 들어오는 수지와의 사이 에 경계가 생겨서 발생한다고 생각된다. 〈표 5-8〉는 플로 마크의 불량 원인을 나타 낸다.

대책으로는 수지 온도, 금형 온도를 올려서 수지의 점도를 내림과 동시에 유동성 을 좋게 하여 사출 속도를 빠르게 한다. 또한 수지가 과냉되는 것을 막고 스프루 러 너, 게이트를 크게 하고 슬러그 웰을 붙인다.

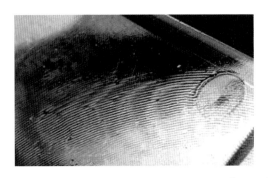 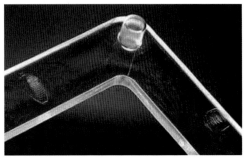

그림 5-7 플로 마크

표 5-8 플로 마크의 불량 원인

발 생 개 소	불 량 원 인
성 형 기	실린더의 온도가 낮다. 보압 및 보압시간이 불충분하다. 사출속도가 느리다.
금 형	금형온도가 낮다. 스프루겅, 런너, 게이트가 작다. 게이트의 형상 및 위치가 부적당하다.
재 료	재료의 유동성이 나쁘다.

6. 태움(burn)

태움은 금형내의 공기가 압축되어서 고온으로 되어, 그 열로 수지가 타는 현상(그림 5-8)을 말하며 용융 수지가 금형내를 흐를 때 금형내의 공기가 빠지는 길이 없는 장

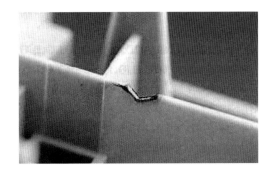 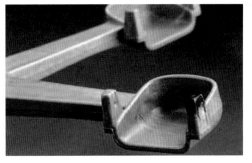

그림 5-8 태움

소나 웰드 라인이 발생하는 부분에서 에어 벤트가 없을 때에 검게 숯 모양으로 탄다.

이것은 발생하는 장소에 에어 벤트를 설치하는 것이 가장 효과적인 수단이다. 또 수지 온도를 내리고, 사출 속도를 늦추어서 금형내의 공기가 밖으로 나가는 여유 시간을 주는 것도 유효한 대책이다.

그러나 수지의 유동성이 저하해서 충전 부족이나 플로 마크를 발생하는 경우가 있으므로 주의하여야 한다.

7. 광택 불량

성형품의 표면이 수지 본래의 광택과 다르고 층상에 유백색의 막이 덮여서 안개가 낀 것과 같은 상태로 되는 현상을 말한다. (그림 5-9 참조)

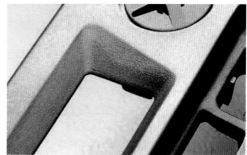

그림 5-9 광택불량

〈표 5-9〉에 그 발생 원인을 나타내었다.

대책으로는 금형면을 연마하고, 경질크롬 도금을 하는 것도 좋다. 금형 온도를 높일수록 광택은 좋아지며, 윤활제나 이형제를 과도하게 사용하면 수지 온도로 기화하고 금형면에 응축해서 흐르게 되거나, 금형과 수지의 밀착이 불충분해져서 광택 불량이 되므로 적량으로 조정해서 사용해야 한다.

표 5-9 광택 불량의 불량 원인

발 생 개 소	불 량 원 인
성 형 기	수지의 용융이 불균일하고, 부분적인 과열이 있다. 노즐이 작거나 식어 있다. 사출속도가 너무 느리거나, 너무 빠르다. 실린더 내의 체류 등으로 수지가 과열해 있다.
금 형	금형 온도가 너무 높거나 너무 낮다. 게이트, 러너, 스프루의 단면적이 작다. 캐비티의 끝 다듬질이 부족하다. 금형면에 물이나 기름이 부착해 있다. 이형제의 사용이 너무 많다.
재 료	재료 중에 수분이나 휘발분이 섞여 있다. 다른 재료가 섞여 있다.

8. 은줄(silver streak)

성형품의 표면 또는 표면 가까이에 수지의 흐름 방향으로 발생하는 매우 가는 선의 다발로, 투명 재료에서 은백색의 선으로서 흔히 보이는 현상이다. (그림 5-10 참조)
폴리카보네이트, 폴리염화비닐, AS수지 등에 흔히 발생한다. 〈표 5-10〉은 은줄의 불량원인이다.

 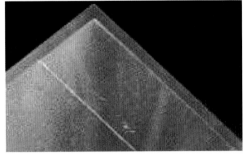

그림 5-10 은줄

표 5-10 은줄의 불량 원인

발 생 개 소	불 량 원 인
성 형 기	사출용량 및 가소화 능력이 부족하다. 수지가 실린더내에 체류 등으로 과열해 있다. 사출속도가 너무 빠르다. 사출 압력이 너무 높다.
금 형	금형 온도가 낮다. 게이트, 러너, 스프루 또는 슬러그 웰이 작다. 배기가 부적당하다.
재 료	재료 중에 수분이나 휘발분이 있다. 실린더내에 공기가 혼입한다.

대책으로는 수지 중의 수분이나 휘발분은 은줄로 될 뿐만 아니라, 플로 마크, 광택 불량이나 기포 발생의 불량 현상도 함께 발생하므로 재료를 충분히 건조시켜야 한다. 건조는 재료의 연화점 이하에서 하며, 일반적으로 80~85℃에서 3~4 시간이 적당하다. 또한 실린더내의 재료 퍼지(purge)는 물론 이종 재료의 혼입에 주의한다. 수지 온도를 내리고, 금형 온도를 올려 윤활제 등의 사용량을 조정하며, 가스도 충분히 뺀다.

9. 흑줄(black streak)

흑줄은 성형품의 내부 또는 표면에 수지나 수지 중의 첨가제 또는 윤활제가 열분해하고 공기가 말려 들어가 타서 검은 줄 모양으로 되어 나타나는 현상이다. (그림 5-11) 〈표 5-11〉는 흑줄의 불량 원인이다.

그림 5-11 흑줄

표 5-11 흑줄의 불량 원인

발 생 개 소	불 량 원 인
성　　형　　기	수지가 실런더 내의 체류 등으로 과열되어 있다. 실린더 온도가 너무 높다. 사출 압력이 높다. 사출 속도가 빠르다.
금　　　　형	게이트 부에서의 마찰로 과열 분해한다. 배기가 부적당하다.
재　　　　료	윤활제가 너무 많다. 재료 중에 이물질이 혼입해 있다.

실린더 내부나 스크루에 흠이 있으면 마찰열도 가해져서 산화되어 검은 이물이 되고, 수지에 섞여서 검은 줄이 되므로 주의하여야 한다. 이 대책에는 충실한 관리가 요구된다. 또한 금형의 공기 빼기를 충분히 하고 사출 속도를 늦추고, 수지 온도 및 사출 압력을 내린다.

10. 기포

기포는 성형품의 내부에 생기는 공간으로서, 그 생성 과정에 따라 성형품의 비교적 두꺼운 부위에 생기는 진공포와 수분이나 휘발분에 의해 발생하는 기포가 있다.

(그림 5-12) 진공포는 성형품이 식어서 수축되어 갈 때 두꺼운 부위의 외측이 먼저 고화하기 때문에 늦게 고화하는 두꺼운 부위의 중심은 수지 용적이 부족한 채 고화를 완료하므로 공간이 생기게 된다. 이 공간을 단순한 기포와 구분해서 일반적으로 핀홀(pin hole)이라고 한다. 이 핀홀은 생성 과정으로 봐서 수축 때문에 발생하며, 체적 수축이 큰 폴리올레핀, 폴리아세탈에 많이 생긴다. 〈표 5-12〉은 기포의 불량 원인

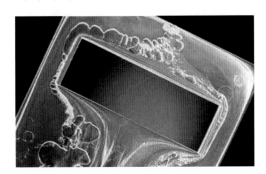

그림 5-12 기포

이다. 핀홀과 기포는 투명한 성형품에서는 절대로 피해야 하는 것이지만 착색, 불투명품에서는 지장이 없는 경우가 많다. 핀홀의 개선에는 스프루, 러너, 게이트의 단면적을 크고 짧게 설계한다. 플래시가 발생하지 않는 범위에서 사출 압력을 높이고, 충분히 유지시간을 준다. 유동성이 나쁜 재료는 금형 온도를 높인다. 이 개선책은 싱크마크의 발생과 상반 관계가 있어서 양립하기 어렵다.

기포의 대책으로는 재료를 건조시켜서 수분이나 휘발분을 제거해서 사용함과 동시에 윤활제나 이형제의 과다한 사용을 피하고, 캐비티내의 공기 빼기를 충분히 한다.

표 5-12 기포의 불량 원인

발 생 개 소	불 량 원 인
성 형 기	사출 압력이 낮다. 수지 온도가 낮고, 유동성이 부족하다. 사출 속도가 너무 빠르다. 수지 온도가 높고, 가스가 발생한다. 살두께가 두껍거나 급격한 살두께의 변화가 있다.
금 형	금형 온도가 낮다. 게이트, 러너, 스프루의 단면적이 작다. 공기 빼기가 부적정하다.
재 료	재료의 수축률이 크다. 재료 중에 수분이나 휘발분이 섞여 있다.

11. 제팅(jetting)

게이트에서 캐비티에 분사된 수지가 끈 모양의 형태로 고화해서 성형품이 표면에 꾸불꾸불한 모양을 나타내는 현상 (그림 5-13)을 말하며, 이 제팅은 사이드 게이트

게이트에서 부터 발생 된 제팅

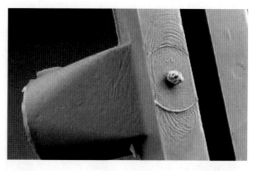

게이트 주위에 발생한 제팅

그림 5-13 제팅

에서 콜드 슬러그 웰이 없는 금형으로, 게이트에서 캐비티로 유입하는 수지의 유속이 너무 빠르고, 또한 유로가 너무 길면 생기기 쉽다.

대책으로는 게이트의 위치를 재료의 두께 방향으로 캐비티 벽에 근거리에서 닿도록 설치한다. 또 사이드 게이트에서는 콜드 슬러그 웰을 붙인다. 게이트부의 재료 유속을 느리게 하기 위해 게이트 단면적을 넓히거나 성형기의 노즐 온도의 저하를 막는다.

12. 크레이징과 크랙(crazing and crack)

성형품의 표면에 가는 선 모양의 금이 가거나 균열하는 것 (그림 5-14)을 말한다. 이 현상은 성형 직후에 나타나거나 냉각되어 가는 과정에서 잔류 응력에 의해 발생하기도 한다.

크레이징은 용융 수지가 캐비티에 충전될 때, 그 표면은 냉각되어 고화 또는 고점도층이 되지만 중심부는 아직 온도가 높아 저점도층이 되어 그 사이에 전단력이 생겨서 잔류 응력을 내장한다. 잠시 후 재료의 탄성 한계 이상이 되었을 때 가는 금이 되어서 나타난다. 이 잔금이 더욱 진행되어 보다 커진 상태가 크랙이다. 〈표 5-13〉는 크레이징과 크랙의 원인을 나타낸다.

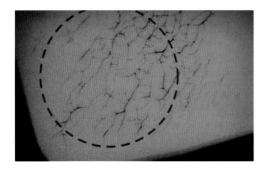 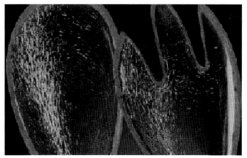

그림 5-14 크레이징과 크랙

표 5-13 크레이징과 크랙의 불량 원인

발 생 개 소	불 량 원 인
성 형 기	사출 압력이 너무 높다. 수지 온도가 낮고, 유동성이 부족하다.
금 형	금형 온도가 낮다. 캐비티의 설계가 불량(내부응력의 집중현상)하다. 이젝팅이 부적당하다. 금속 인서트 사용이 부적당하다.

성형품을 옥외에 방치하거나, 도장이나 접착용 용제에 담그거나 조립 고정을 하면 크레이징이나 크랙이 발생하는 것도 대부분이 내부 응력에 기인한다. 내부 응력은 투명한 성형품에서는 편광 광선을 쪼이면 무지개 모양의 줄무늬로서 볼 수가 있고 줄무늬의 조밀도 잔류 변형의 대소를 판정하면서 대책을 세우면 효과적이다.

금형 및 제품 설계가 나쁘고 급격한 살두께의 변화, 코너 부분에 날카로운 각, 나사나 재료의 흐름이 갑자기 바뀌는 곳이 있으면 난류를 일으켜 응력이 생겨, 크레이징의 원인이 되므로, 살두께는 서서히 변화시키고, 코너 부분은 곡률을 충분히 취하여야 한다.

금형의 연마가 나쁘거나 빼기 구배가 부족하거나 언더컷이 있을 때는 이형하기 어렵고, 이젝터 핀에 의해 밀리는 부분이 백화나 크랙을 일으키는 경우가 있으므로 금형의 보수를 요한다.

13. 변형

성형품의 변형은 성형 수축에 의해 발생하는 잔류응력, 성형 조건에 의해 발생하는 잔류응력, 이형시에 발생하는 잔류응력 등이 영향을 주어서 발생하며, 크랙의 발생도 같은 원인이다.

강성이 높은 재료를 사용했을 때는 잔류응력이 있어도 큰 변형은 발생하지 않으나 폴리에틸렌이나 폴리프로필렌은 가소성이 있고, 성형수축률이 크기 때문에 변형이 크다.

성형품의 변형에는 여러 가지 형태가 있으며, 대별하면 휨, 구부러짐, 비틀림의 3종이다. 특히 비틀림 현상은 폴리에틸렌, 폴리프로필렌에서 깊이가 얕은 판 모양의 성형품에 많다. (그림 5-15) 〈표 5-14〉는 변형의 원인을 나타낸다.

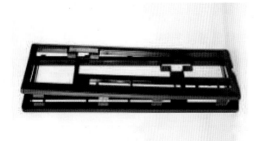

- 형상에서 오는 수축에 의해 발생하는 변형이 일어나는 현상.
- 성형품의 휨은 일반적으로 성형품의 설계에 원인이 있는 경우가 많다

그림 5-15 변형

표 5-14 변형의 불량 원인

발 생 개 소	불 량 원 인
성　　　형　　　기	사출 압력이 높다. 수지 온도가 낮고, 유동성이 좋지 않다. 사출 속도가 너무 느리다.
금　　　　　　형	이젝터가 부적당하거나 이형이 나쁘다. 냉각이 불균일하거나 불충분하다.

휨에는 상자 모양의 성형품을 성형했을 때 측벽이 안쪽으로 들어가는 휨, 리브가 있는 성형품에서 리브쪽으로 젖혀지는 오목 휨과 그 반대로 젖혀지는 볼록 휨, 그리고 게이트측으로 젖혀지는 오목 휨 등 여러 가지이다.

상자형 성형품의 안쪽 휨일 때는 코어의 냉각이 충분히 되도록 냉각수 홈을 배치한다. 또 구조적으로 보강해 두는 의미에서 주위에 리브를 붙이거나 단을 설치하는 것도 좋고, 금형 설계시에 외측으로 볼록하게 라운드를 주는 것도 좋다. 이 경우 측벽 길이 중심의 볼록이 측벽 길이의 1/80~1/100 정도이다.

리브는 반드시 휨의 원인이 되는 것은 아니지만, 리브의 두께, 높이에 따라 휨이 생긴다. 본체의 살두께보다 얇고 높은 리브의 경우, 리브 부분은 본체보다 급냉되어 리브 치수가 본체보다 길어져서 리브쪽이 볼록해져서 젖혀지고, 두껍고 낮은 리브의 경우는 리브쪽이 서냉되어 리브쪽이 오목해져서 젖혀진다. 따라서 금형의 냉각에 주의함과 동시에 리브의 살두께, 높이 등의 수정도 필요하다.

구부러짐은 가늘고 긴 통 모양의 성형품에서 흔히 발생한다. 예를 들면 볼펜의 축이나 잉크가 든 심에 발생한다. 수지가 캐비티를 흐를 때 가늘고 긴 코어가 압력에 못견디어서 움직이므로 살두께가 불균일한 성형품이 되고, 성형품 전체가 살두께가 두꺼운 쪽으로 구부러진다.

대책으로는 유동성이 좋은 수지를 고온에서 사출압력을 내려서 성형하면 되고, 게이트는 팬 게이트나 서브마린 게이트가 좋다.

뒤틀림은 고밀도 폴리에틸렌을 센터게이트에서 성형할 경우에 가장 현저하게 나타나는 변형이다. 폴리프로필렌에서도 평판 또는 이것에 가까운 형상의 성형품인 경우에 이방향의 수축률보다 클 경우에 일어나는 현상이다.

대책으로는 흐름 방향 및 직각 방향의 수축률이 교차하는 점의 수지온도 이상의 온도로 성형한다.

14. 이젝팅 불량

성형품이 금형의 고정측에 붙거나 가동측에 붙어 이젝팅되지 않는 경우로서, 성형품이 고정측에 붙는 경우는 매우 심각한 일이며, 양산이 불가능하므로 그 원인을 잘 분석하여 대책을 세워야 한다. 이젝팅 불량은 러너나 스프루에 생기는 경우도 있으며, 성형품에 변형, 크레이징, 크랙 및 백화 현상을 동반하는 경우가 있다. (그림 5-16 참조)

〈표 5-15〉은 이젝팅 불량의 원인을 나타낸다.

대책으로는 캐비티, 게이트, 러너, 스프루 등 수지의 유로를 잘 연마하고, 뽑기 구배를 크게 취하는 등으로 이형 저항을 작게 한다. 또한 사출 압력, 수지 온도, 금형 온도를 내리고 과충전을 피한다.

 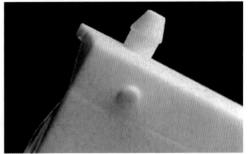

그림 5-16 이젝트 불량

표 5-15 이젝트 불량 원인

발 생 개 소	불 량 원 인
성　형　기	사출 압력이 높다. 수지 온도가 높고, 유동성이 너무 좋다. 사출 시간이 길고, 재료 공급량이 너무 많다. 금형온도가 높다.
금　　　형	냉각 불충분으로 성형품이 금형에 부착한다. 노즐 구멍이 스프루 구멍보다 크다. 캐비티의 측면 구배가 작고, 다듬질 상태가 불량하다. 이젝팅이 부적당하다. 스프루의 지름 테이퍼의 과소 및 다듬질 상태가 불량하다.

15. 표층 박리

성형품이 운모와 같은 얇은 층으로 되어서 벗겨지는 현상을 말한다. (그림 5-17) 이 원인은 서로 다른 재료의 혼입이다. 즉 폴리올레핀에 ABS수지, 폴리스티렌, AB수지 등을 혼입하거나, 같은 성형기로 상용성이 나쁜 수지를 교차하여

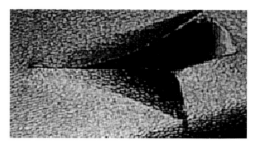

그림 5-17 표층 박리

사용할 때에 발생한다. 특히 교차하여 사용할 때는 실린더, 스크루, 헤드 부분에 붙어 있는 것이 성형중에 간헐적으로 벗겨져서 혼입하기 쉬우므로 충분히 청소해야 한다.

또한 용융 수지의 온도가 극단으로 낮은 경우에는 같은 종류의 재료라도 유동의 표면층과 내부가 엇갈림이 생겨서 표층 박리가 생기는 경우가 있으므로 성형 온도의 관리를 충분히 해야 한다.

익힘문제

1. 사출 성형제품의 표면이 분화구 형태로 생긴 불량을 무엇이라 하는가?

2. 성형 조건 중 사출 압력 및 사출속도가 성형품에 미치는 영향을 설명하시오.

3. 성형 불량 중 충전 부족의 발생 원인을 쓰시오.

4. 플래시(flash)의 발생 원인과 그 개선 대책에 대해 쓰시오.

5. 웰드 라인의 발생 원인과 그 개선 대책에 대해 쓰시오.

6. 기포의 발생 원인과 그 개선 대책을 쓰시오.

7. 수지가 금형내의 핀이나 코어의 주위를 흘러서 합류하기 때문에 생기는 현상은?

8. 착색제로 쓰이는 색소의 종류를 들고, 갖추어야 할 조건을 설명하시오.

9. 사출 압력을 높일 경우 개선되는 불량 현상을 쓰시오.

10. 수지 온도를 높게 할 경우 좋아지는 현상과 나빠지는 현상을 쓰시오.

11. 금형 온도를 높게 할 경우 좋아지는 현상과 나빠지는 현상을 쓰시오.

12. 콜드 슬러그 웰이 부족하면 생길 수 있는 불량 현상은 어떤 것이 있는가.

13. 언더컷이 있는 성형품을 강제 빼기하기에 적합한 성형 재료는?

14. 플라스틱 도장의 특징을 쓰시오.

15. 진공 증착을 간단히 설명하시오.

16. 제팅의 현상을 설명하시오.

제6장

사출 금형의 설계

사출 금형의 설계

제1절 사출 성형용 금형의 설계 조건과 설계 순서

성형품 설계란 아이디어를 구체화하는 첫걸음이고, 금형 설계 및 제작은 아이디어를 대량 생산화하는 수단이다. 따라서 성형품 설계와 금형 설계는 매우 밀접한 관계가 있다. 그러므로 성형품 설계자와 금형 설계자 간의 자세한 검토와 확인이 무엇보다 필요하고, 확인 누락에 의한 여러 가지 트러블의 발생이 없도록 금형 계획을 세우고 순서에 따라 작업을 진행해야 한다.

1. 금형 설계 조건

사출 성형용 금형은 성형품을 능률적으로 좋은 품질을 대량 생산할 수 있는 장치이다. 따라서 사출 성형용 금형이 이와 같은 기본 기능을 갖추기 위해서는 성형품의 형상과 사용되는 플라스틱의 특성이 고려되어야 하고, 금형 설계도 우수해야 한다.

또한 우수한 금형 설계를 하기 위해서는 다음과 같은 조건들이 충족되어야 한다.

(1) 성형품에 요구되는 형상과 치수 정밀도를 주는 구조이어야 한다.

(2) 성형 능률이 좋고, 생산성이 높은 구조이어야 한다.

성형 능률이 좋으면 성형 사이클을 단축할 수 있고, 성형품 원가도 낮출 수 있다. 이렇게 하기 위해서는 고속 사출이 되어야 하며, 빠른 냉각과 이젝팅이 신속하고 확실하게 되어야 한다.

(3) 성형품의 다듬질 작업 또는 2차 가공이 적어야 한다.

플래시(flash)가 발생되지 않고 러너, 게이트의 제거가 용이하며, 구멍뚫기 등의 2차 가공이 없는 구조이어야 한다.

(4) 금형 제작이 용이하고 제작비가 싼 구조이어야 한다.

제작이 쉽고 가장 적은 공정수로 가공할 수 있는 금형 구조이어야 한다.

(5) 고장이 적고 수명이 긴 금형 구조이어야 한다.

　　마모, 손상이 적고 장시간의 연속 운전에도 견딜 수 있어야 한다.

　위와 같은 조건들을 갖추어야 좋은 금형 설계라고 할 수 있으며, 이것은 생산성을 향상시키고 낮은 금형 유지보수 비용과 성형품 품질 향상의 요인이 된다.

2. 금형 설계 순서

　우수한 사출 성형 금형 설계를 위하여 설계자는 성형품의 설계와 사용 성형기의 사양을 검토하고, 성형 작업 방법에 대한 사용자의 희망 사항 등을 검토한 다음, 관계자와의 최종 협의를 거쳐 본설계에 착수해야 한다.

가. 사전 검토
(1) 성형품 설계의 검토

　성형품 사용 목적에 만족하는지 사용 수지, 수축률, 투명도, 치수공차, 다듬질 정도, 성형품 조립시 외관 등을 검토한다.

(2) 사용 성형기의 확인

　사출 성형기의 형식, 사출량, 형체력, 다이 플레이트의 크기 및 타이바 간격, 로케이트 링 치수, 노즐 선단의 구멍 직경 및 구면의 R 치수, 이젝터, 스트로크, 이젝터 로드 직경, 최대 형두께, 최소 형두께, 형체 스트로크를 검토한다.

(3) 성형 작업 방법에 대한 검토

　반자동 성형인가, 전자동 성형인가, 러너의 방법, 성형품 구멍 처리 방법, 언더컷 처리 방법, 예정 성형 조건(사출 압력, 사출 속도, 수지 온도, 금형 온도) 등을 검토한다.

나. 금형의 구조 설계
(1) 캐비티와 코어의 위치 결정

　캐비티를 고정측에 설치할 것이가, 가동측에 설치할 것인가를 결정한다. 특히 성형품의 외관 품질에 영향을 끼치는 게이트 자국의 허용 장소, 이젝터 자국의 허용 장소 등을 고려해서 결정한다.

(그림 6-1)은 게이트 자국의 위치를 나타낸 것이다.

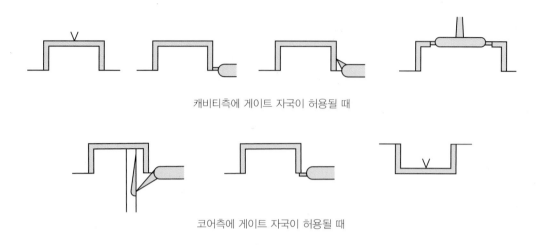

캐비티측에 게이트 자국이 허용될 때

코어측에 게이트 자국이 허용될 때

그림 6-1 게이트(gate) 자국의 위치

(2) 캐비티 수와 배열의 결정

일반적으로 성형품 생산 수량이 적을 때, 형상이 클 때, 높은 정도를 요구할 때 등은 한 개 캐비티로 하고, 생산량이 많은 경우와 단가(cost)를 싸게 할 경우는 다수개 캐비티로 한다.

다수개 캐비티로 할 때에는 동시에 충전할 수 있는 캐비티 배열로 하지 않으면 냉각, 게이트 밸런스에서 성형품이 불균일하고, 제품의 정밀도에 차이가 많으며, 성형성의 저하 등 좋지 않은 조건이 동반되므로 충분한 검토와 주의가 요구된다. 따라서 캐비티를 배열할 때는 다음과 같은 점에 유의해야 한다.

① 캐비티가 한쪽으로 치우치지 않도록 한다. 특히 다종 동시 성형인 패밀리(family) 금형에서는 그 배열을 충분히 검토하여 균형을 잃지 않도록 해야 한다. 한쪽으로 치우치면 형체력이 균형을 잃어 플래시(flash) 발생의 원인이 된다.

② 스프루에서 게이트까지의 거리가 가능한 한 같은 거리가 되도록 한다. 즉, 게이트와 러너의 거리에 의한 밸런스가 되도록 한다.

③ ②의 방법이 채용되지 않을 때는 게이트의 대소를 수정하여 균형되게 충전되도록 한다.

(3) 파팅 라인, 러너, 게이트의 결정

파팅 라인의 설정은 성형품 설계 시점에서 정해지지만 다시 한 번 검토하여 선정하고, 또한 사용하는 수지와 성형품의 형상에 가장 적당한 게이트와 러너를 선택하여 위치를 결정한다.

파팅 라인, 러너, 게이트의 결정에 의해서 금형의 기본 구조가 정해진다. 따라서 플래시(flash)가 발생되는 위치, 외관상의 문제점에 대처하는 후가공의 방법도 결정된다.

(4) 언더컷의 처리와 이젝터 방법의 결정

성형품에 언더컷 부분이 있을 때에는 어떤 방법으로 성형해서 이젝팅하는가를 생각해야 한다. 언더컷 처리 방법으로는 분할형, 사이드 코어형, 나사형 등의 구조를 생각할 수가 있다. 이젝팅 방법에는 일반적으로 많이 사용되고 있는 핀 이젝터 방식이 있지만, 성형품에 핀 자국이 있으면 안 될 경우에는 스트리퍼 플레이트 방식을 사용하면 좋다. 그 외에도 슬리브와 공기 이젝터 등 여러 가지 방법이 있다. 이들 중에서 가장 적절한 것을 선택해서 결정한다. 또한 스프루 로크 방식은 스프루 로크 핀을 사용하는 방식이 일반적으로 많이 쓰인다.

(5) 온도 조절 방법의 결정

충전된 수지를 잔류 응력이 남지 않도록 균일하게 고화시키기 위해서는 금형의 온도 조절이 대단히 중요하다. 이것은 성형품의 중량, 사용 수지, 수지 온도, 금형 온도, 성형 사이클, 금형 강재에 따라 사용하는 냉매를 결정함으로써 계산식에 의해 냉각 구멍의 크기, 구멍의 위치, 냉매 입구 온도, 유량을 결정한다. 단, 한 번으로 결정되는 일은 드물고, 캐비티 코어의 고정 방식, 부분 코어의 고정 방식, 이젝터 장치의 위치 등에 의하여 구멍 위치가 변경되지 않으면 안 되는 예가 많으므로 가능한 한 냉각 구멍 위치에 가깝게 가공하여야 한다.

다. 금형 대략의 치수 결정

금형 강도 계산식에 의하여 소요의 두께를 구한다. 캐비티 내의 수지 압력에 충분히 견딜 수 있는 두께를 결정하는 것이 좋지만, 안전계수를 너무 크게 설정하면 금형이 필요 이상으로 커지는 수가 있으므로 유의해야 한다.

(1) 캐비티 측벽 두께의 결정

각형 캐비티, 원형 캐비티 각각의 계산식에 의해서 측벽의 두께를 결정한다.

(2) 가동측 형판 두께의 결정

형판 두께가 크게 되는 경우에는 중앙에 서포트(support)를 넣어서 판두께를 적게 하는 것이 판두께를 줄이기 위해서 필요하다.

(3) 금형 두께 및 형판 크기의 검토

성형품의 크기에서 캐비티 측벽 두께를 더한 것이 형판의 크기가 되며, 성형기에 고정할 수 있는지의 여부를 검토한다.

금형 두께 치수의 구성은 (그림 6-2)와 같다

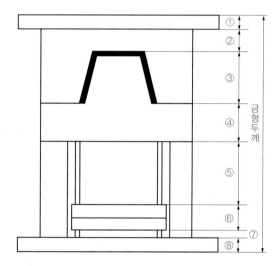

① 고정측 설치판   ② 캐비티 바닥 두께
③ 성형품 깊이   ④ 코어 형판 두께
⑤ 이젝터 스트로크   ⑥ 이젝터 플레이트 두께
⑦ 스톱 핀 높이   ⑧ 가동측 설치판

그림 6-2 금형 두께 치수의 구성

(4) 금형 구조 설계에 대하여 사용자의 승인을 얻는다.

(5) 금형 설계 완료 예정일을 결정한다.

(6) 재료 및 주요 부품의 대략적인 공정도를 작성한다.

(7) 주요 부품도, 일반 부품도의 순서로 도면을 작성한다.

(8) 금형 제작의 용이화를 위해 설계를 재검토한다.

각 부품의 기계 가공, 다듬질 가공, 조립이 용이하도록 재검토한다.

(9) 금형 설계시 유의사항

① 설계한 금형 구조에 대하여 반드시 사용자의 승인을 얻는다.

② 금형 설계 완료 예정일을 정하고, 설계 순서에 따른 일정을 정한다.

③ 주요 부품도, 일반 부품도를 작성한다.

　일반적으로 주요 부품은 사용자의 승인에 따라 금형 사양서에 따라 설계하고 도면을 작성한다. 일반 부품은 표준 부품을 많이 사용하도록 한다.

④ 금형 제작상 지켜야 할 사항을 명확히 한다.

⑤ 설계를 재검토한다.

　금형 설계를 착오 없이 하기 위한 금형의 설계 사양과 체크 리스트를 준비한다.

(10) 사출 금형의 설계 사양과 체크 리스트

　금형을 설계하기 위해서는 사용자의 제반 요구 사항을 파악하여야 한다. 이 때문에 수주 결정과 동시에 상대방(거래처)의 기술자와 협의를 한다. 이때에 충분히 검토했을지라도 설계시 어려움이 많으므로 금형 설계 사양에 자세하게 기입하여 설계를 진행하고, 설계 완료시에 이것을 체크 리스트에 작성하여 검토함으로써 좋은 설계를 할 수 있다.

3. 금형 설계의 사양서

　금형 설계 사양은 금형 설계를 하는 데 있어서 주문처의 기술자와 기술적인 타협을 하고, 검토할 때에 필요 사항을 기록하는 양식이다.

표 6-1 금형 제작 사양서 예

주문서	주문처주소		형번		도번		담당자	인
	주문처회사명							인
	납입장소							

성형품	품　　　명		기타	금 형 납 기	
	사 용 수 지 명			시 험 사 출 장 소	
	성 형 수 축 률	/1,000		금 형 가 격	
	색상 / 투명성	무색, 투명, 반투명		성 형 품 개 수	
	색상 / 색명			금 형 구 조 형 식	2매, 3매, 러너리스
	1 개 분 의 중 량	g		캐 비 티 수	개
	투 영 면 적	cm²		파 팅 라 인 지 정	
성형기	제 작 회 사 명		금형구조 / 이젝터방식	핀	핀,단붙이핀,프래트핀,접시머리
	형　　식			스트리퍼플레이트	핀 바(bar), 링크, 체인
	사 출 용 량	g		슬 리 브	슬리브,특수슬리브
	형 개 스 트 로 크	mm		공 기	
	형 체 력	ton		병 용	
	타이바간격 및 플레이트치수 / 가로	cm× cm		방 식	보통, 러너리스
	타이바간격 및 플레이트치수 / 세로	cm× cm		형상, 치수	원, 반원, 사다리꼴, 기타
	이젝터로드구멍지름	Ø mm		노 즐 방 식	연장, 반단열, 완전단열, 내부단열
	사 용 금 형 두 께 / 최대	mm		게이트 / 종류 위치	별지에 상세하게 기입한다.
	사 용 금 형 두 께 / 최소	mm		게이트 / 형상 치수	
	로케이트링구멍지름	Ø mm		언더컷처리 / 종류	사이드 코어형, 분할형
	노 즐 구 멍 지 름	Ø mm		언더컷처리 / 처리기구구조	경사핀, 경사캠, 유압, 공기압
	노 즐 - R	R mm		냉 각 가 열 방 식	
	플레이트캡구멍피치	mm		특 수 가 공 유 무	방전, 전주, CNC가공
	지 급 품	성형품 견본, 성형품 설계도, 모델, 조각원도, 성형기사양서		도 금	유무
				주 요 재 료	
				열 처 리	유무, 경도
				기 타 사 항	

이 사양은 실제 설계 때에 필요한 항목을 주문처의 기술자와 검토하여 그 결과를 기입하는 것이므로, 실제로 설계할 때에 불명확한 점이 없도록 항목을 설정해야 한다.
〈표 6-1〉에 금형 설계 사양서의 일례를 나타내었다.

4. 금형 설계의 체크 리스트

금형 설계가 끝나면 가공 조립에 필요한 치수, 다듬질 덩도, 기능상의 문제점 등이 잘못 기입되어 있는 곳은 없는가를 확인한다. 일반적인 점검 이외에도 〈표 6-2〉와 같이 구체적인 사항에 대해서도 점검해야 한다.

표 6-2 금형 설계 체크 리스트

	분 류		체 크 사 항
(1)		품 질	금형의 재질. 경도 정도 구조가 수요자의 사양에 맞추어져 있는가?
(2)		성 형 품	① 수지의 흐름, 싱크 마크, 웰드 라인 크랙, 빼기 구배 등 외관에 관계가 있는 사항에 대해서 검토되었는가? ② 성형품의 기능. 외관 등에 지장이 없는 범위 내에서 금형 가동이 검토되었는가? ③ 수지의 수축률은 바르게 적용되어 있는가?
(3)		성 형 기	① 사출량, 사출 압력, 형체력은 충분한가? ② 지정된 성형기에 금형은 정확하게 설치될 수 있는가?(설치 나사의 위치, 형의 크기, 두께) ③ 성형기의 노즐과 로케ㅣ트 링은 바르게 접촉되는가?(로케이트 링의 직경·노즐) ④ 성형품 이젝팅에 문제가 없는가?(이젝터봉 구멍의 위치, 크기)
(4)	기 본 구 조	파팅 라인	① 파탕 라인의 위치 및 가공 다듬질 정도는 충분한가? ② 플래시(flash)는 없는가? ③ 성형품은 가동형. 고정형 중 어느 쪽에 있는가, 그것은 희망하는 쪽인가?
		이 젝 터	① 이젝션 방법은 사양서에 제시한 방법에 부합되는가?(핀, 스트리퍼 플레이트, 슬리브 등 ② 핀, 슬리브의 사용 위치와 수는 적당한가? 스트리퍼 플레이트는 코어를 긁어 상처를 내지 않는가?
		온도제어	① 가열용 히터의 사용 방법과 용량은 적당한가? ② 냉각용 유로(流路)의 크기, 위치는 적당한가? ③ 온유(溫油), 온냉수(溫冷水) 냉각액 등이 어떤 구조에 의해서 순환되는가?
		언 더 컷 (under cut)처리	① 언더컷 처리 방법은 적당한가?(사이드 코어, 언더컷 핀, 래크 피니언, 에어 실린더, 기타) ② 그들 기구는 무리없이 작동되고, 이젝터 기구와 리턴 핀과 간섭은 없는가?
		러너 게이트	① 게이트의 선택은 적당한가? ② 게이트의 위치 크기는 적당한가? ③ 스프루·러너 크기는 적당한가?

분 류			체 크 사 항
(5)	설계도	조 립 도	① 각 부품의 배치는 적정한가? ② 금형의 크기는 낭비 없이 설계되어 있는가? ③ 조립도는 적정한 배치로 그려져 있는가? ④ 부품의 조립 위치가 명기되어 있는가? ⑤ 필요한 부품이 빠짐없이 기입되어 있는가? ⑥ 표제란, 기타 필요한 명기란은 기입되어 있는가?
		부 품 도	① 부품 번호, 명칭, 제작 개수는 정확하게 기입되어 있는가? ② 자체 제작, 외주(外注) 구입 구별은 기입되어 있는가? ③ 시판 부품, 표준 부품은 이용되어 있는가? ④ 끼워맞춤 정도, 끼워맞춤 기호가 기입되어 있는가? ⑤ 부품 기능에 적당한 재료가 사용되고 있는가? ⑥ 열처리, 표면 처리, 표면 다듬질의 정도는 기입되어 있는가? ⑦ 성형품에 있어서 특히 엄격한 정도가 요구되는 개소는 수정이 가능하도록 고려되어 있는가? ⑧ 필요 이상의 정고가 기입되어 있는 것은 없는가? ⑨ 도금할 경우의 도금 자리는 기입되어 있는가?
		도 법	① 도법은 명기되어 있는가? ② 현장 작업자가 알기 쉽게 그려져 있는가?
		치 수	① 작업자가 계산하지 않아도 되도록 되어 있는가? ② 숫자는 적당한 위치에 명료하고도 착오 없이 기입되어 있는가?
		기 타	① 가공 방법이 검토되고, 그것에 적합한 구조로 되어 있는가? ② 가공 조립의 기준면은 고려되어 있는가? ③ 가공은 가능하며 무리는 없는가? ④ 특수 가공 및 공정의 지시는 충분한가? ⑤ 현물 맞춤의 개소는 명기되어 있는가? ⑥ 맞대어 보기 조정 여유 지시는 하고 있는가? ⑦ 열처리, 기타 이유에 의한 변형은 최소한으로 억제되어지고 있는가? ⑧ 조립에 관해서 주의할 사항이 있으면 기입되어 있는가? ⑨ 운반에 편리한 위치에 알맞은 크기의 아이볼트용 탭의 지시는 되어 있는가? ⑩ 조립 분해가 용이하도록 홈·빼기 구멍·공칭 나사 등의 지시가 있는가?

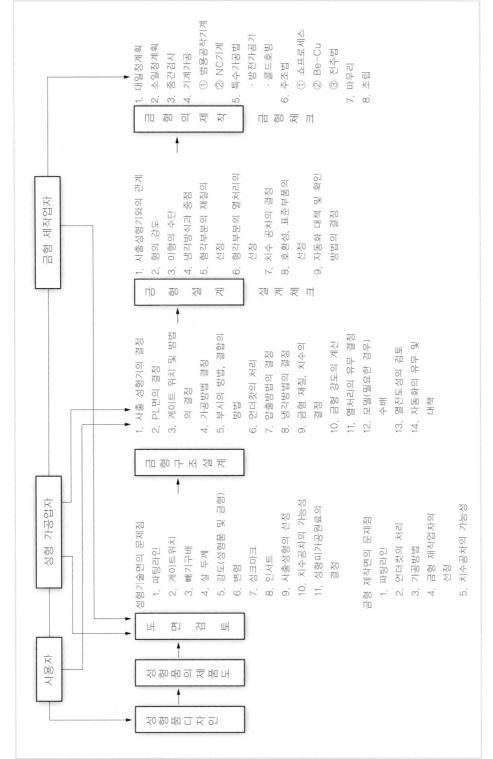

그림 6-3 성형품 설계에서 금형설계·제작의 흐름도

제2절 형판·캐비티 기구의 설계

1. 표준 몰드 베이스

금형의 주요 부품은 KS에 형상과 재질이 규정되어 있고, 이것을 기본으로 하여 여러 가지 기능 부품을 조립한 몰드 베이스(mold base)가 시판되고 있다. 이 몰드 베이스를 잘 사용하면 금형의 단가 인하, 납기 단축을 할 수 있다.

가. 몰드베이스의 종류

몰드베이스는 2매구성금형 타입과 3매구성금형 타입 2가지로 크게 나눌 수 있으며 설명의 편의를 위해 국내에서 제작하고 있는 회사의 몰드베이스를 예로 들면서 설명하고자 한다.

(1) 2매구성

2매구성 금형 타입은 다음 4가지로 나눌 수 있다. (그림 6-4 참조)

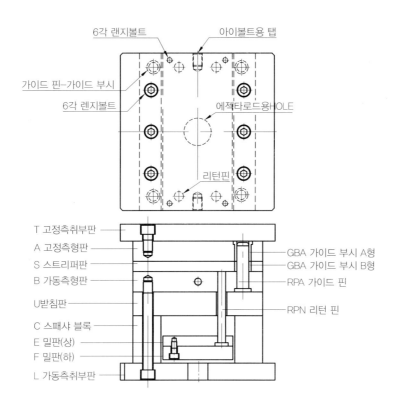

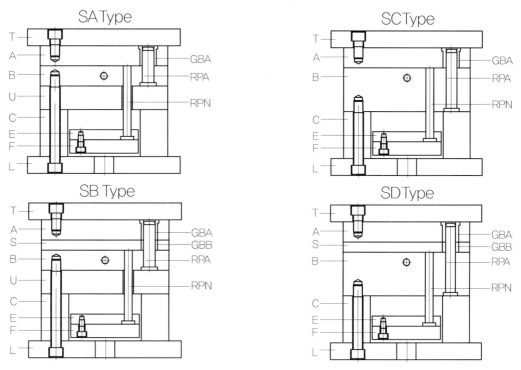

그림 6-4 2단금형 타입의 구조도(SB 타입기준)

① SA 타입 : 받침판이 있으나 스트리퍼판이 없는 타입
② SB 타입 : 받침판도 있고 스트리퍼판도 있는 타입
③ SC 타입 : 받침판도 없고 스트리퍼판도 없는 타입
④ SD 타입 : 받침판이 없으나 스트리퍼판이 있는 타입

(2) 3매구성

3매구성 금형 타입은 D타입/E타입, F타입/G타입, H타입 3가지로 대별할 수 있다.

① D타입/E타입

　　타입의 특징은 서프트핀과 가이드포스트가 별도로 되어 있는 것으로서 각 4가
　　지 형태가 있다. (그림 6-5, 6-6 참조)

　　D타입과 E타입의 차이는 D타입의 경우 런너프레이트가 있는 반면, E타입의 경
　　우 런너프레이트가 없다.

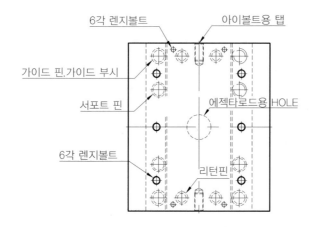

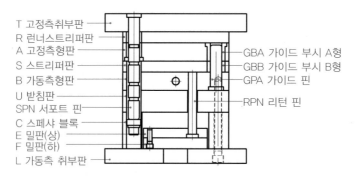

그림 6-5 3단금형 타입의 구조도(D/E 타입기준)

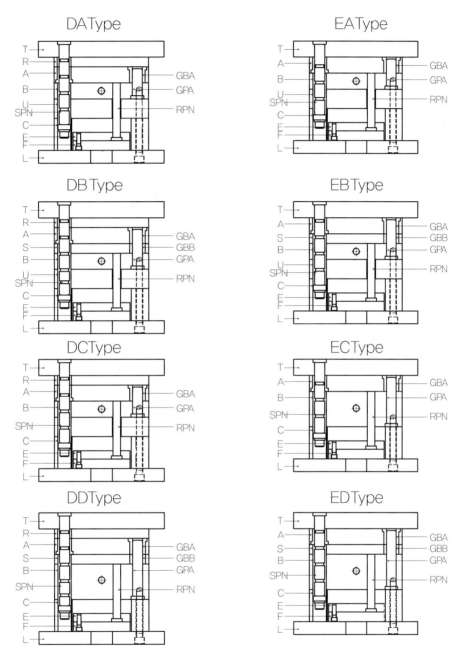

그림 6-6 DA~DD/EA~ED 타입

② DA타입/EA타입 : 받침판이 있으나 스트리퍼판이 없는 타입

③ DB타입/EB타입 : 받침판도 있고 스트리퍼판도 있는 타입

④ DC타입/EC타입 : 받침판도 없고 스트리퍼판도 없는 타입

⑤ DD타입/ED타입 : 받침판이 없으나 스트리퍼판이 있는 타입

나. 몰드베이스의 선정방법

(1) 2단 금형

2단 금형의 치수 중 대부분은 표준화되어 몰드베이스제작 회사에서 결정되어져 제작된다. 단지 성형제품과 연관된 고정측 및 가동측형판과 받침판치수, 가이드 포스트 및 밀판사양등을 결정하여 몰드베이스를 발주 한다.

① 고정측 형판 두께

　　인서트캐비티의 높이+인서트캐비티를 받치는 살의 두께

② 가동측 형판 두께

　　인서트코어의 밑면부터 파팅라인까지의 높이+(Back Plate 높이)

③ 스페이서 블록

　　제품높이+여유(5~10)+밀핀고정판높이+밀핀받침판높이+스톱핀 높이

④ 가이드 사양

　　일반적으로 가이드핀을 가동측판에 삽입하는 표준형을 많이 쓴다.

　　가이드핀을 고정측에 삽입하는 특수사양은

　　• 고정측판의 형판이 얇을 경우 가이드의 효율을 높일 때

　　• 인서트 작업시 손의 동작을 방해치 않기 위해 사용

⑤ 밀판 사양

　　• M : 밀핀고정판에 카운터보어 가공을 하여 밀핀을 조립하는 방식

　　• L : 밀핀고정판에 카운터보어 가공을 하지 않고 밀핀을 조립하는 방식.

　　밀핀의 조립턱의 높이만큼 밀핀고정판과 받침판의 틈이 생긴다.

　　일반적으로 M 타입을 많이 사용한다.

⑥ 받침판의 두께

　　받침판의 강도계산결과치수+(안전여유 10mm 이상)

(2) 3단 금형

① 고정측 형판과 가동측 형판은 제품의 형상 및 설계방식에 따라 변하므로 설계 사가 구상설계단계에서 치수를 결정하는 것이 좋다.

② 스페이서 블록 : 2단 금형과 같다

③ 서포트핀 길이 : 고정측 취부판 두께+2차형개거리(=5mm)+1차형개거리+가동 측 형판두께

④ 플러볼트 : 1차형개거리+가동측형판 두께

다. 몰드베이스의 발주

각 회사의 주문형식에 맞춰 발주를 주면 된다.

일반적으로

① 타입의 선정

② 고정측 형판의 두께치수, 가동측 형판의두께 치수, 스페이서 블록의 두께치수, 받침판의 두께치수의 결정〈표 6-3〉

표 6-3 몰드플에이트의 표준치수

(단위 : mm)

W	L	T
80	80 100 125 150 200	15 20 25 30 40 50 60
100	100 125 150 200	15 20 25 30 40 50 60 80
125	125 150 200	15 20 25 30 40 50 60 80
150	150 180 200 230 250 300 350	15 20 25 30 35 40 50 60 70 80
180	180 200 230 250 300 350 400	15 20 25 30 35 40 50 60 70 80 90
200	200 230 250 300 350 400 450 500	20 25 30 35 40 50 60 70 80 90 100
230	230 250 300 350 400 450 500	25 30 35 40 50 60 70 80 90 100 110 120
250	250 300 350 400 450 500	25 30 35 40 50 60 70 80 90 100 110 120 130
300	300 350 400 450 500 550 600	30 35 40 50 60 70 80 90 100 110 120 130 140 150
350	350 400 450 500 550 600	40 50 60 70 80 90 100 110 120 130 140 150 200
400	400 450 500 550 600 650 700	40 50 60 70 80 90 100 110 120 130 140 150 200
450	450 500 500 550 600 650 700 750	40 50 60 70 80 90 100 110 120 130 140 150 200
500	500 550 600 650 700 750 800	40 50 60 70 80 90 100 110 120 130 140 150 200
550	550 600 650 700 750 800 850 900 950 1000	50 60 70 80 90 100 110 120 130 140 150 200 250 300 350
600	600 650 700 750 800 850 900 950 1000	50 60 70 80 90 100 110 120 130 140 150 200 250 300 350
650	650 700 750 800 850 900 950 1000	100 110 120 130 150 200 250 300 250 300 350
700	700 750 800 850 900 950 1000	100 110 120 130 150 200 250 300 250 300 350
800	800 850 900 950 1000	100 110 120 130 150 200 250 300 250 300 350
900	900 950 1000	100 110 120 130 150 200 250 300 250 300 350
1000	1000	100 110 120 130 150 200 250 300 250 300 350

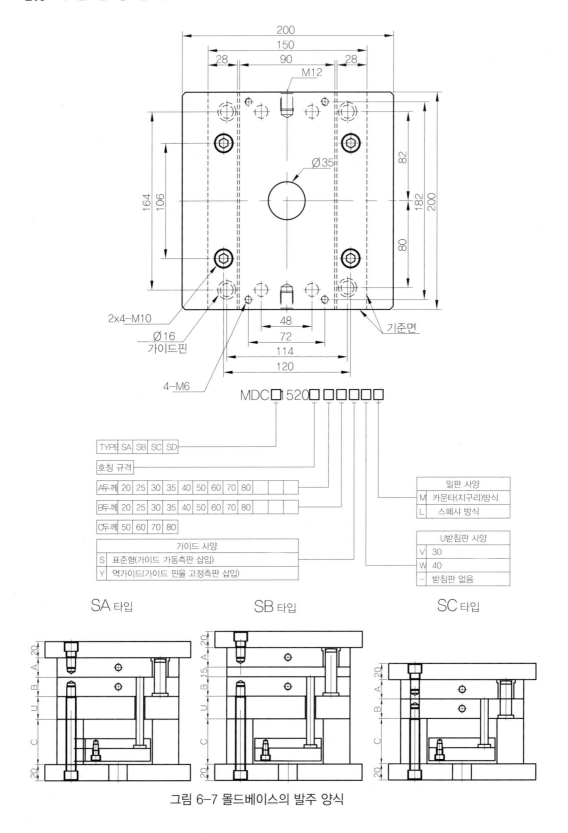

그림 6-7 몰드베이스의 발주 양식

③가이드포스트의 사양, 밀판의 사양,

④서포트핀 및 플러볼트의 길이치수 등을 결정하여 주문형식대로 발주를 진행하면 된다. (그림 6-7)

2. 플라스틱 금형의 메인 플레이트(main plate)

플라스틱용 금형에 사용되는 메인 플레이트의 규격은 KS B 4151에 규정되어 있으며, 대상은 고정측 형판, 가동측 형판, 받침판 및 스트리퍼 플레이트의 4개이다. 재질

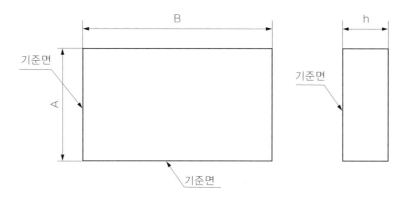

(단위 : mm)

A	B	h
150	100 150 200 250 280 300 320 350	20 25 30 35 40 45 50
180	180 200 220 250 300 350 400	20 25 30 35 40 45 50
200	200 220 230 250 270 300 350 400 450	20 25 30 35 40 45 50 60
250	230 240 250 270 300 350 400 450 500	20 25 30 40 50 60 70 80
300	290 300 320 350 400 450 500 550	20 25 30 40 50 60 70 80 90
350	330 350 400 450 550 600	25 30 40 50 60 70 80 90 100
400	330 400 450 500 550 600 650 700	30 40 50 60 70 80 90 100
450	330 450 500 550 600 650 700 800	30 40 50 60 70 80 90 100 120 140
500	330 500 550 600 650 700 800	30 40 50 60 70 80 90 100 120 140
600	600 700 800	40 50 60 70 80 100 120 140 160
700	700 800 900	50 60 70 80 100 120 140 160
800	800 900 1000	60 80 100 120 140 160

※표 중의 치수 허용공차는 KS B 0412의 1급을 적용한다.

그림 6-8 플라스틱 금형의 메인 플레이트

은 원칙적으로 KS D 3752의 SM50C, SM55C, KS D 3711의 SCM440 또는 KS D 3751의 STC7로 되어 있다. 모양 및 치수는〈표 6-2〉와 같다.

메인 플레이트를 가공할 때는 반드시 세 평면을 기준면으로 가공하여 표시해 놓아야 하며, 외관 및 내부는 홈, 터짐, 녹, 기타 결함이 없고, 다듬질 정도가 양호해야 한다. 가공 기준면의 정밀도는 평면도가 300(㎜)에 대하여 0.02(㎜), 평행도는 300(㎜)에 대하여 0.02(㎜), 직각도는 300(㎜)에 대하여 0.02(㎜), 표면 거칠기는 6.3S로 하며, 경도는 HB183~HB235 (Hs218~Hs35)로 한다. 부품의 호칭 방법은 규격번호 또는 규격명칭 및 A×B×h에 따른다.

3. 코어와 캐비티의 구조

가. 구조의 종류

① 일체식 : 캐비티형판 및 코어형판에 직접 성형부 형상을 가공하는 방식(그림 6-9)

② 분할식 : 캐비티 및 코어를 분할하여 조립한 후 사용하는 구조(그림6-10)

③ 입자식 : 캐비티나 코어의 형판에 포켓 또는 구멍을 만들고 여기에 캐비티나 코어입자를 끼워서 만드는 방식(그림6-10)

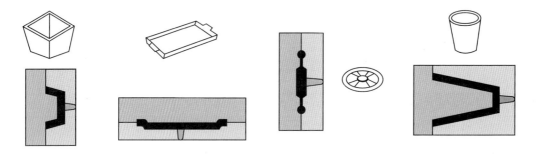

그림 6-9 일체식 형판

나. 일체식 금형의 장·단점

(1) 장점

① 금형이 일체형이기 때문에 견고하고 튼튼하여 수명이 길다.

② 부품수가 적기 때문에 분해조립이 쉽고, 재조립 후에도 치수의 변화율이 분할식에 비해 적다.

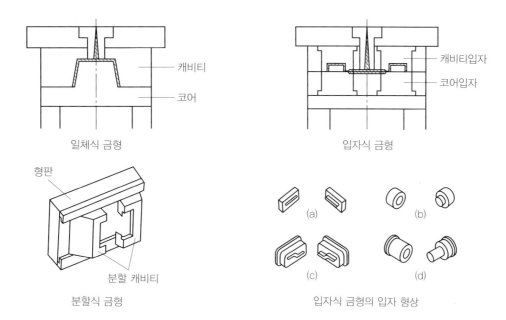

그림 6-10 일체식과 입자식과 분할식 금형

③ 분할편이 없기 때문에 성형품 외관에 분할편에 의한 자국이 발생하지 않는다.
④ 금형의 크기가 다소 작게 된다.
⑤ 밀링가공 및 방전가공기의 비중이 커진다

(2) 단점
① 금형이 마모되면 부분적으로 교체하여 재사용함으로써 수명을 연장시킬 수 없다.
② 가공불량이 발생하면 전체적으로 폐기해야 되는 위험성이 있다.
③ 캐비티 내가 밀폐형이므로 가스가 빠져나가기 어려워 성형충진에 애로가 발생
할 수 있다.
④ 전극가공을 위해 3차원 자유형상의 가공이 많아지며, 이를 뒷받침하기 위한 기
술적인 노하우가 필요하다.
⑤ 표면의 거칠기를 좋게 하기 위해서는 분할식보다 수작업에 의한 비중이 크다.

다. 입자식 금형의 장 · 단점
(1) 장점
① 부분적으로 적절한 재질, 경도 사용 가능
② 가공 속도 향상으로 납기 단축 가능

③ 치수 정밀도 향상

④ 가공상 용이하다.

⑤ 공작 기계의 능력이 작아도 된다.

⑥ 분할면은 에어벤트 효과로서 유효하게 이용된다.

⑦ 부품 교환과 보수가 쉬워진다.

(2) 단점

① 성형품 디자인에 제약을 준다.

② 일체형에 비해 강도상으로 약해진다.

③ 냉각 홈, 이젝터 설계시 장애가 되기 쉽다.

다. 분할식 금형의 장 · 단점

(1) 분할금형

캐비티나 코어를 두 개 이상의 블록으로 만들어 조립하여 하나의 코어나 캐비티를 만드는 방식

(2) 분할금형의 필요성

① 성형품에 언더컷이 있을 때

② 금형 가공상 어려움이 있을 때

③ 부분적으로 강도, 내마모성, 고정밀도가 요구될 때

(3) 장점

① 성형품의 형상에 따라 분할하여 분할편에 대해 적정 재료를 선택하고 필요한 열처리 및 표면처리 등을 함으로서 부분적으로 금형의 강도와 강성을 유지시킬 수 있다.

② 분할편이 조립된 틈새로 가스가 빠져 나가기 때문에 성형 트러블이 많이 감소된다.

③ 부품의 연삭 가공이 가능하여 정밀도 있는 부품을 제작할 수 있으므로 수리 시 부품 교환이 용이하다.

④ 빼기구배를 용이하게 줄 수 있어 성형품의 취출에 도움이 된다.

⑤ 연마가공 및 와이어컷팅 가공의 비중이 커진다.

(4) 단점

① 부품 수량이 많아 금형가격이 상승될 수 있다.

② 부품의 가공정밀도가 높지 않으면 금형의 정도가 유지되지 않는다.

③ 냉각수 구멍의 설치시에 많은 장애가 있다.

④ 분할편 때문에 성형품 외관에 분할편에 의한 자국이 발생한다.

⑤ 부품이 많으므로 제작과정에서부터 생산 진행이 복잡해지고 수리용 유보품 (Spare Part)의 보관 및 관리가 어렵다.

한편 캐비티는 기계 가공이나 다듬질 가공을 쉽게 하기 위하여 분할하거나 부분 입자를 쓰는 경우가 많다. (그림 6-12)은 물통(bucket)을 만들기 위한 금형으로서 캐 비티 아래 부분만을 인서트로 한 것이다.

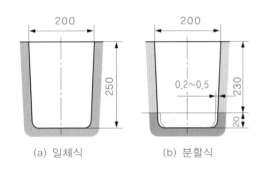

그림 6-11 캐비티의 분할

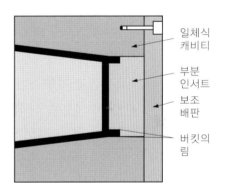

그림 6-12 부분 인서트

4. 성형품의 뽑기 수와 배열

정밀도가 높은 사출 성형품을 얻기 위해서는 1개의 금형에서 한 종류의 성형품을 성형하고, 그 뽑기 수도 될 수 있는 한 적은 것이 바람직하다. 또한 금형의 수명, 트러블, 성형 사이클, 가공 정밀도, 가격 등 어느 것이든 간에 적을수록 좋은 결과를 기대할 수 있다. 그러나 정밀도상이나 성형기의 능력, 생산성 등의 관계로 인해 다수개 뽑기로 할 경우도 많다. 이러할 때 캐비티의 배열에 있어서 다음과 같은 주의를 해야 한다.

① 형판에서 캐비티가 한쪽으로 치우치지 않도록 한다. 특히 다종 동시 성형인 경우에는 그 배치를 충분히 검토한다.

② 스프루에서 게이트까지의 거리가 가능한 한 같도록 한다. 부득이 같지 않을 때는 게이트의 크기를 조절하여 보완되도록 한다.

5. 가이드 핀

가이드 핀은 고정측과 가동측에의 안내와 금형 보호 역할을 목적으로 하고 있다. KS B 4152에서는 A형, B형의 두 종을 규정하고 있으며, 기름 홈을 만들어서 HRC 55 이상으로 열처리되어 있다. 가이드부의 길이는 일반적으로 지름의 1.5~2배 정도로 한다. 재질은 STC3~5, STC2, 3 또는 STB2로 규정되어 있으며, (그림 6-13)과 (그림 6-13)는 A형, B형 가이드 핀의 형상과 치수를 보여주고 있다. 또한 (그림 6-13)은 플라스틱 금형에서 가이드 핀의 적용 예를 나타낸다.

한편, 충분히 고려하여 결정한 파팅 라인이나 빼기 구배, 치수 정밀도도 연속 운전되고 있는 동안에 고정측과 가동측의 맞춤이 어긋나게 되면 성형품의 외관은 물론 치수 및 그 밖의 트러블도 많아진다. 이들 금형의 어긋남 발생의 요인으로서 다음과 같은 것을 생각할 수 있다.

① 연속 운전에 의한 맞춤 기구의 마모

② 금형의 자체 중량에 의한 휨으로 특히 대형 금형에 많음

③ 금형 온도를 상승시킬 경우의 열팽창의 영향

④ 성형 압력에 의한 피로와 강도 부족

⑤ 플래시 발생에 의한 금형 손상

⑥ 성형기의 이상

이러한 금형의 어긋남의 대책으로, 가이드 핀과 가이드 핀 부시를 생각할 수 있으

나 섭동하는 부분은 반드시 마모가 발생하기 때문에 테이퍼 맞춤을 한다. 테이퍼 맞춤면의 각도는 10°～20°가 효과적이고, 높이는 15(mm)이상으로 한다. 테이퍼 부분은 열처리하거나 담금질 비스를 세트하여 사용한다. (그림 6-13)은 가이드 핀의 강화 예와 테이퍼 맞춤에 의한 형 어긋남 방지를 나타낸다.

그림 (a)는 가이드 핀 만으로 마모에 의해 편심이 생길 수 있으며, (b)와 (c)는 테이퍼 맞춤을 설치한 것으로서, (c)쪽이 사출 압력에 의해 캐비티가 변형되는 것을 가동측 형판의 테이퍼가 쐐기 역할을 하여 변형을 방지하므로 (b)쪽보다 합리적이다. (d)는 테이퍼부의 상세로를 나타낸다.

금형의 중심 어긋남 및 코어의 성형압력에 의한 편심 요인을 가이드 핀과 가이드 부시만으로 대처하면, 정밀·대형 성형품에는 매우 위험한 요소를 포함하고 있다. 그 것은 가이드 핀이 섭동하는 것으로서 섭동하는 부분에는 반드시 마모가 생기기 때문이다. 따라서 이들 중심이 어긋나는 요인을 가이드 핀에 전면적으로 의지하지 않는 방법으로서 테이퍼 맞춤이 있다.

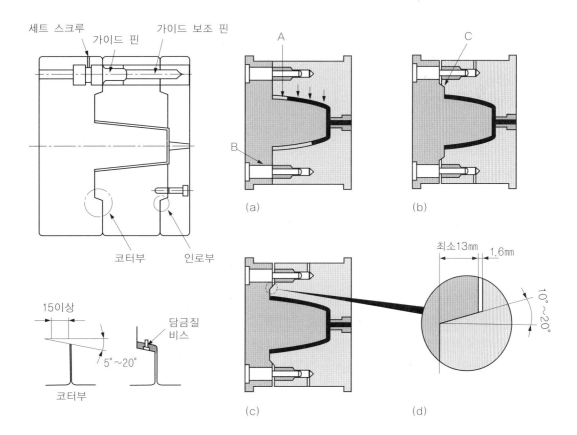

그림 6-13 가이드 보조핀과 테이퍼 맞춤

6. 에어 벤트(Air Vent)

캐비티에 용융 수지를 집어 넣어 채울 때 캐비티안의 공기 또는 수지의 휘발가스를 금형 밖으로 배출해야 하며, 이 배출 통로를 에어 벤트 또는 배기 구멍이라고 한다.

가. 에어벤트의 중요성

에어벤트는 런너와 같이 사출금형에서는 수지의 유동성에 큰 영향을 주며 특히 정밀성형 금형에서는 매우 중요하다. 에어벤트를 설치하는 이유는 다음과 같다.

① 에어벤트는 사출되어 금형내에 주입된 수지에서 발생한 가스를 제거할 목적으로 설치한다. 성형재료에는 다량의 휘발성물질이 포함되어 성형품에 나쁜 영향을 줄 뿐 아니라 냉각된 후에는 액상 또는 고형물질로 변하여 금형을 부식, 오염시킨다.

② 캐비티에 수지를 충진시킨다는 것은 사출 이전에 캐비티 내에 존재하던 공기와 수지의 자리바꿈이다. 충진을 순조롭고 빨리하기 위해서는 수지와 공기의 신속한 자리바꿈이 필요하다. 따라서 에어벤트는 효율이 높게 끔 배기가 잘 되도록 설계 되어야 한다.

특히 최근에는 수지의 특성을 높이기 위하여 난연재, 산화방지재 등을 충진한 성형재료가 많이 사용되므로 금형의 에어벤트의 중요성이 더욱 커지고 있다.

나. 에어벤트 불충분으로 발생하는 문제점

① 가스 연소

배기속도바다 충진속도가 빠르면 공기는 단열압축을 받아 선단부가 고온으로 된다. 경우에 따라 변색, 가스 잔류의 불량이 발생한다.

② 플래시(flash)

웰드선단부의 수지온도가 현저히 상승하여 점도가 떨어지므로 플래시의 발생이 쉽게 일어난다. 또한 공기가 충진을 방해하므로 사출압력이 상승하여 결과적으로 금형의 파팅라인이 열려 전체적인 플래시의 발생이 생긴다.

③ 미성형

가스 연소, 플래시가 생기지 않더라도 공기가 흐름을 방해하여 충진비율이 늦어져 미성형이 된다.

④ 기포, silver streak

공기과 수지가 합쳐져 기포, Silver line 등의 외관불량이 생긴다.
⑤ 사이클이 길어진다

다. 에어벤트의 설치
(1) 에어벤트 설치장소

가스가 모이는 부분은 거의 정해져 있다. 따라서 금형의 설계시 예측이 가능하므로 설계단계에서 필히 설치한다. 예측되지 못한 부분은 트라이 후에 설치한다. 다음은 가스발생 다발지역이다.
① 게이트의 반대측면
② 웰드라인 발생부분
③ 깊은 보스 등의 주머니형상 부분

(2) 수지별 에어벤트의 깊이

에어벤트 홈의 단면적은 클수록 가스 배출효과가 좋다고 할 수 없다. 가스배출이 효과적으로 되기 위해서는 수지는 벤트의 홈 사이로 파고들지 않으면서(플래시의 발생은 없으면서) 가스만 배출될 수 있는 깊이로 설치해야 한다. 이 깊이는 〈표 6-4〉과 같고 수지의 유동성(용융점도)을 고려하여 결정한다.

표 6-4 각종 수지의 에어벤트 깊이

수지재료	에어벤트 깊이(μm)	
	성형품부	러너부
PA, PBT, PPS, LCP, TPE	5~10	10~15
PP, PE, POM, PVC(연)	10~20	15~25
PS, AS, ABS, PMMA, m-PPE, PC, PVC(경)	20~30	30~40

(3) 에어벤트의 도피

가스의 흐름길이(랜드)가 지나치게 길면 가스가 좁고 긴 틈새를 빠져 나가야 하고 경우에 따라서 홈의 일부가 막혀 에어벤트의 기능을 저하시키므로 (그림 6-14)과 같이 적당한 길이의 랜드를 남기고 불필요부분을 도피시킨다. 이때 도피깊이는 0.2~0.3정도가 좋다.

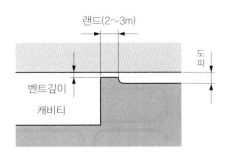

그림 6-14 벤트의 도피

(4) 에어벤트의 설계방법

① 파팅면에 설치

일반적으로 가장 많이 사용하는 방법이다(그림 6-15(a), (b)). 파팅면에 벤트를 설치하면 벤트에 묻은 점성부착물의 제거가 용이하고 특히 가공이 쉽다. 또한 벤트를 성형부 전면에 걸쳐 설치가 가능하므로 벤트효과를 가장 많이 올릴 수가 있다.

런너부에 벤트를 설치하면 공기가 조기에 배출되므로 보다 고속으로 사출이 가능하다.

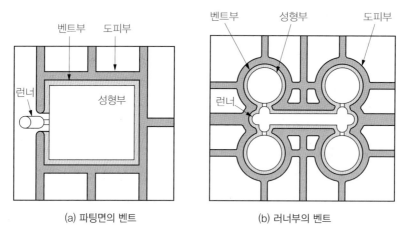

(a) 파팅면의 벤트   (b) 러너부의 벤트

그림 6-15 에어벤트

② 이젝터핀을 이용

성형품의 형상에 따라서 또는 다점게이트의 경우는 파팅면 만으로는 가스빼기가 어렵다. 이 경우는 이젝터핀의 끼워맞춤 클리어런스를 이용하여 가스를 배

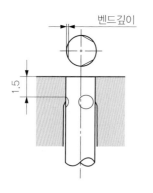

그림 6-16 밀핀을 이용한 에어 벤트

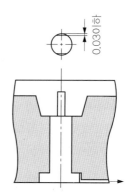

그림 6-17 코어핀을 이용한 에어 벤트

출하면 효과적이다. (그림 6-16)는 그 예를 나타낸 그림이다. 이젝터핀의 습동부는 self-cleaning 효과가 있으므로 벤트의 막힘이 거의 없다. 단 설계시에 어디로 가스가 모일 것인가를 예측 하는 것이 곤란할 경우가 많다. 이 경우는 시사출 보완시에 증설한다. 또 가스의 배출량이 그다지 많지 않다는 결점도 있다. (그림 6-17)은 이젝터핀의 가공방법을 설명한 그림이다.

③ 코어분할면을 이용

가스주머니 형상, 얇은 살두께부, 깊은 리브부 등의 가스가 모이기 쉬운 부분은 금형의 가공상 필요가 없지만 가스빼기 입자를 설치하여 입자의 끼워맞춤면을 이용하

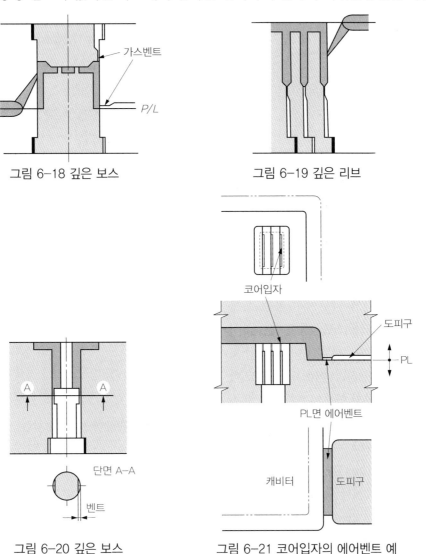

그림 6-18 깊은 보스

그림 6-19 깊은 리브

그림 6-20 깊은 보스

그림 6-21 코어입자의 에어벤트 예

여 가스를 배출할 수가 있다. (그림 6-18, 그림 6-19, 그림 6-20, 그림 6-21)은 그예를 설명한 것이다.

④ 소결금속을 이용한 가스빼기

통기성이 있는 소결금속을 코어에 삽입하여 가스를 빼는 방법이 (그림 6-22)이다 그러나 소결금속은 열전도율이 나쁘고 수지의 열에 의해 과열상태가 되어 구멍이 막힐 수 있고 내압강도가 낮아 변형의 가능성이 있음에 주의한다.

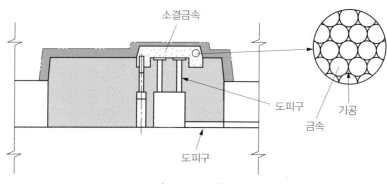

그림 6-22 소결금속

⑤ 진공펌프를 이용한 벤트

캐비티내의 공기를 진공펌프를 이용하여 강제적으로 배기시키는 진공방식이 (그림 6-23)이다. 이 방법은 캐비티의 공간에 외부에서 공기가 들어오지 못하도록 모든 공간을 seal시킬 필요가 있다. 캐비티내의 진공도가 불충분하면 잔류 에어의 배출로가 seal에 의해 차단되므로 역으로 가스

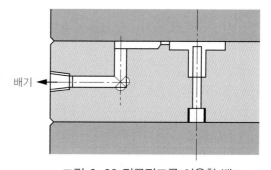

그림 6-23 진공펌프를 이용한 벤트

빼기 불량이 생기는 경우도 있으므로 효과를 확실히 보장하기 위해서는 완전한 진공도가 필요하다.

7. 금형의 강도 계산

금형을 설계할 때는 금형에 가해지는 성형압력 및 성형기의 형체력에 견딜수 있도록 고려해야 한다. 금형의 강도 계산을 하기 위해서는 사출된 성형재료가 성형부에 미치는 압력을 추정하는 것이 필요하다. 성형부 내의 압력은 성형품 살두께, 수지의 종류, 성형조건에 의해 다르지만 강도 계산의 경우에는 여유를 주어 $500 \sim 700(kg/cm^2)$로 하는 것이 일반적이다. 그러나 캐비티 자체는 가는 핀, 구멍, 홈, 노치 등 응력 집중이 발생하기 쉬운 형상으로 이루어지며, 상당히 가혹한 조건에 있다고 할 수 있다.

금형설계에 있어서는 충분한 강도적 검토를 하지 않으면, 모처럼 제작한 금형이 파괴되거나 변형되게 된다. 일반적으로 금형의 강도 계산을 이론적으로 계산하는 경우는 많지 않고, 여기에서는 기초적 요인에 대해 생각해 본다.

가. 금형강도 계산의 조건
(1) 하중과 응력 상태
금형에 작용하는 응력은 정적인 것이 아니고, 항상 여러 가지 요인에 의해 변동하며, 또한 다양한 응력을 받고 있다. 금형의 대부분은 노치, 나사, 홈, 구멍, 급격한 단면의 변화 등으로 이루어져 있다. 한편, 기계 가공에 의해 생기는 툴 마크(tool mark)나 다듬질, 열처리, 도금 등에 기인하는 문제점도 많다. 이들 금형의 강도에 나쁜 영향을 주는 요인을 보면 다음과 같다.
① 불규칙한 형상 또는 재질에 따른 응력 집중
② 온도의 영향
③ 표면 다듬질의 영향
④ 볼트 또는 압입에 의한 형 맞춤의 영향

(2) 성형압력에 의한 굽힘량
① 굽힘에 의해 플래시가 발생할 우려가 없을 때 : $0.1 \sim 0.2(mm)$
② 굽힘에 의해 플래시가 발생할 우려가 있을 때 : $0.05 \sim 0.08(mm)$ (PA 이외)
   $0.025(mm)$ (PA의 경우)
③ 고급 정밀금형의 굽힘량은 다음의 경험식을 사용한다.
   굽힘량=성형품 평균 살두께×성형 수축률

나. 직사각형 캐비티의 측벽 계산

강도 계산을 정확히 한다는 것은 매우 어려우므로 개략 계산에 의할 수 밖에 없다. 여기에는 각각의 측벽을 양단 고정보로써 생각하거나 (그림 6-24), 각각의 측벽을 양단 단순 지지보로 생각하거나, 또는 사각판으로 생각하여 계산하는 방법이 있다.

실제로 측벽의 양단 지지 상태는 완전한 고정으로 되지 않고, 단순지지도 아니어서 사각판으로 계산하는 것이 실제에 가깝다고 생각되지만 계산이 복잡하고 실용적이지 않다. 또 단순지지보로 해서 계산하는 것은 측벽이 너무 두껍게 되므로, 양단 고정보로해서 계산하여 어떤 안전계수를 넣어 주는 것이 좋다.

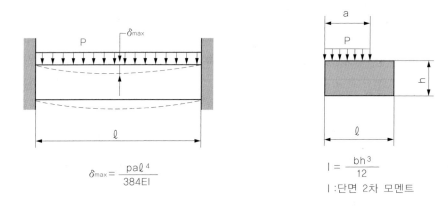

$$\delta_{max} = \frac{pa\ell^4}{384EI}$$

$$I = \frac{bh^3}{12}$$

I : 단면 2차 모멘트

그림 6-24 캐비티 측벽을 양단 고정보로 봄

(1) 캐비티의 바닥이 일체가 아닌 경우

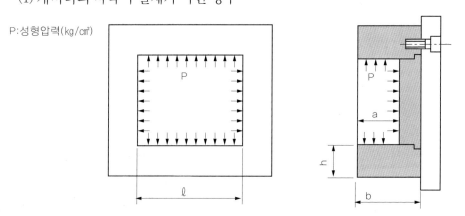

P : 성형압력(kg/㎠)

그림 6-25 캐비티 바닥이 일체가 아닌 경우

(그림 6-25)에서

p : 성형압력(kg/cm^2)

h : 캐비티 측벽의 두께(mm)

ℓ : 캐비티 내측길이(mm)

a : 성형압력을 받는 측벽 높이(mm)

b : 캐비티 외측 높이(mm)

E : 탄성계수(강의 경우 $2.1 \times 10^6 kg/cm^2$)

δ : 허용 굽힘량(mm)이라면,

$$\delta = \frac{W\ell^3}{384E\,I} \text{ 에서}$$

$$W = p \times a \times \ell, \quad I = \frac{bh^3}{12} \text{ 이므로}$$

$$\delta = \frac{12 \cdot pa\ell^4}{384Ebh^3}$$

$$\therefore h = \sqrt[3]{\frac{12 \cdot pa\ell^4}{384Eb\delta}} \quad \cdots\cdots\cdots\cdots\cdots\cdots\cdots\cdots\cdots\cdots\cdots\cdots\cdots\cdots\cdots\cdots\cdots\cdots \text{ (6.1)}$$

(예제 1) p=500(kg/cm^2), ℓ =300(mm), a=200(mm), b=250(mm), δ =0.08(mm)일 때 캐비티 바닥이 일체가 아닌 경우의 측벽을 계산하라.

(풀이) (식 6.7)식으로 부터

$$h = \sqrt[3]{\frac{12 \cdot pa\ell^4}{384Eb\delta}} = \sqrt[3]{\frac{12 \times 500 \times 200 \times 300^4}{384 \times 2.1 \times 10^6 \times 250 \times 0.08}} = 84.46 \fallingdotseq 85 \text{(mm)}$$

(그림 6-26)은 캐비티 바닥이 일체가 아닌 경우의 측벽 계산을 모노그래프에 의해 구하는 방법을 나타내었다.

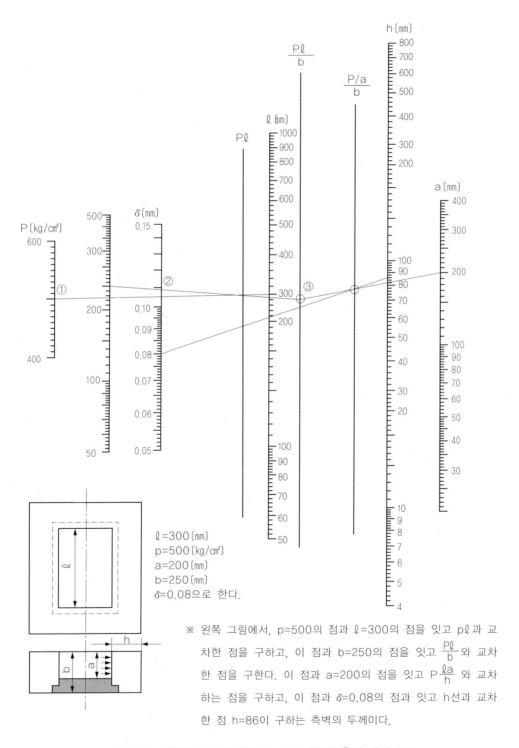

$l=300$ [mm]
$p=500$ [kg/cm²]
$a=200$ [mm]
$b=250$ [mm]
$\delta=0.08$으로 한다.

※ 왼쪽 그림에서, p=500의 점과 l=300의 점을 잇고 pl과 교
차한 점을 구하고, 이 점과 b=250의 점을 잇고 $\dfrac{Pl}{b}$ 와 교차
한 점을 구한다. 이 점과 a=200의 점을 잇고 $P\dfrac{la}{h}$ 와 교차
하는 점을 구하고, 이 점과 δ=0.08의 점과 잇고 h선과 교차
한 점 h=86이 구하는 측벽의 두께이다.

그림 6-26 캐비티 바닥이 일체가 아닌 경우의 측벽 계산 도표

(2) 캐비티 바닥이 일체인 경우

(그림 6-27)에서

p : 성형압력(kg/cm^2)

h : 캐비티 측벽의 두께(㎜)

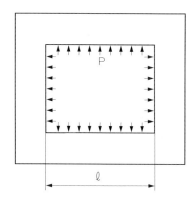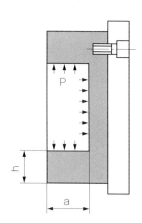

그림 6-27 캐비티 바닥이 일체인 경우

ℓ : 캐비티 내측 길이(㎜)

a : 성형압력을 받는 측벽 높이(㎜)

δ : 허용 굽힘량(㎜)

E : 탄성계수(강의 경우 $2.1 \times 106 kg/cm^2$)

C : ℓ/a에 의해서 정해지는 상수 〈표 6-5 참조〉 라고 하면, h는 다음식에 의해 구해진다.

$$h = \sqrt[3]{\frac{C \cdot p \cdot a^4}{E \cdot \delta}} \quad \text{..} \quad (6.2)$$

(예제 2) p=500(kg/cm^2), ℓ=300(㎜), a=200(㎜), δ=0.08(㎜)일 때 캐비티 바닥이 일체인 경우의 측벽을 계산하여라.

(풀이) ℓ/a=1.5이므로 〈표 6-5〉에서 C=0.084이므로 위의 (식 6.2)로부터

$$h = \sqrt[3]{\frac{C \cdot p \cdot a^4}{E \cdot \delta}} = \sqrt[3]{\frac{0.084 \times 500 \times 200^4}{2.1 \times 10^6 \times 0.08}} = 73.68 \fallingdotseq 7(4 \text{ mm})$$

표 6-5 정수 C의 값

ℓ /a	C	ℓ /a	C	ℓ /a	C
1.0	0.044	1.5	0.084	2.0	0.111
1.1	0.053	1.6	0.090	3.0	0.134
1.2	0.062	1.7	0.096	4.0	0.140
1.3	0.070	1.8	0.102	5.0	0.142
1.4	0.078	1.9	0.106		

다. 원형 캐비티의 측벽 계산

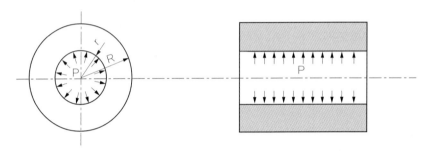

그림 6-28 원형 캐비티

(그림 6-28)에서

p : 성형압력(kg/cm^2)

r : 원통 캐비티 내반지름(㎜)

R : 원통 캐비티 외반지름(㎜)

E : 탄성 계수(강의 경우 $2.1 \times 106 kg/cm^2$)

m : 푸아송 비(강의 경우 0.25)

δ : 내반경의 굽힘량(㎜)

$$\delta : \frac{r \cdot p}{E} \left[\frac{R^2 + r^2}{R^2 - r^2} + m \right]$$

$$R = r \cdot \sqrt{\frac{E \cdot \delta + r \cdot P(1-m)}{E \cdot \delta - r \cdot P(1+m)}}$$

$$R = r \cdot \sqrt{\frac{(2.1 \times 10^6 \times \delta) + (0.75 r \cdot P)}{(2.1 \times 10^6 \times \delta) - (1.25 r \cdot P)}}$$

원통형 캐비티의 두께 h=R−r로 계산되며, δ값은 0.02(㎜)이하로 억제하는 것이 좋다.

(예제 3) r=75(㎜), p=630(kg/㎠), δ=0.08(㎜) 일 때 원형 캐비티의 측벽을 계산하라.

〈풀이〉위의 (식 6. 3)으로부터

$$R=r \cdot \sqrt{\frac{(2.1 \times 10^6 \times \delta)+(0.75r \cdot P)}{(2.1 \times 10^6 \times \delta)-(1.25r \cdot P)}}$$

$$=75 \sqrt{\frac{(2.1 \times 10^6 \times 0.05)+(0.75 \times 75 \times 630)}{(2.1 \times 10^6 \times 0.05)-(1.25 \times 75 \times 630)}}$$

$$=131.135 \fallingdotseq 131(㎜)$$

$$\therefore h=R-r=131-75=56(㎜)$$

라. 코어 받침판의 두께

(그림 6-29)에 나타낸 것과 같이 코어는 받침판에 의해서 받쳐지고, 받침판은 양단에서 스페이스 블록에 의해 지지되어 있다. 이 때 코어 형판은 성형 압력을 받아 굽힘이 발생되고, 굽힘이 크게 되면 성형품의 살두께가 변하며, 파팅면에서 플래시가 발생한다. 따라서 굽힘량이 0.1(㎜) 이상이 되지 않도록 해야 하며, 굽힘량이 많을 때는 서포트 블록을 받친다.

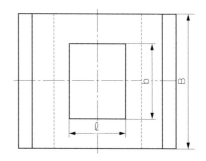

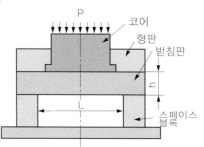

그림 6-29 코어 받침판의 두께

(1) 서포트 블록이 없는 경우

(그림 6-29)에서

h : 받침판의 두께(㎜)

p : 성형 압력(kg/㎠)

L : 스페이서 블록의 간격(㎜)

ℓ : 성형압력을 받는 길이(㎜)

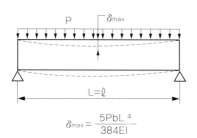

$$\delta_{max}=\frac{5PbL^4}{384EI}$$

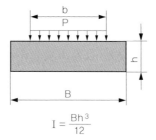

$$I=\frac{Bh^3}{12}$$

그림 6-30 받침판을 양단 지지보로 봄

b : 성형압력을 받는 폭(㎜)

B : 금형의 폭(㎜)

δ : 받침판의 굽힘량(㎜)

E : 탄성 계수(강의 경우 $2.1 \times 106\text{kg/cm}^2$)

균일 분포 하중 P를 받는 단순 지지보라 하면 (그림 6-30)에서 굽힘량 δ 는

$$\delta \max = \frac{5WL^3}{384EI} \text{ 에서 } W = pd\ell \text{ , } I = \frac{Bh^3}{12}$$

ℓ =L이라면

$$\delta \max = \frac{5pbL^4}{32EBh^3}$$

$$\therefore h = \sqrt[3]{\frac{5pbL^4}{32EB\delta}} \quad \text{.....................} \quad (6.4)$$

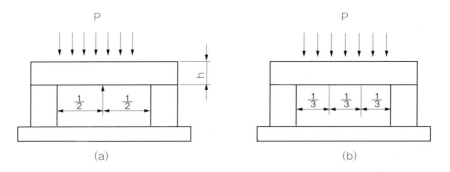

그림 6-31 n개 서포트를 넣은 경우

(2) 스페이서 블록 사이에 n개의 서포트를 같은 간격으로 넣은 경우(그림 6-31)

$$h_n = \sqrt[3]{\frac{5pb(\frac{L}{n+1})^4}{32EB\delta}}$$

$$= \sqrt[3]{\frac{1}{(n+1)^4}} \cdot \sqrt{\frac{5pbL^4}{32EB\delta}}$$

$$= \sqrt[3]{\frac{1}{(n+1)^4}} \cdot h \quad \text{.....................} \quad (6.5)$$

수식 : n가 1개일 때는 $h_1 \fallingdotseq \dfrac{1}{2.52} h$ .... (6.6)

n가 2개일 때는 $h_1 \fallingdotseq \dfrac{1}{4.33} h$ .... (6.7)

n가 3개일 때는 $h_1 \fallingdotseq \dfrac{1}{6.35} h$ .... (6.8)

(예제 4) L=120(㎜), b=130(㎜), ℓ =100(㎜), p=500(㎏/㎠), B=220(㎜), δ =0.08(㎜)
인 경우의 반침판의 두께를 서포트가 없는 경우와 서포트가 중앙에 1개 있을 경우에
각각 구하라.

〈풀이〉① 서포트가 없을 경우(ℓ =L이라 하면)

$$h= \sqrt[3]{\frac{5PbL^4}{32EB\delta}} = \sqrt[3]{\frac{5 \times 500 \times 130 \times 120^4}{32 \times 2.1 \times 10^6 \times 220 \times 0.08}} =38.5(9 \text{ mm})$$

② 서포트가 중앙에 1개 있을 경우

$$h \fallingdotseq \frac{h}{2.52} \fallingdotseq \frac{38.5}{2.52} \fallingdotseq 15.3(\text{㎜})$$

마. 핀류와 볼트의 강도 계산

(1) 핀류의 강도 계산

금형의 트러블 중에서도 핀류의 부러짐이 매우 많다. 이것은 지름에 비해서 길이
가 길어, 이 긴쪽에 직각방향으로 강한 압축응력이 작용하므로 굽힘이 발생하고, 부
러지게 된다. 가는 핀의 길이가 지름의 2.5배 이상이면 굽힘이 발생하기 쉽다.

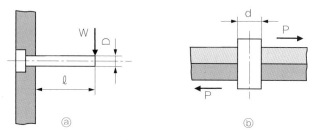

그림 6-32 핀류의 응력

① 외팔보의 신단에 하중 W가 작용할 경우의 굽힘을 최소로 하기 위한 핀의 지름
  (그림 6-32)의 ⓐ에서

$$\delta = \frac{W\ell^3}{3EI}$$

$$d= \sqrt[3]{\frac{64W\ell^3}{3E\delta\pi}} \quad \cdots\cdots\cdots\cdots\cdots\cdots\cdots\cdots\cdots\cdots\cdots\cdots\cdots\cdots\cdots\cdots\cdots\cdots \quad (6.9)$$

δ : 핀의 굽힘량(㎜)   W : 하중(㎏)

ℓ : 핀의 노출 길이(㎜) d : 핀의 지름(㎜)

E : 세로 탄성계수(강은 $2.1 \times 10^6 \mathrm{kg/cm^2}$)

I : 단면 2차 모멘트($I = \dfrac{\pi d^4}{64}$)

② 전단응력에 대한 필요한 핀의 지름 (그림 6-32)의 ⓑ에서

$$\tau = \frac{4P}{\pi d^2}$$

$$d = \sqrt{\frac{4P}{\pi \tau}} \quad \cdots\cdots\cdots\cdots\cdots\cdots\cdots\cdots\cdots\cdots\cdots\cdots\cdots\cdots\cdots\cdots\cdots\cdots\cdots\cdots\cdots\cdots\cdots\cdots\cdots\cdots \quad (6.10)$$

τ : 전단응력($\mathrm{kg/cm^2}$)　　　d : 핀의 지름(㎜)

p : 하중 성형압력($\mathrm{kg/cm^2}$)

(2) 볼트의 강도 계산

금형의 조립에는 각종 볼트가 사용되고 있다. 일반적으로 볼트는 인장응력을 받고 있으며, 이 볼트의 지름을 결정하는 식은 다음과 같다.

$$d = \sqrt{\frac{4W}{\pi \sigma}} \quad \cdots\cdots\cdots\cdots (6.11)$$

d : 볼트의 지름(㎜)

W : 하중(kg)

σ : 허용응력($\mathrm{kg/cm^2}$)

표 6-6 재료의 강약표

재료 \ 항목	종탄성계수 E (kg/㎠)	횡탄성계수 G (kg/㎠)	탄성한도 δd (kg/㎠)	항복점 δs (kg/㎠)	한계강도(kg/㎠) 인장 ft	압축 fc	전단 fs
순철 연철성유에 평형	2,000,000	770,000	1,300 또는 이상	1,800 2,000	3,300 3,800	= σ s	2,600 3,300
연강	2,100,000	810,000	1,800 또는 이상	1,900 또는 이상	3,400 4,500	= σ s	2,900 3,800
강	2,200,000	850,000	2,500 5,000	2,800 또는 이상	4,500 9,000	연질의 것=σs 경지의 것≧ft	〉 4,000
담금질 하지 않은 스프링강	2,200,200	850,000	5,000 또는 이상	—	10,000 또는 이상	—	—
담금질한 스프링강	2,200,200	850,000	7,500 또는 이상	—	17,000 또는 이상	—	—
보통 주철	750,000	270,000 400,000	—	—	1,200 2,400	7,000 8,500	1,300 2,600
특수 주철	1,050,000	830,000	2,000 또는 이상	2,000 또는 이상	3,500 7,000	강과 같다	4,000

제3절 유동 기구의 설계

1. 스프루, 러너, 게이트 시스템의 중요성

플라스틱 금형에 수지를 사용하여 제품을 성형할 때는 성형기의 노즐에서 스프루 →러너 → 게이트 → 캐비티의 순서로 용융수지가 흘러간다. 용융상태의 수지가 흘러가는 홈이나 통로 또는 수지의 흐름을 유도하거나 제한하는 요소들을 유동기구라 한다. 이 유동기구는 금형 설계에서 매우 중요한 항목이며, 이 시스템의 양부에 따라 외관, 물성, 치수 정밀도, 성형 사이클 등에 많은 영향을 미친다.

용융수지는 금형내의 스프루, 러너 및 게이트를 통과하는 동안의 마찰에 의해 압력은 저하하면서 캐비티를 채운다. 이 러너와 게이트는 성형성이나 내부 변형, 성형품의 품질 등을 좌우하는 중요한 역할을 하고 있음에도 불구하고, 실제로는 성형품의 형상 크기, 수지의 특징 등에 따라 단순히 결정하는 경우가 많다. 이것은 수지가 금형에 압입되므로써 유동성이 좋아지고, 또 러너, 게이트 등의 마찰에 의한 근소한 온도 상승이 간단한 계산식으로 표시되지 않기 때문이다.

러너와 게이트를 금형설계의 중요한 부분으로 취급할 뿐만 아니라 제품 설계 때에 러너, 게이트 방식을 고려해서 설계하므로써 기구적으로 가장 잘 맞는 방식을 선택할 수 있을 것이다. 이들에게 공통되는 기본 요소는 노즐에서 사출된 용융수지의 온도와 압력을 저하시키지 않고 캐비티에 압입 충전하는데 적합한 기구라야 한다. 그러기 위해서는 스프루, 러너, 게이트는 될 수 있는 대로 "굵고 짧게"하여야 한다. 그러나 성형기의 사출용량, 가소화 능력, 성형품의 외관, 뒷마무리, 치수 정밀도, 성형 사이클 등을 고려하여 금형 온도를 적정하게 유지하기 위해서는 "가늘고 짧게"해야만 한다.

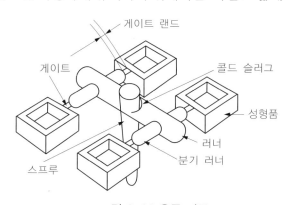

그림 6-33 유동 기구

2. 게이트

가. 게이트의 역할

게이트는 러너의 끝이고, 캐비티의 입구이다. (그림 6-34) 게이트의 위치, 개수, 형상 및 치수는 성형품의 외관이나 성형 효율 및 치수 정밀도에 큰 영향을 준다. 따라서 게이트는 성형품 형상으로 정하는 것이 아니고, 캐비티 내의 용융수지가 흐르는 방향, 웰드 라인의 생성, 게이트의 처리 등을 고려하여 정한다.

게이트는 다음과 같은 역할을 한다.

① 충전되는 용융수지의 흐름 방향과 유량을 제어함과 동시에 성형품이 충분한 고화상태로 될 때까지 캐비티내에 수지를 봉입하여 러너측의 역류를 막는다.

② 스프루, 러너를 통과한 수지는 가는 게이트를 지나므로써 마찰열이 발생한다. 이 열에 의해 수지온도를 상승시켜 플로 마크나 웰드 라인을 경감한다.

③ 러너와 성형품의 절단을 쉽게 하고, 마무리 작업을 간단하게 한다.

④ 다수개 빼기나 다점 게이트의 경우는 폭, 길이의 조정에 의해 캐비티에의 충전 밸런스를 맞출 수 있다.

⑤ 성형품과 게이트가 만나는 부근의 잔류응력을 경감하여, 성형품의 균열, 스트레인, 휨 등의 결점을 방지한다.

게이트는 응력집중을 완화하고, 배향에 의한 변형이 적은 형상과 크기를 선택해야 하며, 게이트에 의해 발생하는 문제점은 다음과 같다.

① 용융수지가 유동저항이 증가하여 흐름이 어려워진다.

② 게이트 부근에 싱크 마크가 발생되기 쉽다.

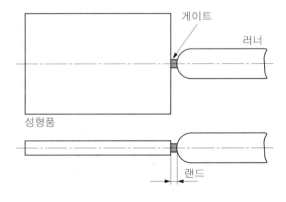

그림 6-34 게이트

나. 게이트 실(gate seal)

(그림 6-35)에 나타난 바와 같이 용융수지는 게이트를 통과할 때는 매우 빠른 속도로 흐르기 때문에 이 동안은 고화되지 않으나 캐비티 속에 수지가 충전되어 흐름이 멈추면 금형에 열을 빼앗겨 금형에 접촉된 부분부터 점차로 냉각되기 시작하여 점점 중심까지 고화하게 된다. 이 때 게이트부는 캐비티보다 두께가 얇기 때문에 캐비티부의 중앙이 굳기 전에 게이트부가 먼저 굳어진다.

이 현상을 게이트 실이라고 한다. 이것은 게이트의 중요한 역할로서 게이트부가 먼저 고화하면 성형기의 플런저 또는 스크루가 가하는 성형압력은 게이트부에서 차단되어 캐비티까지는 미치지 않는다.

이로 인하여 아직 굳지 않은 부분은 성형압력에서 벗어나 수축할 수 있으므로, 응력이 없는 상태에서 굳어지기 때문에 균열, 스트레인, 휨 등의 결점을 방지할 수 있다. 그러나 한편으로는 성형압력으로부터 개방되어 자유로이 수축하므로 싱크 마크가 발생하기 쉽다. 따라서 양쪽의 밸런스가 취해질 수 있도록 게이트의 형상이나 치수가 결정되어야 한다.

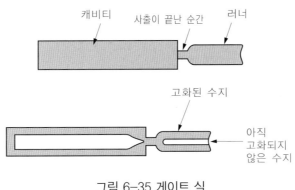

그림 6-35 게이트 실

다. 게이트의 분류

게이트는 일반적으로 게이트가 급속하게 굳어지도록 게이트의 단면적을 제한하는 제한 게이트와 그렇지 않은 비제한 게이트로 분류한다.

비 제한 게이트 : 다이렉트 게이트
제한 게이트 : 표준 게이트, 오버랩 게이트, 핀 포인트 게이트, 서브마린 게이트, 터브 게이트, 링 게이트, 디스크 게이트 등

제한·비제한 게이트의 장·단점은 다음과 같다.

(1) 비제한 게이트
① 압력 손실이 적다.
② 수지량이 절약된다.
③ 금형의 구조가 간단하고, 고장이 적다. 단 스프루의 다듬질을 충분히 해야한다.
④ 스프루의 고화시간이 비교적 길기 때문에 사이클이 길어지기 쉽다.
⑤ 게이트의 후 가공이 필요하다.
⑥ 잔류응력, 압력 및 충전 변형이 생기기 쉽고, 게이트 부에서 크랙이 발생하기 쉽다.

(2) 제한 게이트
① 게이트 부근의 잔류응력과 변형이 감소된다.
② 성형품의 변형, 크랙, 뒤틀림, 굽힘 등이 감소된다.
③ 게이트의 고화시간이 짧으므로 사이클을 단축시킬 수 있다.
④ 다수개 뽑기, 다점 게이트일 때 게이트 밸런스를 맞추기 쉽다.
⑤ 게이트의 제거가 간단하다.
⑥ 게이트 통과시 압력 손실이 크다.

라. 게이트의 종류

(1) 다이렉트 게이트(direct gate)

원추 형상의 게이트로서 스프루가 그대로 게이트가 되므로 스프루 게이트(sprue gate)라고도 한다. 성형품의 표면 또는 이면에 게이트의 위치를 정하기 때문에 게이트 절단 및 후가공이 필요하게 되어 외관상 게이트의 자국이 남게 되므로 위치 선정에 주의하지 않으면 안된다.

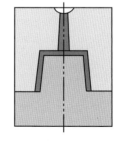

그림 6-36 다이렉트 게이트

다이렉트 게이트의 특징은 다음과 같다.
① 스프루의 싱글 캐비티 금형으로 성형이 쉽다.
② 성형기 플런저의 압력이 직접 캐비티에 전해져 압력 손실이 적다.
③ 성형성이 좋고 모든 사출 성형 재료에 적용할 수 있다.
④ 스프루의 고화시간이 길으므로 사이클이 길어진다.
⑤ 잔류응력의 배향이 일어나기 쉬우므로 게이트 주변에 링 모양의 리브를 돌려서 보강하는 것이 좋다.

다이렉트 게이트의 설계 기준은 다음과 같다.

⑥ 스프루 입구 지름은 노즐 구멍 지름보다 0.5~1(㎜) 정도 크게 한다.

⑦ 스프루의 테이퍼는 2°를 최소로 하되, 고점도 수지에서는 조금 굵게, 저점도 수지에서는 조금 가늘게 한다.

⑧ 게이트의 치수는 사용하는 수지 및 성형품 중량에 따라 차이가 있지만 일반적으로 사용되는 있는 치수 표준은 〈표 6-7〉과 같다.

표 6-7 다이렉트 게이트 치수

항목 스프루지름 재료	8.5g 이하		340g 이하		대형	
	d	D	d	D	d	D
폴리스티렌	2.5	4	3	6	4	8
폴리에틸렌	2.5	4	3	6	4	8
ABS 수지	2.5	5	4	7	5	8
폴리카보네이트	3	5	4	8	5	10

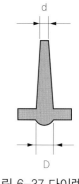

그림 6-37 다이렉트 게이트 치수

(2) 표준 게이트(standard gate)

소형에서 중형까지의 성형품에 많이 사용되며, 성형품의 측면에 주입하므로 사이드 게이트(side gate) 또는 에지 게이트(edge gate)라고도 한다.

이것은 게이트에 의해서 충전량을 제한하고, 게이트부에서 급속히 고화시켜서 사출압력의 손실을 막는 방식으로서, 그 특징은 다음과 같다.

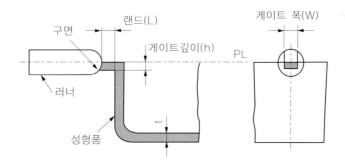

그림 6-38 표준 게이트

① 단면 형상이 간단하므로 가공이 용이하다.

② 게이트의 치수를 정밀하게 가공할 수 있고 치수의 수정이 쉽다.

③ 캐비티에의 충전속도는 게이트 고화와 관계없이 조절할 수 있다.

④ 거의 모든 수지에 적용할 수 있다.

⑤ 성형품의 외관에 게이트 흔적이 남는다.

　일반적으로 다수개 뽑기에 사용되지만, 특수한 성형품의 경우에는 1개 뽑기에도 사용된다. 표준 게이트의 설계기준은 다음과 같다.

⑥ 게이트 지름 또는 깊이는 성형품 두께의 1/2정도로 한다.

⑦ 게이트 랜드는 게이트 지름 또는 깊이와 같게 하는 것이 바람직하다.

⑧ 게이트 폭과 깊이의 비율은 3:1을 표준으로 하고, 폭이 지름보다 클 때는 팬 게이트를 사용한다.

⑨ 게이트의 깊이와 폭은 다음과 같은 경험식에 의해 계산한다.

$$h=n \times t$$

　h : 게이트 깊이(㎜)　　t : 성형품 살두께

　n : 수지 상수　　　　　W : 게이트 폭(㎜)

$$W = \frac{n \times \sqrt{A}}{30}$$

　A : 성형품 외측의 표면적(㎟)

⑩ 일반적으로 사용되는 표준 게이트는 깊이 0.5~1.5(㎜), 폭 1.5~5(㎜), 랜드 1.5~2.5(㎜)가 보통이다. 대형 성형품에서는 게이트 높이 2.0~2.5(㎜)(제품 두께의 70~80% 정도), 폭 7~10(㎜), 랜드 2.0~3.0(㎜) 정도이다.

표 6-8 수지 상수

재　료　명	n	재　료　명	n
PS, PE	0.6	PVAC, PMMA, PA	0.8
POM, PC, PP	0.7	PVC	0.9

(3) 오버랩 게이트(over lap gate)

(그림 6-39)에서 보는 바와 같이 표준 게이트와 기본적으로 같지만, 이 게이트는 성형품의 측면이 아닌 평면부에 설치한다. 그러므로 성형품에 플로 마크가 발생하는 것을 방지할 수는 있으나, 게이트 자국이 파팅면에 남게 되므로 게이트 제거 및 후가공에 유의하여야 한다. 스트레이트 톱 게이트(straight top gate)라고도 하며, 설계 시 게이트의 치수 결정식은 다음과 같다.

① 랜드의 길이 (L_1)=2~3(㎜)　　　② 랜드의 폭(W) $\frac{n \times \sqrt{A}}{30}$ (㎜)

③ 게이트의 깊이(h)=n×t(㎜)   ④ 게이트의 깊이(L2)=h+$\frac{W}{1}$(㎜)

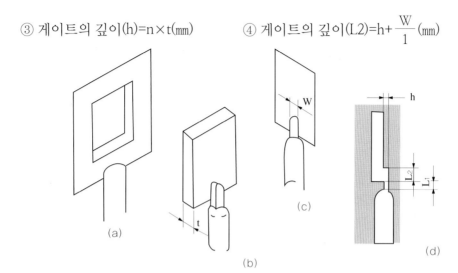

그림 6-39 오버 랩 게이트

(4) 팬 게이트(fan gate)

큰 평판상의 면 및 얇은 단면에 매끄럽게, 또한 균일하게 충전하는 데에 적합한 게이트로서, 게이트 부근의 결함을 최소로 하는데에 가장 효과가 있는 게이트이며, 경질PVC 이외의 범용 수지에 사용된다.

게이트 위치의 선정은 성형성 및 후가공을 고려하여 결정한다. 팬 게이트 설계기준은 다음과 같다.

① 게이트 랜드(L)는 표준 게이트보다 약간 길게 6(㎜) 전후로 한다.

② 게이트 폭(W)=$\frac{n \times \sqrt{A}}{30}$ (㎜)

③ 게이트 길이(h1)=n×t(㎜)

④ 게이트 입구부의 길이(h2)=$\frac{W \times h^1}{D}$ (㎜)

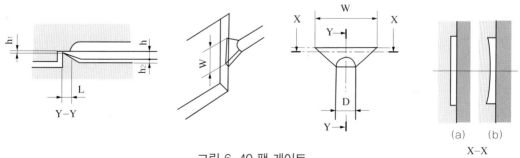

그림 6-40 팬 게이트

(5) 필름 게이트(film gate)

(그림 6-41)에 나타낸 것 같이 성형품에 평형으로 러너를 설치하고, 성형품과의 사이에 게이트를 설치한다. 게이트의 두께가 얇으므로 플래시 게이트(flash gate)라고도 한다.

일반적으로 성형품의 폭 전체에 걸쳐 게이트를 설치하는 수가 많지만, 짧게해도 만족할 수 있으면, 후가공을 고려해서 짧게 하는 것이 바람직하다. 이 게이트는 평판상 성형품의 수축 변형을 최소로 억제하려고 하는 경우에 사용되며, 경질 PVC 이외의 범용 수지에 사용된다. 성형품의 폭과 게이트 폭은 같은 길이로 하고, 두께는 0.2~1 (㎜), 랜드는 1(㎜)정도로 한다.

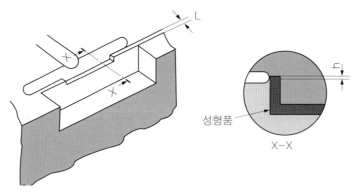

그림 6-41 필름 게이트

(6) 디스크 게이트(disk gate)

어느 정도 성형품의 형상에 제약을 받으며, 성형품의 원형 구멍에 게이트를 배치한 것으로 다이어프램 게이트라고도 한다. 얇은 원판상의 게이트이며, 웰드 마크를 방지하기 위하여 사용된다.

(그림 6-42(a))와 같이 게이트가 설치되는 경우에는 안지름에 게이트 자국이 남게 되므로, 안지름이 중요할 때는 (b)에서 처럼 단면에 랩(lap) 형상으로 게이트를 설치할 필요가 있다. 이 게이트는 2매 구성금형의 1개 뽑기 원통형에 일반적으로 사용되고 있지만, 3매 구성금형 및 러너리스금형의 다수개 뽑기에도 사용된다. 경질 PVC 이외의 범용 수지의 사용이 가능하다. 디스크 게이트의 설계 기준은 다음과 같다.

① 게이트 깊이는 0.2~1.5(㎜), 랜드는 0.7~1.2(㎜)가 좋다.
② 일반용(a)에서는 게이트의 깊이(h)=0.7n×t로 한다.
③ 정밀용(b)에서는 게이트 깊이(h_1)=n×t, 랜드의 길이(L)는 $L_1=h_1$으로 한다.

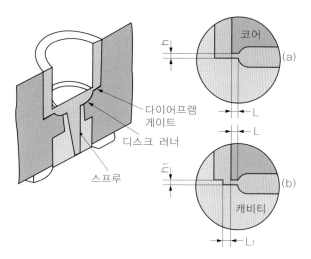

그림 6-42 디스크 게이트

(그림 6-43)는 성형품에 원형 구멍이 두 군데 있을 경우의 예로서, (a)는 디스크 게이트부, (b)는 웰드 마크 방지를 위해 서브 러너(sub runner)를 설치한 것이다. 이들의 게이트 및 서브 러너부는 성형후에 원형 펀치로 구멍을 뚫거나 탁상 드릴링 머신 등으로 기계 가공하여 제거한다. 일반적으로 서브 러너의 게이트 두께는 0.2~1.5㎜ 정도로 하며, 대형인 것으로 형상이 변화하는 것에서는 조금 두껍게 설치한다.

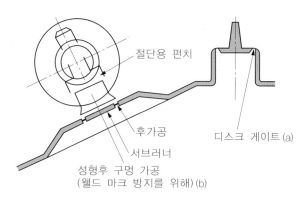

그림 6-43 디스크 게이트와 서브 러너

(7) 링 게이트(ring gate)

원통형의 소형 성형품을 성형하기 위하여 (그림 6-44)와 같이 원통상의 외주에 러너를 링으로 돌려서 그 러너로부터 얇은 원판상의 게이트로 수지가 균일하게 주입되므로 웰드 마크가 방지되고 사출 압력에 의한 금형의 코어핀의 쓰러짐(편심) 등도 방지되어 살두께가 균일한 성형품이 얻어진다.

이 게이트는 러너 주입구의 반대측에 (그림 6-44)과 같이 오버 플로를 설치하여 균형을 잡아준다. 디스크 게이트는 원통상의 안쪽에 게이트를 설치하는데에 대해, 링 게이트는 원통상의 외주에 설치한다. 일반적으로 스트리퍼 플레이트 또는 슬리브에 의해 이젝팅되므로, 러너는 사다리꼴이 채용되는 경우가 많다.

① 랜드 길이(L)는 0.7~1.2(㎜)이고,

② 게이트의 깊이(h)는 0.7×n×t로 한다.

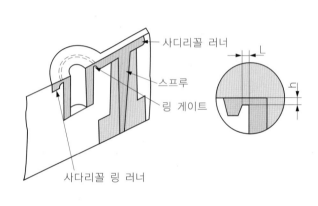

그림 6-44 링 게이트

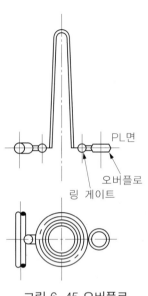

그림 6-45 오버플로

(8) 터브 게이트(tab gate)

터브 게이트는 오버랩 게이트의 변형으로 성형품에 직접 게이트를 붙일 수 없는 경우, 또는 게이트부에 변형이 생기기 쉬운 수지를 성형할 때 성형품에 터브을 만들어 여기에 게이트를 붙인다. (그림 6-46)과 같이 게이트를 통과한 수지가 터브에 모였다가 캐비티에 충전된다. 수지는 게이트를 통과할 때 마찰열에 의해 재가열되고 터브에서 성형압력을 완충시켜 원활한 흐름으로 캐비티에 충전되므로, 잔류응력이나 변형이 없는 성형품을 게이트 부근의 싱크 마크를 막을 수 있다.

이 때문에 PVC, PC, PMMA 등과 같이 유동성이 좋지 않은 수지를 성형하는데 적합하다. 터브 게이트는 러너에 대해서 직각으로 붙이는 것이 보통이고, 터브은 플로 마크나 웰드 마크를 피하기 위해 두꺼운 부분에 설치한다.

터브 게이트(직사각형 게이트)는 마찰열을 발생시키기 위하여 약간 작게 정하며, 크기는 표준 게이트와 같은 산출식을 사용한다. 그 설계 기준은 다음과 같다.

① 터브의 폭은 6(㎜)이상이며, 깊이는 캐비티 두께의 75(%)가 표준이다.

② 게이트의 깊이(h)는 n×t이며, 폭(W)은 $\dfrac{n\sqrt{A}}{30}$ 이다.

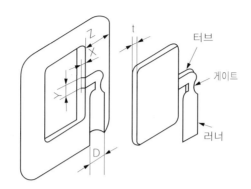

그림 6-46 터 브 게이트

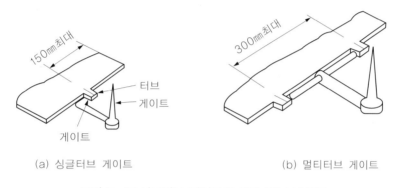

(a) 싱글터브 게이트　　　　　　　　　(b) 멀티터브 게이트

그림 6-47 싱글터브 게이트와 멀티 터브 게이트

③ 터브의 크기는 폭(Y)=D, 깊이(X)=0.9×t, 길이(Z)=1½D로 한다.

(그림 6-47)에서와 같이 터브의 위치는 성형품 테두리에서 150(㎜) 이내가 좋으며, 성형품의 폭이 넓을 경우에는 멀티 터브 게이트(multi tab gate)를 사용할 필요가 있다. 이 때 터브간의 거리는 300(㎜) 이내로 한다.

(9) 핀 포인트 게이트(pin point gate)

성형품의 중앙에 게이트를 설치할 경우에 사용되는 원형의 제한 게이트로서 다점 게이트로 이용되는 경우도 많다. 게이트의 단면적이 작으므로 유동 저항이 크고, 저점도 수지를 사용하거나 사출압력을 높게 해야 한다. (그림 6-48) 그 특징은 다음과 같다.

① 게이트의 위치가 비교적 제한받지 않고 자유롭게 결정된다.

② 게이트 부근에서 잔류응력이 적다.

③ 투영면적이 큰 성형품, 변형하기 쉬운 성형품의 경우 다점 게이트로 함으로써 수축 및 변형을 적게 할 수 있다.

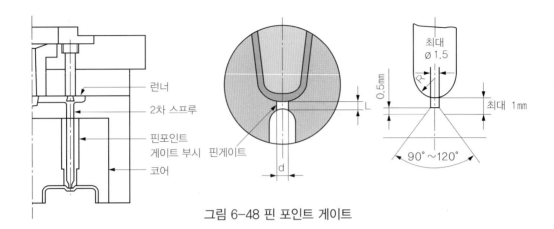

그림 6-48 핀 포인트 게이트

④ 게이트부는 절단하기 쉬우므로 금형을 3매 구성금형으로 하면 형개력에 의해 자동 절단이 가능해지고, 성형품과 러너를 별도로 꺼낼 수 있다.

⑤ 핀 포인트 게이트를 채용하는 데는, 3매 구성금형, 핫 러너(hot runner)금형, 웰 타입(well type)노즐 달린 2매 구성금형 중 적합한 것을 선택해야 한다.

그리고 핀 포인트 방식은 러너를 꺼내는 장치가 필요하므로, 사출성형기의 최대 다이플레이트의 간격 관계 및 러너 플레이트의 러너 뽑기부 스페이스를 넓게 취하는 것이 좋다. 게이트의 설계 기준은 다음과 같다.

⑥ 랜드의 길이는 0.8~1.2(㎜)로 하며, 될 수 있는 대로 짧게 한다.

⑦ 게이트의 지름(d)는 $d = n \times C \times \sqrt[4]{A}$ 로 한다. 단, 살두께 0.7~2.5(㎜)에 적용하며, 웰 타입 노즐에서는 30(%) 작게 한다.

여기서 n:수지 상수 〈표 6-8〉, A:캐비티의 표면적(㎟), C:살두께 함수 〈표 6-9〉

표 6-9 살두께의 함수

t	0.80	0.90	1.30	1.50	1.80	2.00	2.30	2.50
C	0.036	0.041	0.047	0.055	0.051	0.058	0.062	0.065

(10) 서브머린 게이트(submarine gate)

게이트 방식은 핀 포인트 게이트와 큰 차이가 없으나 핀 포인트 게이트처럼 성형품 표면에 게이트 자국을 남기지 않고 측면 또는 이면에 만들 수 있으므로 외면에 게이트 자국을 남기고 싶지 않을 때 사용되며, 2매 구성금형에서도 사용된다. (그림 6-48과 같이 러너는 파팅면에 만들고, 게이트부는 고정 형판이나 이동 형판안에 터널식으로 파고 들어가 캐비티로 주입되므로 터널 게이트(tunnel gate)라고도 한다. 따

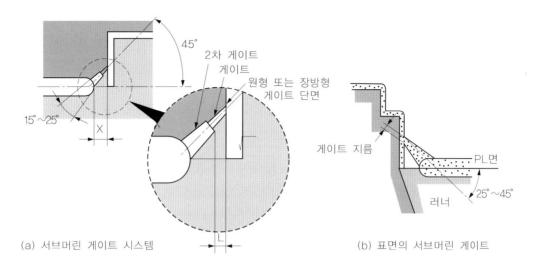

(a) 서브머린 게이트 시스템   (b) 표면의 서브머린 게이트

그림 6-49 서브머린 게이트

라서 게이트는 성형품이 돌출함과 동시에 자동으로 절단된다. 게이트 절단 자국이 성형품 측면에 남아서는 안될 경우에는 (그림 6-50)과 같이 이젝팅핀에 2차 러너를 가공하고 2차 러너에 서브머린 게이트를 설치하여 2차 러너의 말단부를 성형품 내측에 접속시켜 간접 주입시킨다. 이 때 압력 손실이 크게 되어 사출 성형기의 사출압력을 크게 할 필요가 있다. 게이트 설계 기준은 다음과 같다.

① 파팅면과 게이트 입구의 경사각은 $25°{\sim}45°$ 로 한다.

② 터널 부분의 테이퍼는 $15°{\sim}45°$ 로 한다.

③ 게이트의 지름(d)은 $n{\times}C{\times}\sqrt[4]{A}$ 로 한다.

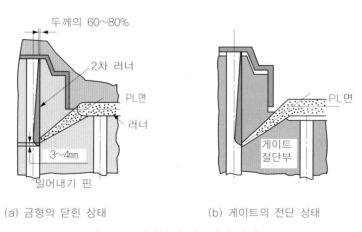

(a) 금형의 닫힌 상태   (b) 게이트의 전단 상태

그림 6-50 러너붙이 서브머린 게이트

(11) 커브드 게이트(curved gate)

게이트 방식은 러너붙이 서브머린 게이트를 변형한 것으로 서브머린 게이트의 단점인 압력손실을 막으며 러너붙이를 제거할 필요가 없다. (그림 6-51)

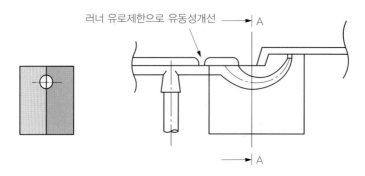

그림 6-51 커브드 게이트

게이트의 위치 설정 기준

① 게이트 위치는 각 캐비티의 말단까지 동시에 충전되는 위치에 설치한다.

② 웰드 라인이 생성되기 어려운 곳에 설치한다. (그림 6-52)

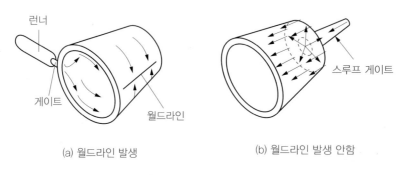

(a) 월드라인 발생   (b) 월드라인 발생 안함

그림 6-52 게이트의 형상 및 위치에 따른 제품의 외관품질

③ 상품의 가치상 눈에 띄지 않는 곳, 또는 게이트의 마무리가 간단하게 되는 부분에 설치한다.

④ 게이트는 성형품의 가장 두꺼운 부분에 설치하는 것을 원칙으로 한다. (그림 6-53)

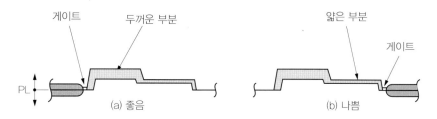

그림 6-53 성형품 두께에 따른 게이트 위치

⑤ 가는 코어나 리브, 핀이 가까운 곳, 또는 유동 압력에 의해 편육하고 쓰러질 우려가 있는 방향은 피한다.

⑥ 가스가 고이기 쉬운 방향의 반대쪽에 설치하고, 그 반대쪽에 에어 벤트를 설치한다.

⑦ 큰 힘이나 충격하중이 작용하는 부분에는 게이트를 붙이지 않는다.

⑧ 제팅(jetting)이 발생하지 않는 부분에 설치한다.

⑨ 성형품의 기능, 외관을 손상하지 않는 부분에 설치한다.

⑩ 인서트, 기타의 장애물을 피할 수 있는 곳을 선택한다.

3. 러너(runner)

가. 러너의 역할과 단면 형상

러너는 스프루와 캐비티를 잇는 용융수지의 흐르는 길이며, 가급적 유동저항이 적고, 쉽게 냉각되지 않는 것이 바람직하다. 따라서 러너는 될 수 있는대로 굵게, 그리고 단면 형상은 진원에 가까운 형상이 좋다. 그러나 굵게 하면 성형성은 향상되지만,

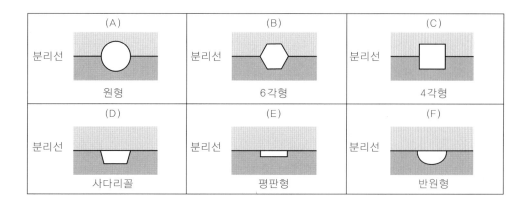

그림 6-54 러너의 단면 형상

수지량의 증가 및 러너의 고화시간이 성형 사이클이 길어지므로 단가 상승을 가져
오는 결점이 있다.

러너 설계에서는 단면 형상, 크기, 레이아웃(layout) 등에 유의해야 한다. 러너의 단
면 형상은 (그림 6-54)와 같이 여러 종류의 것이 있으며, 수지의 온도를 일정하게 유
지하여 캐비티까지 가도록 하기 위하여 유동 저항이 적고 열손실이 적어야 한다. 이
런 조건을 만족하기 위하여 러너는 압력 전달면에서는 단면적이 커야 하고, 열전도
면에서는 외주가 최소이어야 한다. 즉 단면적에 대한 외주의 비가 러너의 효율을 나
타낸다.

(그림 6-55)는 주요 단면 형상의 효율을 나타내고 있다. 이것에 의하면 원형과 사
각형은 러너의 빼내기가 어렵다. 이때문에 실제로는 약 5~10°경사를 준 사다리꼴이
많이 사용된다.

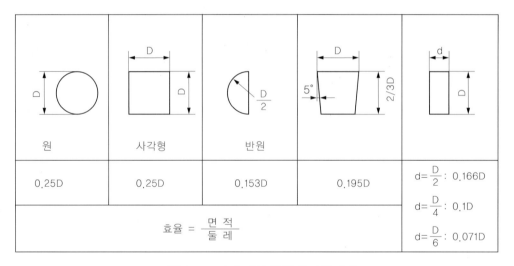

그림 6-55 러너 단면 형상에 따른 효율

러너에 용융수지가 흐르면, 찬 금형벽에 닿는 부분은 곧 온도가 저하해서 고화한
다. 이 고화한 수지의 단열작용으로 중심부의 수지는 용융된 상태로 원활히 흐른다.
이상적으로는 게이트와 러너의 중심은 일직선 상에 있는 것이 수지의 흐름 온도와
압력 유지면에서 바람직하다.

(그림 6-56)에서 ⓐ의 원형 러너는 게이트와 일직선상에 있으므로 수지의 흐름이
원활하지만, ⓑ의 사다리꼴 러너에서는 한번 꺾여서 게이트로 유입되기 때문에 유
동저항이 커져 흐름이 원활하지 못하다. 이 밖에도 러너 단면의 선정은 이형과 가공
문제를 고려해야 한다. 2매 구성금형의 경우 파팅면이 평면일 때는 원형 러너가 사

용되나, 파팅면이 복잡하고 양면에 러너를 가공하기가 힘들 경우나 3매 구성금형은 사다리꼴이나 반원형 러너가 많이 사용되고 있다. 가공 측면에서 보면 반원형이나 사다리꼴은 원형이나 사각형, 육각형보다 러너 효율은 떨어지지만 한쪽면만 가공되므로 유리하다.

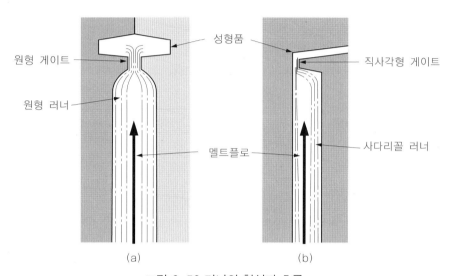

(a)　　　　　　　(b)

그림 6-56 러너의 형식과 흐름

나. 러너의 치수

러너의 치수를 결정할 때 고려할 사항은 다음과 같다.

① 성형품의 살두께 및 중량, 주 러너 또는 스프루에서 캐비티까지의 거리, 러너의 냉각, 사용수지 등에 대해 검토한다.

② 러너의 굵기는 성형품의 살두께보다 굵게 한다. 러너의 굵기가 가늘면 성형품보다 러너가 먼저 고화하므로 수축이 보정되지 않아 싱크 마크나 공동이 발생되기 쉽다. 따라서 ϕ 3.2 이하의 러너는 보통 길이 25~30(㎜)의 분기 러너에 한정된다.

③ 러너의 길이가 길어지면 유동저항이 커진다.

④ 러너의 단면적은 성형 사이클을 좌우하는 것이어서는 안된다. 대부분의 수지에 대해서는 ϕ 9.5보다 큰 러너는 좋지 않으며, 경질 PVC나 PMMA에서는 ϕ 13 정도까지도 사용된다.

⑤ 금형 제작시에는 표준 커터가 사용될 것, 살두께가 3.2(㎜) 이하이고, 중량 200(g)까지의 성형품에 대한 러너의 결정시 경험식은 다음과 같다.

$$D=\frac{\sqrt{W}\times\sqrt[4]{L}}{37} \quad\cdots\cdots\cdots\cdots (6.12)$$

D : 원형 러너의 지름(㎜)
W : 성형품의 중량(g)
L : 러너의 길이(㎜)

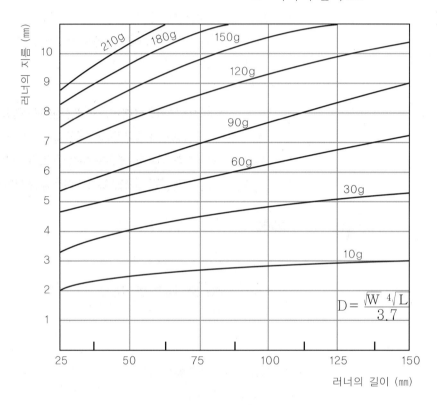

그림 6-57 살두께가 3.2(㎜)이하일 때의 러너 지름

단, D는 ∅ 3.2~9.5까지 경질PVC와 PMMA에서는 25(%) 가산한다. (그림 6-57 참조)

〈표 6-10〉은 수지별로 권장하는 러너 지름을 표시하며, 〈표 6-11〉와 〈표 6-12〉은 성형품의 중량과 투영 면적에 대한 러너 지름의 관계를 표시한다.

표 6-10 성형 재료별 권장 러너 지름

(단위 : mm)

재　료	러너 지름	재　료	러너 지름
ABS, SAN	1.6~10	폴리카보네이트	1.6~10
아세탈	3.2~10	열가소성 폴리에스테르	무강화3.1~8
아세테이트	1.6~11		강화1.6~10
아크릴	8~10	PE, LD-HD형	1.6~10
부틸 레이트	1.6~10	폴리아미드	1.6~10
플루오르 카본	약1.6~10	P P	1.6~10
내충격 아크릴	8~13	PS-일반용-내충격용	3.2~10
아이오노머	2.4~10	폴리설폰	6.4~10
나일론	1.6~10	PVC(가소화)	3.1~10
폴리페닐렌옥사이드	6.4~10	PVC경질(변성)	6.4~10
폴리페닐렌설파이드	6.4~13	폴리우레탄	6.4~8
폴리 알로머	1.6~10		

표 6-11 중량과 러너의 지름

러너지름(mm)	성형품 중량(g)
4	소모품
6	80 이하
8	300 이하
10	300 이상
12	대형품

표 6-12 투영면적과 러너 지름

러너지름(mm)	성형품 중량(g)
6	10 이하
7	50 이하
(7.5)	200 이하
8	500 이하
9	800 이하
10	1200 이하

표 6-13 러너 형상의 치수

원형러너

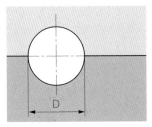

(단위 : mm)

호칭치수	4	6	(7)	8	(9)	10	12
D	4	6	7	8	9	10	12

※주1. ( )안의 치수는 가급적 사용하지 않는다.

N형러너

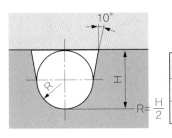

$R=\dfrac{H}{2}$

(단위 : mm)

호칭치수	4	6	(7)	8	(9)	10	12
R	2	3	3.5	4	4.5	5	6
H	4	6	7	8	9	10	12

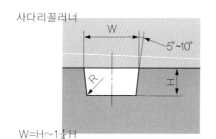

사다리꼴러너

W=H～1¼H

(단위 : mm)

호칭치수	4	6	(7)	8	(9)	10	12
W	4	6	7	8	9	10	12
H	4	4.0	5	5.5	6.0	7	8

※주1. H≒⅔W로 한다.

다. 러너의 배치

다수개 뽑기 금형에서 러너와 성형품 배치와의 관계는 성형품 형상, 게이트의 수, 플레이트의 구성 및 게이트 형식에 따라 좌우되므로 러너의 레이아웃 설계시 다음 사항을 고려해야 한다.

① 압력 손실과 유동수지의 온도 저하를 막기 위하여 러너의 길이와 수는 가장 적 어지는 유동선으로 해야 한다.

② 러너 시스템은 유동 배분을 고려해서 균형시켜야 한다. 러너 밸런스는 스프루 에서 각 캐비티까지의 거리를 동일하게 하는 것을 의미하며, 고밀도 성형에서 는 매우 중요한 것이다.

(그림 6-58)은 캐비티 개수에 따른 러너의 배치 예로서, 균형잡힌 러너를 배치하기 위하여 게이트 밸런스를 함께 고려하여 설계해야 한다.

(a) 1개뽑기 　(b) 2개뽑기 　(c) 2개뽑기 　(d) 4개뽑기 　(e) 5개뽑기 　(f) 6개뽑기

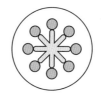
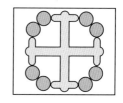

(g) 2개뽑기 　(h) 3개뽑기 　(i) 4개뽑기 　(j) 8개뽑기 　(k) 8개뽑기

그림 6-58 캐비티 개수에 따른 러너의 배치 예

(그림 6-59)은 캐비티 배열을 나타내고 있으며, 정밀 성형용 배치에는 원형 배열이 가장 바람직하지만 원형 성형품 이외에는 금형 가공상 바람직하지 않다. 각형 성형품의 경우에는 4개 뽑기로 하여 H형 배열로 하는 것이 좋다.

노즐로부터 사출된 용융수지는 금형에서 냉각되어 고화된 후 금형을 열어 성형품을 빼내고 다음 성형 공정으로 옮겨지며, 이 때 최초로 금형에 들어갈 수지나 노즐의 선단에 조금씩 부착되어 있는 고화된 수지가 성형품 속에 들어가면 성형 불량의 원인이 된다.

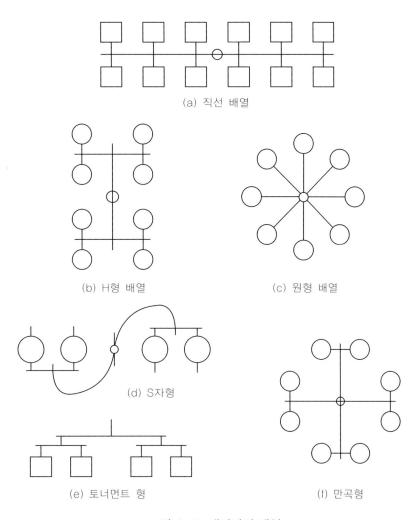

(a) 직선 배열

(b) H형 배열

(c) 원형 배열

(d) S자형

(e) 토너먼트 형

(f) 만곡형

그림 6-59 캐비티의 배열

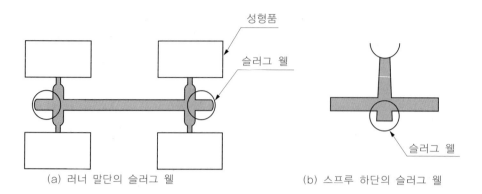

그림 6-60 슬러그 웰

이 냉각된 성형 재료를 콜드 슬러그(cold slug)라 하며, 이것으로 인한 성형 불량을 방지하기 위하여 (그림 6-60)와 같이 스프루의 하단이나 러너의 말단에 슬러그 웰 (slug well)을 만들어 콜드 슬러그가 성형품 속으로 들어가지 않도록 한다. 슬러그 웰 의 길이는 일반적으로 러너 지름의 1.5~2배로 한다.

라. 러너·게이트의 밸런스

다수개 뽑기 금형에서는 모든 캐비티가 균일하게 충전되도록 러너 및 게이트에 의하 여 밸런스를 맞추는 것이 필요하다. 이것은 다수개 뽑기 성형시에 발생하기 쉬운 플로 마크, 싱크 마크, 충전부족, 치수 정밀도 오차 및 중량의 불량 등을 해결할 수 있다.

스프루에서 캐비티 끝에 이르는 사이의 압력 저하는 거리와 비례하므로, 다른 조 건이 같을 경우에 먼 캐비티로 갈수록 전달되는 압력은 작아진다. 따라서 스프루로 부터의 거리가 증가함에 따라 게이트 랜드의 길이를 적당하게 감소시켜야 한다.

(1) 각 캐비티의 충전상태를 균일하게 하는 방법
① 스프루로부터 각 캐비티까지의 수지 유동거리를 같게 하는 방법
② 스프루로부터 각 캐비티까지의 거리에 따라 러너의 굵기를 조정하는 방법
③ 스프루로부터 각 캐비티까지의 거리에 따라 게이트의 폭과 깊이를 조정하는 방법

(2) B. G. V(balanced gate value)의 계산
다수개 뽑기의 경우에 B. G. V의 값이 일정하게 되도록 게이트의 치수를 정하는 방 법으로서 B. G. V는 게이트를 통과하는 재료의 질량에 비례한다. 즉 충전 중량에 비 례한다.

$$B.\,G.\,V = \frac{S_G}{\sqrt{L_R} \times L_G} \quad \cdots\cdots\cdots\cdots\cdots \quad (6.13)$$

S_G : 게이트의 단면적(㎟)

L_R : 러너의 길이(㎜)

L_G : 게이트의 길이(㎜)

일반적으로 설계시 게이트와 러너의 단면적의 비(S_G/S_R)는 0.07~0.09 정도이고, 게이트의 길이는 일정하게 하고 폭과 깊이를 변하게 하여 조정하며 그 비는 대략 3:1 정도이다. 또 러너의 길이가 길 경우(스프루에서 300~400(㎜))는 125~200(㎜) 길어질 때 마다 랜드를 0.13(㎜) 짧게 한다.

(예제 5) (그림 6-61)과 같이 동일 성형품 10개 뽑기의 러너 배치도에서 러너 지름 10(㎜), 게이트의 랜드 길이 2(㎜)로 일정하게 할 때 게이트 밸런스를 취하기 위한 게이트 치수를 결정하라.

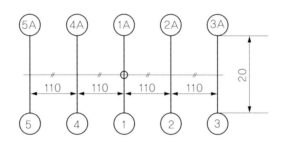

그림 6-61 게이트 밸런스

〈풀이〉뽑기 수는 10개이지만 배치 조건에서 보면 2·2A와 4·4A는 같은 치수를 적용하며 3·3A와 5·5A도 같은 치수를 적용하므로 1·1A의 치수와 다른 2개의 치수만을 계산하면 된다.

러너의 단면적 S_R은 $\frac{\pi}{4} \times 8^2 = 50.24$(㎟)이고, $\frac{S_G}{S_R} = 0.09$라고 하면,

게이트의 단면적 S_G는 $S_G = S_R \times 0.09 = 50.24 \times 0.09 = 4.5216$(㎟)이다. 일반적으로 게이트의 폭과 깊이의 비가 3:1이므로 깊이를 h로 하면, 폭은 3h가 된다. 따라서 게이트 단면적에서,

$S_G = 3h^2 = 4.5216$(㎟)

∴깊이h=1.227(㎜)

∴폭3h=1.227×3=3.681(㎜)

이 치수의 게이트를 2·2A 및 4·4A의 게이트에 적용하면 게이트 밸런스 B. G. V는

$$2\cdot2A \text{ 및 } 4\cdot4A\text{의 } B.\ G.\ V = \frac{S_{G2}}{\sqrt{L_{R2}} \times L_{G2}}\ \frac{4.516}{\sqrt{120 \times 2}}$$

이것은 1·1A, 3·3A 및 5·5A의 B. G. V도 같게 해야만 한다.

따라서 $\dfrac{4.516}{\sqrt{120 \times 2}} = \dfrac{S_{G1}}{\sqrt{10 \times 2}} = \dfrac{S_{G3}}{\sqrt{230 \times 2}}$

여기에서 S_{G1}은 1번 성형품의 게이트 단면적이고, S_{G2}은 3번 성형품의 단면적이다. 위식을 계산하면 S_{G3}=1/032(mm^2), 1.302(mm^2), S_{G3}=6.248(mm^2)가 된다. 2번 게이트와 같은 방법으로 1번, 3번 게이트의 깊이와 폭을 구하면, 1번 게이트의 폭은 1.976(mm), 길이는 0.6587(mm^2) 랜드는 2(mm)이며, 3번 게이트의 폭은 4.329(mm), 깊이는 1.443(mm), 랜드는 2(mm) 얻는다. 이것을 정리하면 〈표 6-14〉와 같다.

표 6-14 게이트 치수

(단위 : mm)

게이트 치수 ＼ 캐비티 No	1 · 1A	2 · 2A	3 · 3A	4 · 4A	5 · 5A
폭	1.976	3.68	4.329	3.68	4.329
길이	0.658	1.227	1.443	1.227	1.443
랜드	2	2	2	2	2

(3) 서로 다른 성형품의 다수개 뽑기일 때 게이트의 밸런스

다수개 뽑기 금형에서 충전량이 서로 다른 경우 B. G. V는 충전량에 비례하므로,

$$\frac{W_a}{W_b} = \frac{\dfrac{S_{Ga}}{\sqrt{L_{Ra}} \times L_{Ga}}}{\dfrac{S_{Gb}}{\sqrt{L_{Rb}} \times L_{RGb}}} = \frac{S_{Ga}}{S_{Gb}} \times \frac{\sqrt{L_{Rb}} \times L_{Gb}}{\sqrt{L_{Ra}} \times L_{Ga}} \quad\cdots\cdots\cdots\cdots\cdots (6.14)$$

단, 게이트가 사각인 경우 폭과 깊이의 비는 3:1이고, 게이트 단면적과 러너 단면적의 비는 0.07~0.09 정도로 한다.

여기에서 W_a, W_b : a, b 캐비티의 충전량(g)

$\qquad\qquad S_{Ga}$, S_{Gb} : a, b 캐비티의 게이트 단면적(mm^2)

LRa, LRb : a, b 캐비티의 러너 길이(㎜)

LGa, LGb : a, b 캐비티의 게이트 랜드(㎜)

4. 스프루(sprue)와 스프루 부시(sprue bush)

스프루는 금형의 입구에 의하여 용융된 수지를 러너 혹은 캐비티에 보내는 역할을 한다. 스프루는 (그리 6-62)과 같이 한쪽은 성형기의 노즐에 연결되고 다른 한쪽은 금형의 러너 또는 성형품에 붙어 있다. 일반적인 형상은 (그림 6-63)와 같이 외형은 부시가 되고, 다른 쪽은 고정측 형판 또는 러너 플레이트에 끼워 맞추어진다. 스프루 부시는 성형압력을 받으므로 이것을 지탱하기 위하여 로케이트 링을 단붙이기로 하여 누르고 있다.

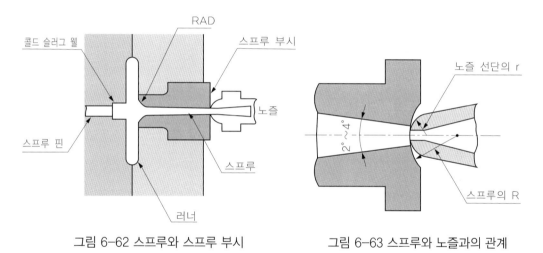

그림 6-62 스프루와 스프루 부시   그림 6-63 스프루와 노즐과의 관계

스프루 부시의 설계시 고려할 사항은 다음과 같다.

① 스프루 부시 R은 노즐 선단 r보다 0.5~1(㎜)정도 크게 한다.

② 스프루 입구의 지름 D는 노즐 구멍 지름 d보다 0.5~1(㎜)정도 크게 한다.

③ 스프루 길이는 될 수 있는 대로 짧은 편이 좋으며, R은 사용자가 지정해 주는 경우가 많다.

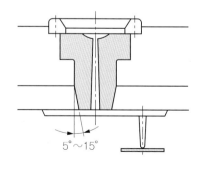

그림 6-64 핀 포인트 게이트 사용 예

④ 스프루 구멍의 테이퍼는 2~4°로 한다.

⑤ 스프루 부시는 HRC 40 이상으로 열처리한다.

⑥ 스프루 부시의 내면 거칠기는 1~6S로 하고, 끝다듬질할 때 길이 방향으로 하여야 한다.

⑦ 러너 스트리퍼의 스프루 부시의 섭동부에 5~15°의 각도를 부여하면 안정성이 좋고, 작동이 원활하다. (그림 6-64 참조)

이젝터 기구의 설계

    사출 성형 작업에서 성형품의 이젝터(ejector)는 성형품의 품질을 일정하게 유지하고, 또한 자동 성형을 가능하게 하는 중요한 역할을 한다. 이젝터 방법의 결정은 사용하는 수지나 제품의 형상, 게이트의 종류, 상품의 가치, 금형의 구조 등에 의해 결정되지만, 원칙적으로 성형품에 변형이나 흠, 균열을 주지 않고 확실하면서도 신속하게 이형이 되며, 고장이 적고, 보수가 간단히 되는 것이어야 한다.

    용융수지가 금형의 캐비티에 충전이 끝나고, 고화된 성형품은 이젝터 기구에 의해서 빼내어진다. 이 경우 가동형은 파팅 라인을 경계로 해서 스트로크 만큼 열리고 가동형에 조립되어 있는 이젝터 기구가 성형기에 고정되어 있는 이젝터 로드에 의해 작동되어지는 구조로 되어 있다. 또한, 성형품의 형상에 따라 고정형에 성형품이 남을 경우도 있으며, 이 때는 고정형에 이젝터 기구를 설치해서 이젝터 플레이트를 가동측과 로드(rod), 핀(pin), 체인(chain), 와이어(wire) 등으로 연결하여 작동시키든지, 독자적인 유압 및 공압 실린더를 설치하여 작동시키는 방법 등이 있다. 이 때 형판으로부터 확실하게 성형품을 빼내고, 형이 닫혀질 때 다른 부품과 간섭을 일으키지 않고 원 위치로 복귀해야 한다. 이 복귀 동작은 특별한 경우를 제외하고는 이젝터 플레이트에 고정되어 있는 4개의 리턴 핀(returen pin)에 의해서 행하여진다.

1. 이젝터 방식의 종류

가. 이젝터 핀에 의한 방식

    핀 이젝터 방식은 가장 간단하고, 성형품의 임의의 위치에 설치할 수 있다. 핀 구멍도 가공하기가 쉽고, 끝 손질이나 정밀도도 쉽게 얻을 수 있으며, 밀어내기 저항이 가장 적으므로 긁히는 사고가 잘 일어나지 않는다. 따라서 금형의 수명도 길고, 호환성이 좋으며, 파손시 보수가 쉽다. 그러나 작은 면적으로 이젝팅되므로 핀의 형상, 위치, 수가 부적당하면 성형품의 일부에 스트레인, 균열, 백화 등의 불량이 발생한다.

    핀의 종류에는 (그림 6-65)과 같이 여러 가지 형상이 있으며, 재료는 원칙적으로 KS D 3751의 STC 3~STC 5, KS D 3753의 STS 2, STS 3 또는 KS D 3756의 SCM 1로 한다.

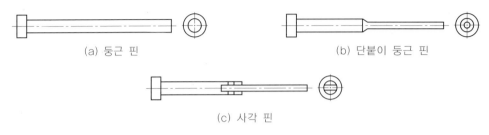

(a) 둥근 핀   (b) 단붙이 둥근 핀

(c) 사각 핀

그림 6-65 이젝터 핀의 종류

(그림 6-66)의 (a)와 같이 성형품의 상부에만 이젝터 핀을 설치하면, 백화현상 등의 불량 원인이 되기 때문에 (b)와 같이 가장자리에 이젝터 핀을 설치하는 것이 좋으며, 이 때 성형품과 접촉면적을 크게 하는 것이 좋다. (그림 6-67), (그림 6-68), (그림 6-69) 및 (그림 6-70)은 KS B 4153에서 규정한 것과 그 밖의 모양과 치수를 나타내었으며, (그림 6-71)에는 이젝터 핀의 적용 예를 나타낸다.

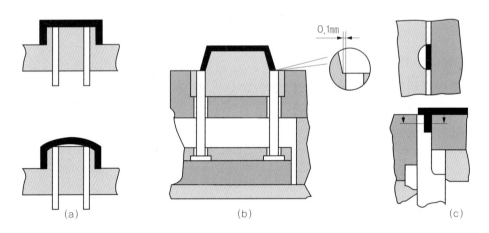

그림 6-66 이젝터 핀의 올바른 사용 예

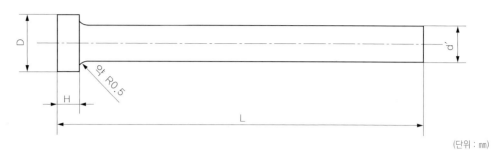

(단위 : mm)

호칭치수	d		D	H		호칭치수	d		D	H	
	치수	치수공차		치수	치수공차		치수	치수공차		치수	치수공차
2.5	2.5	−0.010 −0.030	6	4	0 −0.1	6.0	6.0	−0.020 −0.050	10	6	0 −0.1
3.0	3.0		6			7.0	7.0		11		
3.5	3.5		7			8.0	8.0		13		
4.0	4.0		8			10.0	10.0		15	8	
4.5	4.5		8	6		12.0	12.0		17		
5.0	5.0		9								

그림 6-67 이젝터 핀 A형의 모양과 치수

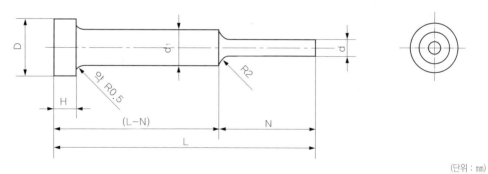

(단위 : mm)

호칭 치수	d		d₁	H		D	호칭 치수	d		d₁	H		D
	치수	치수공차		치수	치수공차			치수	치수공차		치수	치수공차	
1.0	1.0	−0.010 −0.030	3	4	0 −0.1	6	3.5	3.5	−0.010 −0.030 −0.020 −0.050	6.0	6	0 −0.1	10
1.5	1.5						4.0	4.0		8.0			
2.0	2.0		4.0				4.5	4.5			8		13
2.5	2.5			6		8	5.0	5.0		10.0			
3.0	3.0					10	6.0	6.0					15

그림 6-68 이젝터 핀 B형의 모양과 치수

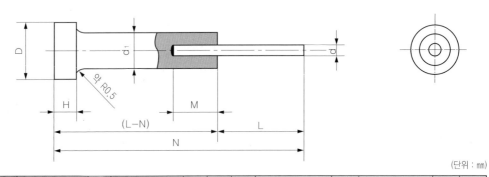

(단위 : mm)

호칭 치수	d		d₁	H		D	M	호칭 치수	d		d₁	H		D	M
	치수	치수공차		치수	치수공차				치수	치수공차		치수	치수공차		
1.0	1.0							2.4	2.4		7.0	6		11	10
1.2	1.2		6.0			10	6	2.8	2.8						
1.4	1.4	−0.010		6	0			3.0	3.0	−0.010			0		
1.6	1.6	−0.030			−0.1			3.4	3.4	−0.030	8.0	8	−0.1	13	15
1.8	1.8		7.0			11	10	3.8	3.8						
2.0	2.0							4.0	4.0						

그림 6-69 이젝터 핀 C형의 모양과 치수

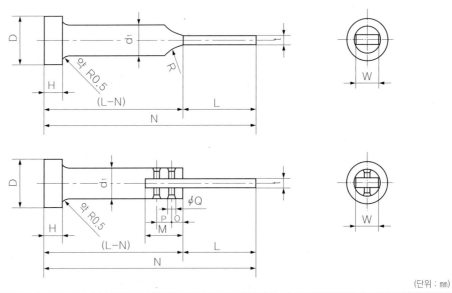

(단위 : mm)

d₁	M	O	P	Q	d₁	M	O	P	Q
8	15	4.5	6	3	15	20	5	8	4
12	15	4.5	6	3	20	20	5	8	4

그림 6-70 이젝터 핀 D형의 모양과 치수

이젝터 핀의 설계시 고려해야 할 사항은 다음과 같다.

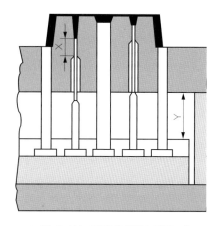

① 이젝터 핀을 배치할 때는 성형품의 이형 저항 밸런스가 유지되도록 한다.

② 게이트 하부 및 게이트와 직선 방향의 밑 부분에는 설치하지 않는다.

③ 상품의 가치를 해치지 않는 곳에 설치한다.

④ 공기 및 가스가 모이는 곳에 설치하여, 에어 벤트의 대용으로 한다.

그림 6-71 이젝터 핀의 적용 예

⑤ 이젝터 핀과 구멍의 끼워 맞춤은 H7정도로 한다.

⑥ 단붙이 이젝터 핀의 단붙이 지름부의 길이는 가능한 한 짧게 한다.

⑦ (그림 6-71)에서 이젝터 핀의 끼워 맞춤부의 길이 X는 최소 X≧15(㎜)로 하는 것이 일반적이다. 그리고 단붙이 지름부의 표준길이는 X+Y+(5~6)(㎜) 정도이다.

⑧ 핀의 담금질 경도는 HRC 55 이상으로 한다.

⑨ 끼워 맞춤부의 거칠기는 3S로 한다.

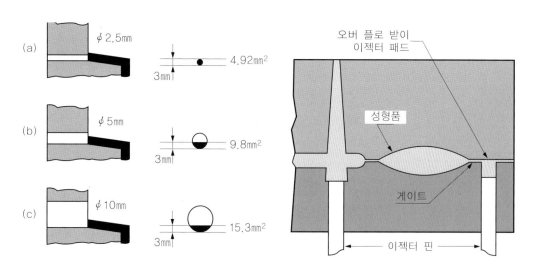

그림 6-72 핀의 접촉면적에 따른 효과 　　　그림 6-73 오버 플로 받이 이젝트

⑪ 성형품에 이젝터 핀 자국이 있어서는 안될 경우에 (그림 6-73)와 같이 오버 플로 받이를 설치하고, 이 오버 플로 받이부를 이젝터부로 한다. 이것은 콜드 슬러그 웰 역할도 하며 에어 벤트, 웰드 방지 등에도 이용된다.

⑫ 이젝터 핀은 보통 ϕ12~16 정도가 한도이며, 그 이상의 지름으로 이젝팅할 경우는 이젝터 핀의 선단을 접시 모양으로 만든 핀을 사용한다. (그림 6-74 참조)

⑬ 얇은 플레이트 상의 성형품에 대해서는 (그림 6-75)과 같이 블레이드 핀이 가장 효과적이다.

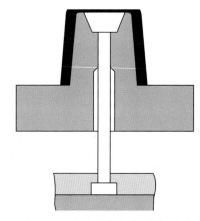

그림 6-74 접시머리핀에 의한 이젝팅

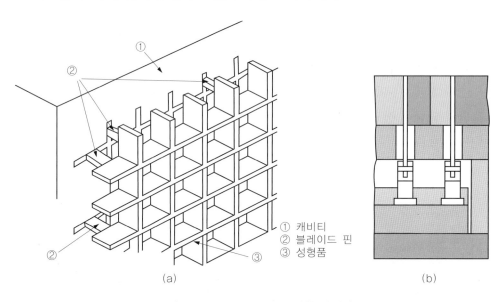

① 캐비티
② 블레이드 핀
③ 성형품

(a)　　　(b)

그림 6-75 블레이드 핀에 의한 이젝팅

나. 슬리브 이젝터 (sleeve ejector)방식

슬리브에 의한 밀어내기는 (그림 6-76)과 같이 중앙에 긴 구멍이 뚫려 있는 부시 모양의 성형품, 구멍이 뚫려 있는 보스, 빠지기 어려운 가늘고 긴 코어가 있는 성형품 등에 사용된다. 이것은 슬리브의 단면으로 주위를 고르게 밀어내므로 핀 이젝터보다 성형품에 균열이나 백화현상을 방지하고 원활한 이젝팅을 할 수 있다.

슬리브 이젝터는 내외 지름 모두 원활한 섭동이 필요하다. 따라서 내외 지름의 끼

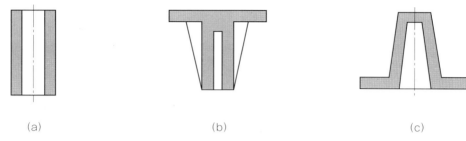

(a)   (b)   (c)

그림 6-76 슬리브 이젝팅에 적합한 성형품

워맞춤 정밀도 및 강재의 선정, 열처리는 신중히 검토하지 않으면 긁힘이 발생한다. 일반적으로 슬리브는 (그림 6-77)에서와 같이 이젝터 플레이트에 부착하고, 성형품에 구멍을 만드는 코어 핀은 코어 고정판에 고정시킨다.

재료는 KS D 3751의 STC 3~STC 5, KS D 3753의 STS 3, KS D 3525의 STB 2, KS D 3756 SCM 1로 하며, KS B 4159에 규정하고 있으나 STD 61종을 사용하여야 원활한 습동에 의해 금형사고를 방지할 수 있다. (그림 6-79) 및 (그림 6-80)는 이젝트 슬리브 A형, B형의 모양과 치수를 나타내며, (그림 6-81)는 A형의 적용 예를 나타낸다.

슬리브 이젝트의 설계시 고려할 사항은 다음과 같다.

① 슬리브이 살두께는 0.75(㎜) 이상이 좋으며, 가늘 경우에는 (그림 6-78)와 같은 단붙이 슬리브로 한다.

② 담금질 경도는 HRC 55이상으로 하고 질화 또는 경질크롬 도금을 하는 것이 좋다.

③ 슬리브와 코어 핀의 끼워맞춤 길이는 될 수 있는 대로 짧게 한다. 그러나 슬리브가 제일 많이 전진해도 7~8(㎜)의 여유를 갖게 한다.

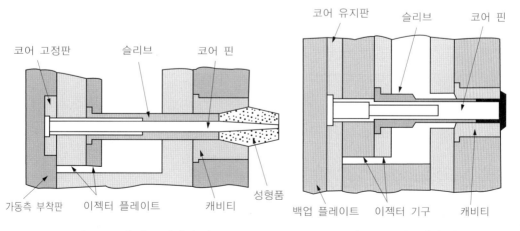

그림 6-77 슬리브 이젝터 기구   그림 6-78 단붙이 슬리브

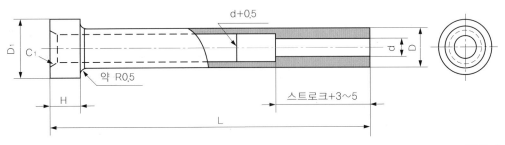

(단위 : mm)

호칭치수	d(구멍) 치수	d(구멍) 치수공차	D 치수	D 치수공차	D₁	H 치수	H 치수공차
3.0	3.0	+0.009 / 0	6.0		10	6	0
4.0	4.0	+0.012 / 0	7.0		11	6	0
5.0	5.0	+0.012 / 0	8.0	−0.020	13	8	−0.1
6.0	6.0		10.0	−0.050	15	8	−0.1

호칭치수	d(구멍) 치수	d(구멍) 치수공차(H7)	D 치수	D 치수공차	D₁	H 치수	H 치수공차
8.0	8.0	+0.015 / 0	12.0	−0.020	17	8	0 / −0.1
10.0	10.0	+0.015 / 0	14.0	−0.020	19	8	0 / −0.1
12.0	12.0	+0.018 / 0	17.0	−0.050	22	8	0 / −0.1

그림 6-79 이젝터 슬리브 A형의 모양과 치수

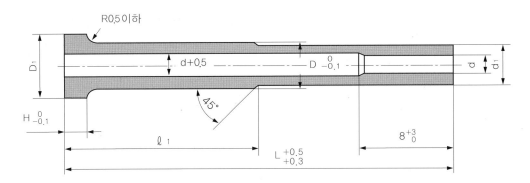

(단위 : mm)

호칭치수	d 치수	d 치수공차(H7)	d₁ 치수	d₁ 치수공차	D₁	D	H
3.5	3.5	−0.012 / 0	7	−0.020	15	10	8
4	4	−0.012 / 0	7	−0.020	15	10	8
4	4	−0.012 / 0	8	−0.050	15	10	8
4.5	4.5	−0.012 / 0	8	−0.050	15	10	8

호칭치수	d(구멍) 치수	d(구멍) 치수공차(H7)	d₁ 치수	d₁ 치수공차	D₁	D	H
5	5	−0.012 / 0	8	−0.020	15	10	8
5	5	−0.012 / 0	9	−0.020	17	12	8
6	6	−0.012 / 0	9	−0.050	17	12	8
6	6	−0.012 / 0	10	−0.050	17	12	8
8	8	−0.015 / 0	12		20	15	8

그림 6-80 이젝터 슬리브 B형의 모양과 치수

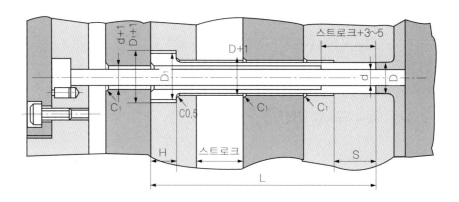

(단위 : ㎜)

호칭 치수	D(구멍)		d+1	D+1	D+1	S	호칭 치수	D(구멍)		d+1	D+1	D+1	S
	치수	치수공차(H7)						치수	치수공차(H7)				
3.0	6.0	+0.012 0	4	7	11	10	8.0	12.0	+0.018 0	9	13	18	20
4.0	7.0	+0.015 0	5	8	12	15	10.0	14.0		11	15	20	
5.0	8.0		6	9	14								
6.0	10.0		7	11	16		12.0	17.0		13	17	23	25

그림 6-81 이젝터 슬리브 A형의 적용 예

④ 관통 구멍이 있는 성형품에 있어서의 코어 핀은 선단부가 캐비티형으로 지지되
   도록 설계하여, 코어 편심을 방지한다. (그림 6-82 참조)
⑤ 끼워맞춤부는 연삭 다름질로 하며 거칠기는 3S로 한다.

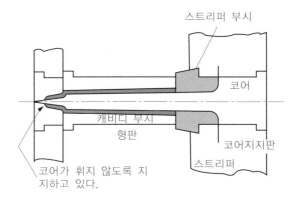

그림 6-82 코어 편심 방지

다. 스트리퍼 플레이트 이젝터 (stripper plate ejector)

성형품의 전둘레를 파팅 라인에 두고 균일하게 밀어내는 방식으로서 살두께가 얇고, 이젝터 핀의 사용이 성형품에 나쁜 영향을 줄 경우, 밀어낼 때 측벽에 큰 저항이 있는 상자 모양이나 원통 모양의 성형품에 많이 사용된다. 스트리퍼 플레이트 이젝터는 가장 넓은 면적으로 밀어내므로 성형품의 변형, 균열, 백화 등이 생기지 않는다. 또 외관상도 이젝터 자국이 거의 남지 않으므로 투명 성형품에는 특히 중요시되고 있다.

스트리퍼 플레이트의 내면과 코어의 주위가 정밀하게 조립되지 않으면 그 사이로 수지가 들어가 플래시를 발생시킨다. 스트리퍼 플레이트 이젝터의 설계시 유의사항은 다음과 같다.

① 코어의 외주와 스트리퍼 플레이트의 안쪽과의 긁힘 방지를 위해 3°~10°의 구배 맞춤이 필요하다.

② 코어와 스트리퍼 플레이트의 틈새는 0.02㎜ 정도로 한다.

③ 긁힘과 마모 방지를 위해 반드시 담금질하여 HRC 55 정도로 한다.

④ 성형품의 파팅면이 복잡한 경우, 스트리퍼 플레이트의 대용으로 (그림 6-83)의 (b)와 같이 링을 사용하는 방법도 있다.

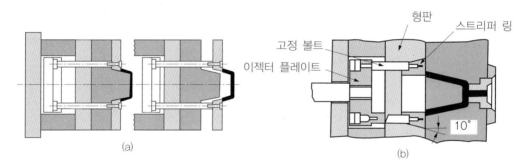

그림 6-83 스트리퍼 플레이트 이젝터와 링 스트리퍼 이젝터

라. 공기압 이젝터 방식

물통이나 컵과 같이 얇은 성형품은 이젝터 핀이나 스트리퍼 플레이트로 이젝팅하면 성형품이 좌굴을 일으키고, 또 성형품과 코어 사이가 진공 상태가 되어 빼내기가 어렵고 성형품이 파손되기 쉽다. 특히 폴리에틸렌(PE)이나 폴리프로필렌(PP) 등의 연질 재료를 사용하여 성형할 경우에는 이러한 현상은 더욱 두드러지게 나타난다. 이런 경우에 에어 이젝터 방식이 적합하다. 또한 에어 이젝터는 성형품의 자동 낙하

가 용이하고 에어 밸브를 리밋 스위치(limit switch)로 제어하면 자동 성형작업이 가능해진다.

에어 이젝터 방식에 의한 이점과 문제점은 다음과 같다.

① 이젝터 플레이트 조립 기구가 필요없으므로 금형 구조가 간략화된다.

② 코어형, 캐비티형 어느 것에도 사용된다.

③ 형개중의 임의의 위치에서 밀어내기가 된다.

④ 균일한 공기의 힘이 성형품의 밑부분에 고르게 작용하므로 변형이 적다.

⑤ 성형품과 코어 사이의 진공에 의한 문제점을 해소해 준다.

⑥ 설치가 간단하고, 공기가 누설되어도 성형품을 더럽히지 않으며, 작업상의 위험도 없다.

⑦ 성형품의 형상에 제약이 있으며, 다른 이젝터 방식과 병행하여 보조 수단으로서의 이용 가치가 높다.(그림 6-85 참조)

⑧ 공기가 금형 속을 지나므로써 냉각작용도 겸하는 효과가 있어, 특히 냉각 회로를 설치할 수 없는 가는 코어에 공기를 내뿜어 이젝터 보조와 냉각을 겸하면 그 효과가 크다.

⑨ 압축 공기의 압력은 5~6(kg/㎠) 정도로 한다.

⑩ 에어 밸브의 리턴은 리턴 핀이 사용되지 않으므로, 에어 실린더에 의하든가, 스프링을 이용한다.

⑪ 공기의 도피 회로가 있으면 이젝터 힘은 크게 감소한다.

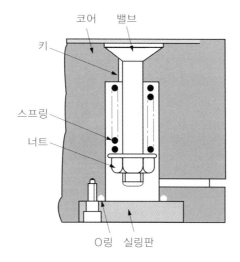

그림 6-84 에어 이젝팅

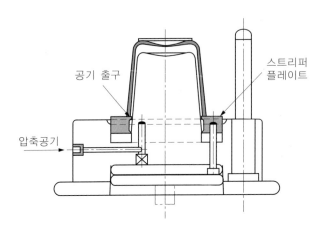

그림 6-85 압축공기 병용의 스트리퍼 플레이트

⑫ 에어 밸브의 금형 접촉면은 비교적 넓어 강력한 성형압력을 받으므로 이에 대
한 강도의 배려를 해야 한다.

2. 이젝터 플레이트와 스트리퍼 플레이트의 작동 방식

가. 이젝터 로드(ejector rod)에 의한 방식

이젝터 로드는 금형이 열릴 때 이젝터 플레이트를 밀어 올리기 위하여 금형의 이
젝터 플레이트와 성형기를 연결시키는 역할을 하는 것으로서, 재료는 SM 25C~SM
55C가 사용되며, (그림 6-86)과 같은 형상과 치수를 가지며, (그림 6-87)은 그 적용
예를 나타내었다.

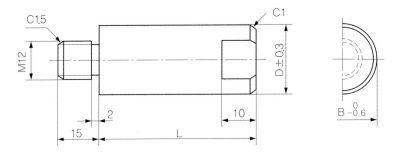

(단위 : mm)

호칭치수	D	B	L	호칭치수	D	B	L
20	20	17	지시치수	30	30	26	지시치수
25	25	21		40	40	32	

그림 6-86 이젝터 로드의 모양과 치수

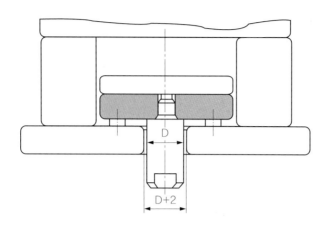

그림 6-87 이젝터 로드의 적용 예

나. 인장 타이로드에 의한 방식

스트리퍼 플레이트는 금형내에 짜 넣어진 인장봉에 의해 잡아 당겨진다.

(그림 6-88)의 ②에서 스트리퍼 플레이트가 움직일 수 있는 스트로크는 (X+Y)로서, 깊은 성형품에는 한도가 있다. ①은 신축식으로 한 것으로, 상당히 큰 스트로크 (X+Y+Z)가 얻어진다. 이 인장 타이로드는 제품 빼내기 및 작동 낙하의 장애가 되지

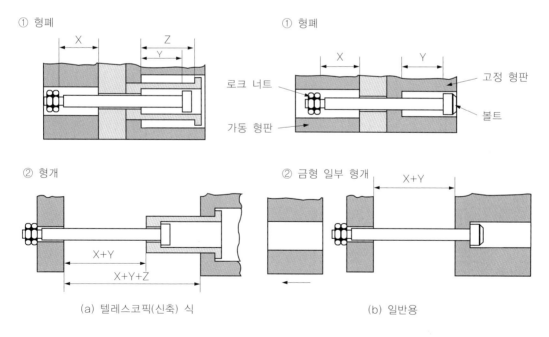

그림 6-88 타이로드 방식에 의한 스트리퍼 플레이트의 이동

않는 위치에 설치한다. 여기에서는 가
동형에 스트리퍼 플레이트가 있으며,
고정측에 있어도 방식은 같다.

다. 체인이나 링크에 의한 방법

인장 타이 로드대신 체인이나 링크
를 사용하는 방법으로 (그림 6-89)에
예를 들었다. 체인은 스트리퍼 플레이
트와 고정측 형판에 각각 연결하여 금
형이 열릴 때 스트리퍼 플레이트가 인
장되어 작동한다(그림 6-90). 또 금형
이 닫힐 때 체인이 형판 사이에 들어
가지 않도록 주의한다.

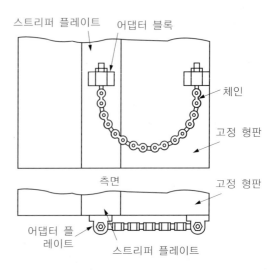

그림 6-89 체인에 의한 방법

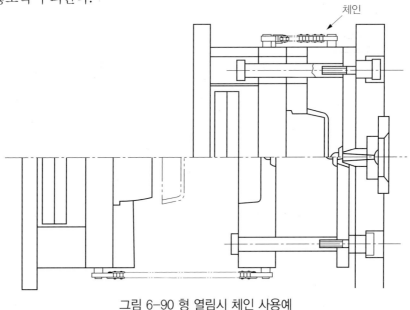

그림 6-90 형 열림시 체인 사용예

3. 이젝터 방식의 응용

가. 고정측 형판에서의 이젝터

외관상의 문제로 성형품 안쪽에 게이트를 설치할 때는 고정측에서 이젝팅할 경우
가 있다. 이 방법에는 에어 이젝팅 방법, 스트리퍼 플레이트에 의한 방법, 핀에 의한

방법 등이 있다. (그림 6-91)은 장난감 자동차의 몸체 금형이다. 성형품 외관에 게이트 자국을 내지 않기 위하여 캐비티부를 가동측에 만들고, 스프루를 중앙에 배치하여 안쪽에 사출하도록 되어 있으며, 스트리퍼 플레이트를 작동시키기 위하여 가동측을 텔레스코픽 볼트로 연결하였다. (그림 6-92)은 고정측에서 핀에 의한 이젝팅 방식의 예로서, 이젝터 플레이트가 작동할 수 있는 공간이 필요하게 되어 금형이 대형화되는 결점이 있다.

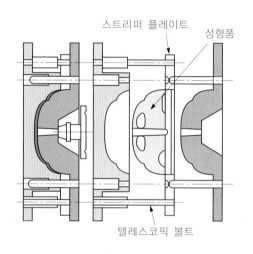

그림 6-91 고정측 형판에서 스트리퍼
플레이트에 의한 이젝팅

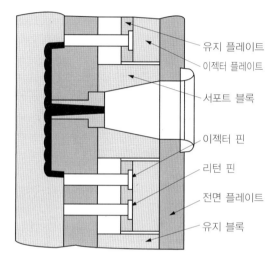

그림 6-92 고정측 형판에서
판에 의한 이젝팅

나. 2단 이젝터 방식

한번 밀어낸 성형품을 다시 밀어내는 방법으로 한번의 밀어내기로는 빠지지 않는 다든지, 자동 낙하하지 않는 경우에 많이 사용되고 있다.

2단 이젝터 방식에는 2단 작동 정지형과 2단 작동 개시형이 있으며, 2단 작동 정지형은 두 개의 이젝터가 동시에 작동하여 한 개가 먼저 정지하고, 다른 하나는 계속 전진하여 성형품을 밀어낸다.

(그림 6-93)에서와 같이 이젝터 플레이트가 이젝터 봉에 의해 작동이 시작되면 스트리퍼 플레이트와 이젝터 핀은 동시에 전진하고 슬라이드 블록이 캠에 의해 작동되면 스트리퍼 플레이트 누름핀은 정지하고 이젝터 핀만이 계속 전진하여 성형품을 완전히 밀어낸다.

2단 작동 개시형은 작동 시작 시간을 둘로 나누어 작동하게 한 것으로, 중요 이젝터 기구가 작동하고 나면, 다음에 보조 이젝터 기구가 작동하게 한 것이다. 2단 이젝터 방식은 성형품에 언더컷의 형상에 따라 채용되어지며, 기법적으로는 앞에서 기술한 이젝터 방식의 조합과 이젝팅의 시차를 이용한 것이 많다.

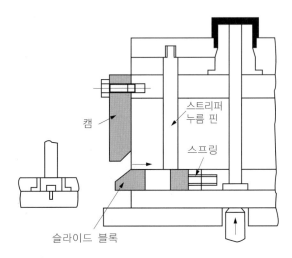

그림 6-93 2단 작동 정지형 이젝터 기구

4. 이젝터 기구의 조립

이젝터 기구를 구성하는 요소는 이젝터의 방식에 따라 다르다. 여기서는 이젝터 방식에 구애받지 않고, 일반 이젝터 기구를 조립하는 요소인 이젝터 플레이트, 이젝터 플레이트의 조립, 이젝터 플레이트의 리턴 스톱 핀 등에 대해 설명한다.

가. 이젝터 플레이트

이젝터 플레이트의 목적은 기계적인 작동력을 핀, 슬리브, 스트리퍼를 거쳐 성형품에 전달하는 것이다. 이젝터 플레이트에 작용하는 힘은 최초에 최대 작동력을 필요로 하며, 또 반복해서 충격적인 힘이 작용하므로 굽힘이 없도록 충분한 두께를 필요로 한다. 굽힘이 발생하면 이젝터에 가로 방향의 힘이 작용해서 핀의 좌굴, 구멍의 편 마모가 증가하며, 이것이 너무 심하면 작동하지 않거나 캐비티를 손상하게 된다.

이젝터 플레이트는 보통 상·하 2장으로 구성되고, 이 사이에 이젝터 핀, 리턴 핀을 고정시키고, 상·하 플레이트는 볼트 고정이 보통이다.

나. 이젝터 플레이트의 가이드 핀

조립된 이젝터 플레이트는 성형품의 밀어내기에 충분한 스트로크를 항상 섭동한다. 따라서 이 중량을 이젝터 핀만으로 지지하면 위험하다. 이 때문에 그 중량에 따라 섭동 가이드와 자중을 유지해야 한다. 또한, 금형이 크고 이젝터 핀의 수가 많아질수록, 이젝터 플레이트가 불균형하게 가동되는 경우가 있으므로, 이젝터 플레이트를 원활하게 가동시키기 위하여 이젝터 플레이트 가이드 핀을 사용한다. 재료는 원칙적으로 KS D 3751의 STC3~STC5, KS D 3525의 STB2, STB3으로 한다. 끼워 맞춤부는 연삭 다듬질로 하며, 거칠기는 3S로 한다. 또한 열처리 경도는 HRC 55 이상으로 한다.

종류는 KS B 4160에 A형을 규정하고 있으며 그 밖에도 B형, C형 및 D형이 있고 (그림 6-94), (그림 6-95), (그림 6-96) 및 (그림 6-97)에 각형의 모양과 치수를 나타내고 있다. (그림 6-98)은 A형의 적용 예를 나타내었다.

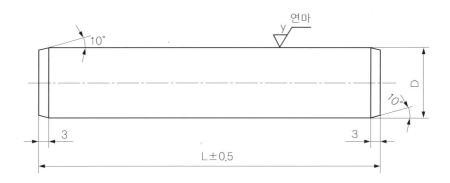

(단위 : mm)

호칭치수	D		L	호칭치수	D		L
	치수	치수공차(e7)			치수	치수공차(e7)	
15	15	−0.032 −0.050	지시치수	30	30	−0.040 −0.061	지시치수
20	20	−0.040 −0.061		35	35	−0.050 −0.075	
25	25						

그림 6-94 이젝터 플레이트 가이드 핀 A형의 모양과 치수

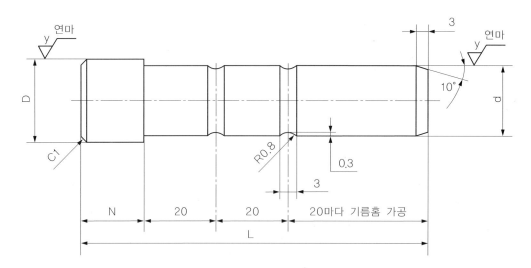

(단위 : mm)

호칭치수	D		L		호칭치수	D		L	
	치수	치수공차	치수	치수공차		치수	치수공차	치수	치수공차
15	15	−0.01 −0.03	15	+0.012 +0.001	25	25	−0.01 −0.03	25	+0.015 +0.002
20	20		20	+0.015 +0.002	30	30		30	

그림 6−95 이젝터 플레이트 가이드 핀 B형의 모양과 치수

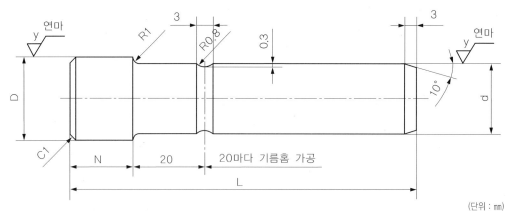

(단위 : mm)

호칭치수	d		D		호칭치수	d		D	
	치수	치수공차	치수	치수공차		치수	치수공차	치수	치수공차
15	15	−0.01 −0.03	17	+0.012 +0.001	25	25	−0.01 −0.03	28	+0.015 +0.002
20	20		23	+0.015 +0.002	30	30		34	+0.018 +0.002

그림 6−96 이젝터 플레이트 가이드 핀 C형의 모양과 치수

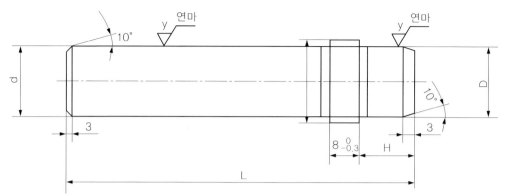

(단위 : mm)

호칭 치수	d		D	H	호칭 치수	d		D	H
	치수	치수공차				치수	치수공차		
15	15	−0.032 −0.050	20	10	30	30	−0.040 −0.061	35	15
20	20	−0.040 −0.061	25	10	35	35	−0.050 −0.075	40	15
25	25		30	15					

그림 6-97 이젝터 플레이트 가이드 핀 D형의 모양과 치수

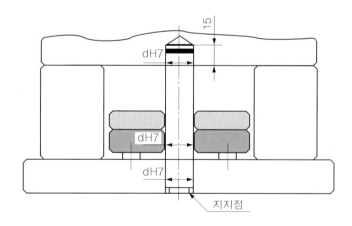

(단위 : mm)

호칭 치수	d		D	호칭 치수	d		D
	치수	치수공차(H7)			치수	치수공차(H7)	
15	15	+0.018 0	20	30	30	+0.021 0	35
20	20	+0.021 0	25	35	35	+0.025 0	40
25	25		30				

그림 6-98 이젝터 플레이트 가이드 핀 A형의 적용의 예

다. 받침봉

금형의 캐비티에는 매우 큰 성형압력이 반복해서 작용한다. 이 때문에 형판이 휨과 변형을 일으키는 원인이 된다. 이를 방지하기 위해 가동측 부착판과 받침판 사이에 서포트(support)를 설치하므로써 금형의 두께를 줄일 수 있고, 금형의 강도를

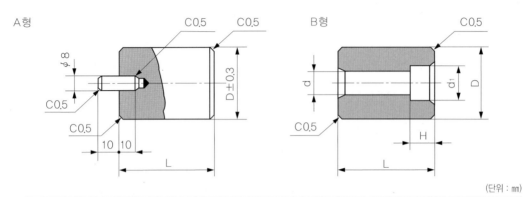

(단위 : mm)

A형		B형				
D	L	D	d	d₁	H	L
25	지 시 차 수 에 의 함	25	M 3~8	10~15	12	지 시 차 수 에 의 함
30		30	M 3~8	10~15	12	
35		35	M 3~8	10~15	12	
40		40	M 3~8	10~15	12	
45		45	M 3~8	10~15	12	
50		50	M 3~8	10~15	12	
60		60	M 8~10	14~20	15	
80		80	M 10~12	18~26	18	

그림 6-99 받침봉의 모양과 치수

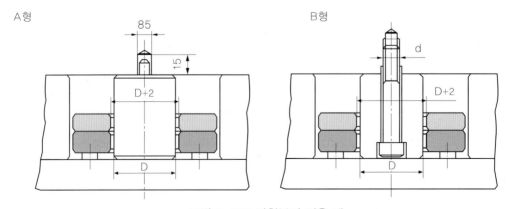

그림 6-100 받침봉의 적용 예

보강한다. 재료는 SM25C~SM55C를 사용한다. 받침봉에는 A형과 B형이 있고, (그림 6-99)에는 그 모양과 치수를 나타내었으며, (그림 6-100)에는 그 적용 예를 표시하였다.

라. 이젝터 로드 부시와 이젝터 로드

이젝터 로드 부시는 가동측 설치판에 압입하여, 이젝터 로드의 길을 안내하며 이젝터 로드는 성형기와 연결시켜 이젝터 플레이트가 움직일 수 있도록 하며, 재료는 SM25C~SM55C로 한다. (그림 6-101)은 이젝터 플레이트의 리턴 시스템을 보여 준다.

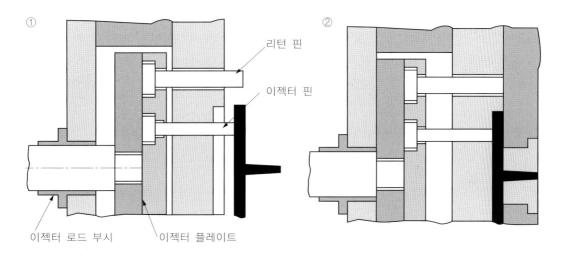

그림 6-101 이젝터 플레이트의 리턴 시스템

마. 이젝터 플레이트의 리턴 방식

이젝터 플레이트는 금형 닫힘에 따라 후퇴 위치로 되돌아가야 한다. 스트리퍼 플레이트 이젝터 방식에서는 금형 닫힘에 의해 스트리퍼 플레이트가 되돌아간다. 그러나 핀 이젝터나 슬리브 이젝터에서는 접촉면적이 작고 강도가 약하므로 구부러져 변형될 위험이 있다. 핀이나 슬리브 이젝터의 보호를 위해 다음과 같은 리턴 기구를 설치한다.

(1) 스프링에 의한 방법

복귀 저항이 적을 경우나 인서트 성형시에는 이 방법이 간편하다. 그러나 이젝터 스트로크가 큰 경우에는 적합하지 않다. 또 스프링에 의한 복귀의 언밸런스를 경감하기 위해 강한 스프링을 적게 설치하는 것보다 약해도 많이 설치하는 편이 효과적이다. (그림 6-102 참조)

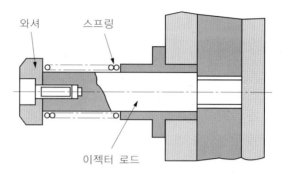

와셔 스프링

이젝터 로드

그림 6-102 스프링에 의한 리턴

(2) 리턴 핀에 의한 방법

이젝터 플레이트의 네 귀퉁이에 설치된 리턴 핀으로 금형 닫힘과 동시에 리턴시키는 방법으로서, 이 리턴 핀은 될 수 있는 대로 굵은 지름, 접촉 면적이 큰 형상이 좋다. KS B 4154에 규정된 재료는 원칙적으로 STC3~STC5 또는 STS2, STS3로 하며, 끼워맞춤부의 거칠기는 3S로 하고, 경도는 HRC 55 이상으로 한다. (그림 6-103)에 모양 및 치수를 나타내었으며, (그림 6-104)에는 그 적용 예를 나타내었다.

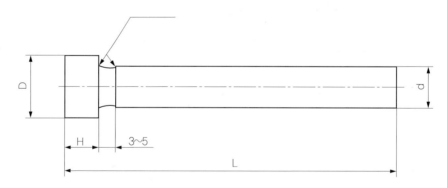

(단위 : mm)

호칭 치수	d		D	H		호칭 치수	d		D	H	
	치수	치수공차		치수	치수공차		치수	치수공차		치수	치수공차
12	12	-0.032 -0.050	17	8	0 -0.1	25	25	-0.040 -0.061	30	8	0 -0.1
15	15	-0.032 -0.050	20			30	30	-0.040 -0.061	35		
20	20	-0.040 -0.061	25			35	35	-0.050 -0.075	40		

그림 6-103 리턴 핀의 모양과 치수

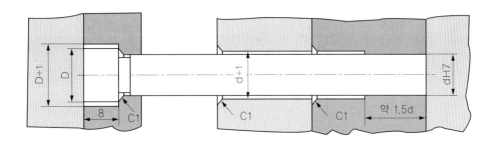

(단위 : mm)

리 턴 핀 호칭치수	d(구멍)		d+1	D+1	약 1.5d	리 턴 핀 호칭치수	d(구멍)		d+1	D+1	약 1.5d
	치수	치수공차(H7)					치수	치수공차(H7)			
12	12	+0.018 0	13	18	18	25	25	+0.021 0	26	31	38
15	15	+0.018 0	16	21	23	30	30	+0.021 0	31	36	45
20	20	+0.021 0	21	26	30	35	35	+0.025 0	36	41	53

그림 6-104 리턴 핀의 적용 예

(3) 유압 또는 공압 실린더를 이용하는 방법

이젝터 플레이트의 양 끝을 연장하고, 이것에 유압 또는 공압 실린더의 로드를 고정해서 강제적으로 이젝터의 리턴을 행한다. 이 때 복동식의 실린더를 채용하고, 실린더는 가동 플레이트나 금형 자체에 설치 또는 내장한다. 사용 예는 적으나 이젝터 리턴이 연속해서 되므로 자동화 성형에 채용되고 있다.

바. 스톱 핀(stop pin)

서프트 블록의 위치나 금형의 성형기에의 부착 방향에 따라, 또는 주위의 환경에 따라서 이젝터 플레이트와 가동측 설치판 사이에 이물질이 들어갈 가능성이 있다. 이물질이 끼면 크던 작던간에 금형에 트러블을 일으켜, 정상적인 작동과 기능이 저해된다. 이것을 해소하기 위하여 (그림 6-105)와 같이 스톱 핀을 설치하면 효과적이다.

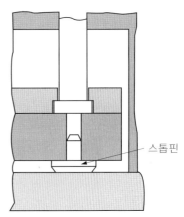

스톱핀

그림 6-105 스톱 핀의 적용 예

단 반복 리턴 충격에 스톱핀이 이탈되어 금형사고가 발생하지 않도록 끼워맞춤 공차에 주의하여야 한다. 재료는 SM25~SM55C, STC3~STC5로 하고, 담금질경도는 HRC 55 이상으로 한다. (그림 6-106)은 스톱 핀의 모양과 치수를 나타낸다.

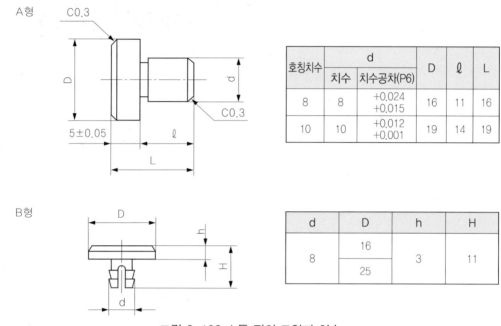

호칭치수	d		D	ℓ	L
	치수	치수공차(P6)			
8	8	+0.024 +0.015	16	11	16
10	10	+0.012 +0.001	19	14	19

d	D	h	H
8	16	3	11
	25		

그림 6-106 스톱 핀의 모양과 치수

5. 스프루와 러너의 이젝터 기구

가. 스프루 로크 핀(sprue lock pin)

스프루 로크 핀은 이형시 스프루 부시에서 스프루를 빼내기 위하여 있으며, (그림 6-107)에서와 같이 선단부의 언더컷 형상에 따라 A형, B형, C형이 있다. 재료는 STC3~STC5, STS2, STS3 또는 SCM1로 하며, 끼워맞춤부의 거칠기는 3S로 하고, 열처리 경도는 HRC55 이상으로 한다.

(그림 6-108)은 그 적용 예를 나타내며, (a)는 Z핀 부위가 자동 낙하되도록 설치하여야 하며, 주로 투명 제품에 설치한다. (b)는 투명 제품에는 사용하지 않으며, 가동 측 형판에 홈부의 가공이 필요하다. (c)는 투명 제품에 사용하지 않으며 가동측 형판에 역테이퍼 가공이 필요하다. (d)는 러너 핀을 스프루 로크 핀에 사용한 경우로서, 스트리퍼 플레이트를 채용할 때 사용한다.

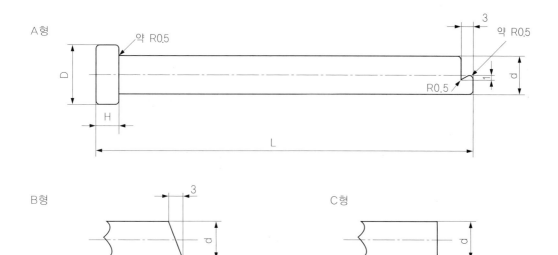

그림 6-107 리턴 핀의 모양과 치수

(단위 : mm)

호칭 치수	d		D	H		호칭 치수	d		D	H	
	치수	치수공차		치수	치수공차		치수	치수공차		치수	치수공차
6.0	6.0	−0.02	10	6	0	10.0	10.0	−0.02	15	8	0
8.0	8.0	−0.05	13	8	−0.1	12.0	12.0	−0.05	17		−0.1

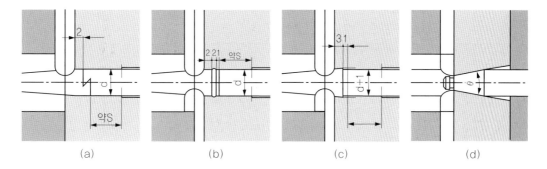

그림 6-108 스프루 로크 핀의 적용 예

나. 러너 로크 핀(runner lock pin)

러너 로크 핀은 3매 구성금형에서 핀 포인트 게이트를 채용할 때 러너를 인장하고, 성형품과 게이트를 분리하기 위하여 사용된다. 선단의 형상에 따라 (그림 6-109)와 같이 A형, B형, C형이 있으며, 재료는 STC3~STC5, STS2, STS3 또는 SCM1로 하고, 선단부를 열처리할 경우의 경도는 HRC 50 이상으로 한다. (그림 6-110)은 그 적용 예를 나타내며, (a)는 가장 일반적인 사용 방법으로 M5 나사는 금형 운반중에 러너 로크 핀의 낙하방지용이다. (b)는 러너 로크 핀을 스트리퍼 플레이트에 짜넣은 예

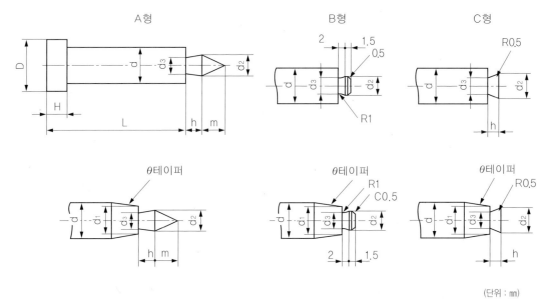

(단위 : mm)

호칭 치수	d		D	H		d₁	d₂	d₃	h	m
	치수	치수		치수	치수					
4.0	4.0	+0.012 +0.004	8.0			3.0	2.8	2.3	2.5	
5.0	5.0		9.0	6.0		3.5	3.3	2.8	3	5.0	10°
6.0	6.0		10.0		0 −0.1	4.0	3.8	3.0	3	
8.0	8.0	+0.015 +0.006	13.0			5.0	4.8	4.0	4	
10.0	10.0		15.0	8.0		6.0	5.8	4.8	5	7.0	20°
12.0	12.0	+0.018 +0.007	17.0			8.0	7.2	6.2	5	

그림 6-109 러너 로크 핀의 모양과 치수

이며, (c)는 다이 플레이트의 금형 조여붙이기용 나사 구멍에 맞을 경우에 사용되며, (d)는 일반적인 사용방법으로 dH7부는 축쪽을 f6~7 구멍쪽을 H7로써 사용하는 것이 좋다. (e)는 러너 로크 핀과 러너 스트리퍼 플레이트의 섭동부는 그림과 같이 핀쪽이 들어가서는 안된다. 이 때 러너 스트리퍼 플레이트에 러너가 붙어서 낙하하지 않는다. (f)는 러너 로크 핀을 스트리퍼 플레이트에서 나오게 하는 것이 좋다.

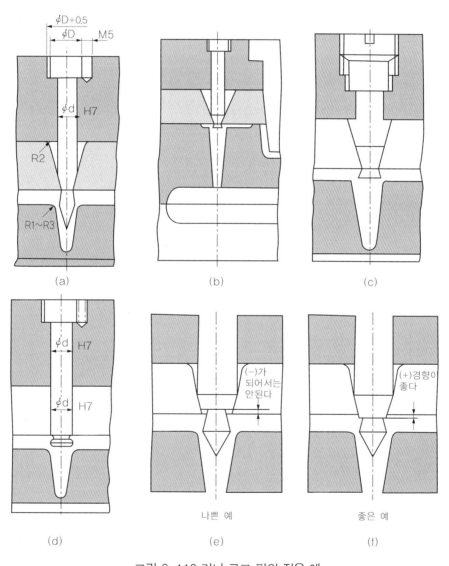

그림 6-110 러너 로크 핀의 적용 예

제 5 절 언더컷 처리 기구의 설계

성형기의 형체형개 방향의 운전만으로는 성형품을 빼낼 수 없는 요철부분을 언더 컷(undercut)이라 한다. 이 언더컷은 일반적으로 금형의 구조가 복잡해지고 문제점 이 많이 발생하며, 성형 사이클 등에 영향을 미치므로 가능한 한 피하는 것이 바람직 하다. 그렇지만 한 공정으로 완성품이라는 사출 성형의 특징을 살리기 위한 응용 방 법이나 처리 방법도 많다. 언더컷 성형품 및 이 처리 방법은 다음과 같다.

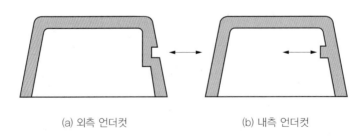

(a) 외측 언더컷   (b) 내측 언더컷

그림 6-111 언더컷의 분류

1. 언더컷의 처리 방법

가. 강제로 밀어내는 방법

폴리에틸렌(PE), 폴리프로필렌(PP) 등과 같이 비교적 연질이며 탄성이 좋은 수지를 사용하여 성형할 경우 어느정도의 언더컷이 있어도 탄성을 이용하여 취출시킬 수가 있다. 방법으로는 스트리퍼판(Stripper Plate)으로 밀어서 취출시키는 방법과 손으로 잡아 벗겨 내듯이 취출시키는 방법 2가지가 있다.

(1) 손으로 강제 이형(취출)하는 방법

(그림 6-112)처럼 성형품이 구조적으로 얇고, 유연성이 있도록 설계되고 수지가 연질이도 탄성이 좋을 경우 손으로 언더컷 부위를 손으로 강제 이탈시켜 취출시키는 방법이다.

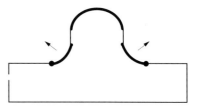

그림 6-112 성형품을 손으로
이형시키는 예

(2) 스트리퍼 플레이트를 사용하는 방법

대형제품으로 손으로 밀어내는 것보다 효과적일 때 사용한다. 구조적으로는 스트리퍼로 밀때 언더컷이 된쪽의 반대방향으로 제품이 벌어질 수 있는 구조이어야한다. (그림 6-113(b))의 경우 제품의 끝면이 둥글고 스트리퍼 내측이 파져 있기 때문에 스트리퍼가 전진해도 제품이 벌어지지 않고 오무라지는 현상이 있어 취출이 어렵다.

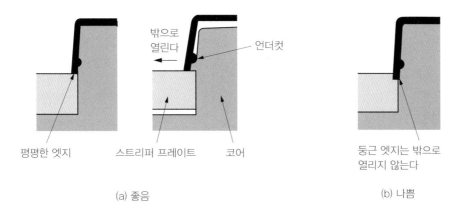

(a) 좋음

(b) 나쁨

그림 6-113 스트리퍼 플레이트에 의한 강제 밀어내기

표 6-15 일반적으로 사용되는 수지별 언더컷 양

수지명	ABS	POM	PA	PMMA	LDPE	HDPE	PP	PS.AS
허용량(%)	8	5	9	4	21	6	5	2

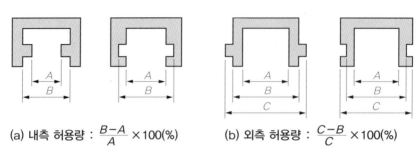

(a) 내측 허용량 : $\dfrac{B-A}{A} \times 100(\%)$ (b) 외측 허용량 : $\dfrac{C-B}{C} \times 100(\%)$

그림 6-114 강제로 밀어내기 언더컷 허용량 계산

2. 외측 언더컷 처리 기구

캐비티 전체를 2분할하는 분할형과 언더컷 부분만 분할하여 처리하는 슬라이드 블록형의 2가지 형태가 있다.

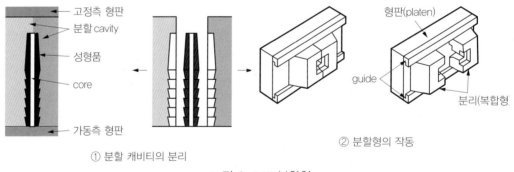

① 분할 캐비티의 분리

② 분할형의 작동

그림 6-115 분할형

가. 분할형

분할된 캐비티 전체 또는 일부분을 형체·형개운동을 이용한 기계적 또는 공기압이나 유압으로 슬라이딩시키므로써 언더컷을 없애는 방법이다. 이 방법은 고정측이나 가동측 어느 한쪽의 형판내에서 분할 캐비티가 슬라이딩한다. 폐쇄된 분할 캐비티는 반대측 형판에 설치된 로킹 블록에 의해 로크(lock)된다. (그림 6-116)에 분할형 방식에 적합한 언더컷 성형품의 형상이고 슬라이딩 분할형을 표시한다.

분할형의 작동은 앵귤러 핀, 도그레그 캠 및 스프링 등에 의해 행하여진다.
슬라이딩 분할 캐비티용 가이드 설계에는 다음 3가지 원칙이 있다.
① 분할 캐비티는 항상 같은 위치에서 합치되도록 슬라이딩 운동을 할 것
② 가이드 시스템의 전부품은 분할 캐비티의 금형 중량을 받을 수 있는 강도로
할 것
③ 2개의 분할 캐비티는 다른 금형 요소에 영향받지 않고 원활하게 운동할 것

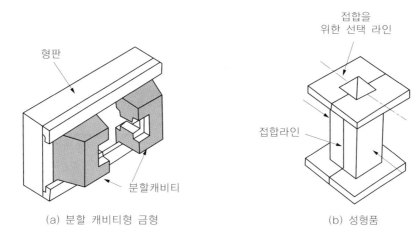

(a) 분할 캐비티형 금형   (b) 성형품

그림 6-116 분할 캐비티형

(1) 형판의 설계

일반적으로 형판에 정밀 가동된 홈을 설치하고, 이 홈속을 분할 캐비티는 슬라
이딩 한다. 이와 같은 슬라이딩 운동에 대해 측면의 여유를 적게 하는 공차가 필요
하다. 형판에 붙이는 슬라이딩용 가이드는 T홈형이 많으며, T홈 제작에는 (그림
6-117)의 방식을 주로 사용한다. 기계 가공으로 (a)와 같 이 별개의 가이드를 붙여서
T홈으로 하는데, 이 경우에 볼트와 맞춤핀으로 정확하고 단단히 체결해야 한다.

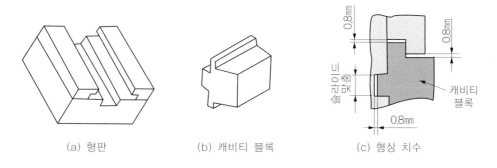

(a) 형판   (b) 캐비티 블록   (c) 형상 치수

그림 6-117 분할 캐비티형의 섭동 가이드 설계 예

(2) 앵귤러 핀(angular pin)의 작동 방식

(그림 6-118)은 경사 핀을 이용하여 분할 캐비티를 작동시키는 예이다. 분할 캐비티는 금형 열림과 동시에 경사핀에 의해 양측으로 움직인다.

분할 캐비티의 운동량 M 및 앵귤러 핀의 길이 L는 다음식에 의해 계산한다. (그림 6-119)에서

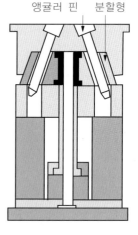

그림 6-118 앵귤러 핀의
작동방식

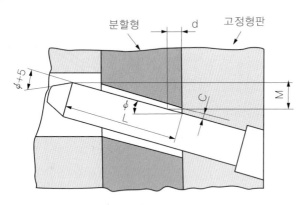

그림 6-119 앵귤러 핀 작동 방식의 설계

M : 분할 캐비티의 운동량(㎜)

L : 앵귤러 핀의 작용 길이(㎜)

ϕ : 앵귤러 핀의 경사 각도(°)

C : 틈새(㎜)

라고 하면 관계식은 다음과 같다.

$$M = (L \sin \phi) - (\frac{C}{\cos \phi}) \quad \text{..} (6.15)$$

$$L = (\frac{M}{\sin \phi}) + (\frac{2C}{\sin 2\phi}) \quad \text{...............................} (6.16)$$

틈새C는 앵귤러 핀에의 성형압력의 경감과 형개 개시시의 분할형의 지연 역할을 하며, ϕ 는 일반적으로 분할형의 작동거리에 따라 결정되고 일반적으로 10°~25° 까지 사용한다. 또 앵귤러 핀 선단의 모따기 각도는 보통 ϕ +5°이며, 로킹 블록의 각도는 ϕ 보다 2°~3° 크게 한다.

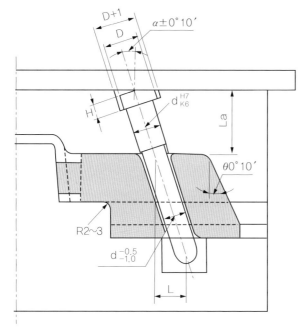

호칭 치수	d		D	H
	치수	치수공차(H7)		
12	12	+0.018 0	17	10
15	15		20	12
20	20	+0.021 0	25	15
25	25		30	15
30	30		35	20
35	35	+0.025 0	40	20
40	40		45	25

그림 6-120 앵귤러 핀의 설계 치수

(예제) 분할캐비티의 운동량이 10mm이고, 앵귤러 핀의 경사가 10°일 때 앵귤러 핀의 작용 길이는 약 얼마인가?(단, 틈새는 0.2mm이다.)

(풀이) $L = (\dfrac{M}{\sin\phi}) + (\dfrac{2C}{\sin2\phi}) = \dfrac{10}{\sin10°} + \dfrac{2 \cdot 0.2}{\sin20°} = 58.74$

(예제) 앵귤러 핀에 의하여 언더컷을 처리하고자 한다. 앵귤러 핀의 슬라이드부 길이 L = 20mm, 앵귤러 핀의 경사각 ϕ =18° 슬라이드 코어와 앵귤러 핀의 틈새 C = 0.2mm일 때, 슬라이드코어 운동량 M은?

(풀이) $M = (L\sin\phi) - (\dfrac{C}{\cos\phi}) = (20\sin18°) - \dfrac{0.2}{\cos18°} = 5.97$

(3) 도그레그 캠(dog-leg cam)작동 방식

도그레그캠을 이용하여 분할 캐비티를 스라이딩 작동시키는 방법으로 어느 정도 금형이 열린 후에 분할캐비티를 후퇴시킬 필요가 있을 경우에 주로 사용된다. 작동 원리는 금형이 (그림 6-120)의 (b)처럼 열린 후에 도그레그캠에 의해 분할캐비티가 작동되어 언더컷부분을 처리한다.

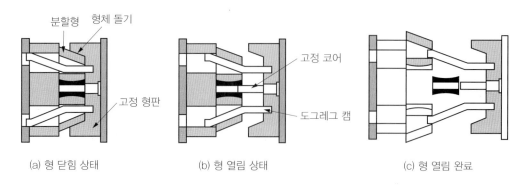

(a) 형 닫힘 상태   (b) 형 열림 상태   (c) 형 열림 완료

그림 6-121 도그레그 캠의 작동방식

(그림 6-121)에 도그레그 캠의 형상과 치수를 나타내었으며, 재료는 STC3~STC5, STS2, STS3 및 STB2를 사용하며, 경도는 HRC 55이상으로 한다.

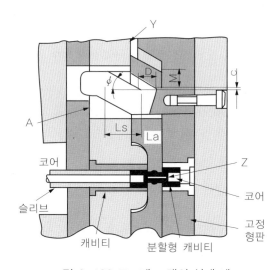

그림 6-122 도그레그 캠의 설계 예

한편, (그림 6-122)에는 도그레그 캠 작동 방식에서 주요부의 설계 예를 표시하며, 그림에서 M:각 분할 캐비티의 운동량(㎜), La:캠 경사부의 길이(㎜), Ls:캠 직선부의 길이(㎜), ϕ :캠의 각도, C:틈새, D:지연량(㎜), e:구멍 직선부의 길이(㎜)라고 하면 관계식은 다음과 같다.

$$M = La \tan \phi - C \quad \cdots\cdots\cdots\cdots\cdots\cdots\cdots\cdots\cdots\cdots\cdots\cdots\cdots\cdots\cdots\cdots\cdots (6.17)$$

$$La = \frac{(M+C)}{\tan \phi} \quad \cdots\cdots\cdots\cdots\cdots\cdots\cdots\cdots\cdots\cdots\cdots\cdots\cdots\cdots (6.18)$$

$$D = (Ls - e) - \left(\frac{C}{\tan \phi}\right) \quad \cdots\cdots\cdots\cdots\cdots\cdots\cdots\cdots\cdots\cdots\cdots (6.19)$$

캠의 단면 치수는 소형 금형에서 13(㎜)×19(㎜) 정도가 대표적이며, 각도 ϕ는 보통 10° 정도로 하고, 금형의 두께를 줄이기 위해서는 ϕ를 크게 하되 25° 이상으로 하는 것은 바람직하지 못하다. 끝 부분은 10°의 테이퍼로 모따기하거나 라운드로 한다.

(4) 판 캠(finger cam)작동 방식

(그림 6-123)에 앵귤러 캠의 A형과 B형의 모양을 나타내었으며, 이 방식은 슬라이딩 가이드 홈을 앵귤러 캠에 고정하고, 이 슬라이딩 홈에 연동해서 분할형이 이동한다. 여기에서 로킹 각도 $\alpha 1$은 $\beta - 2°$를 원칙으로 하며, $\alpha 2$는 40° 이하를 원칙으로 한다. 재료는 SM50C~SM55C로 한다.

(그림 6-124)에는 판 캠 작동 금형의 구조와 그 주요부의 설계 예를 나타내었다. 그림(b)에서

M:각 분할 캐비티의 운동량(㎜)
La:캠 경사부의 길이(㎜)
Ls:캠 직선부의 길이(㎜)
ϕ:캠 경사부의 각도(°)
C:틈새(㎜)
D:지연량(㎜)
r:보수의 반지름(㎜)이라고 하면 관계식은 다음과 같다.

$$M = La \tan \phi - C \quad \cdots\cdots\cdots\cdots\cdots\cdots\cdots\cdots\cdots\cdots\cdots\cdots\cdots (6.20)$$

$$La = \left(\frac{C}{\tan \phi}\right) \quad \cdots\cdots\cdots\cdots\cdots\cdots\cdots\cdots\cdots\cdots\cdots\cdots\cdots (6.21)$$

$$D = Ls + \left(\frac{C}{\tan \phi}\right) + \left(\frac{1}{\tan \phi}\right) - \left(\frac{1}{\sin \phi}\right) \quad \cdots\cdots\cdots\cdots\cdots\cdots (6.22)$$

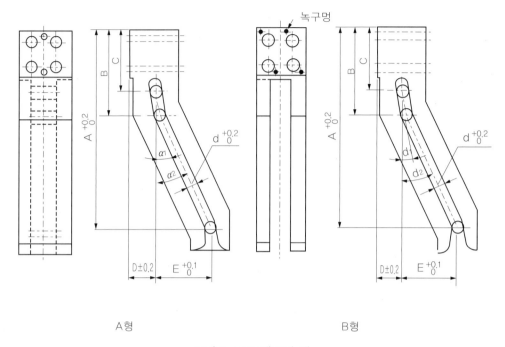

A형   B형

그림 6-123 앵귤러 캠

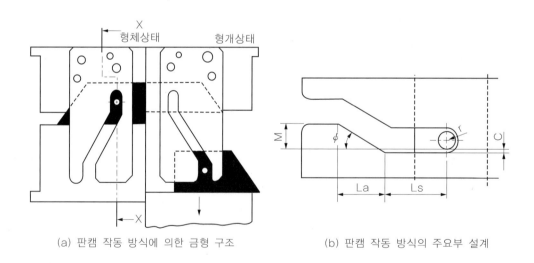

(a) 판캠 작동 방식에 의한 금형 구조   (b) 판캠 작동 방식의 주요부 설계

그림 6-124 판 캠

(5) 스프링 작동 방식

소형 금형에 응용되고 있는 방식으로, (그림 6-125)에 일례를 표시한다. 그림(b)에서는 그 주요부의 설계도를 나타낸 것으로 관계식은 다음과 같다.

M:각 분할형 캐비티의 운동량(㎜), H:로킹 블록의 높이(㎜), ϕ:로킹 블록의 테이퍼 각도(˚)라고 하면,

$$M=\frac{1}{2}\,H\tan\phi \quad\cdots\cdots\cdots\cdots\cdots\cdots\cdots\cdots\cdots\cdots\cdots\cdots\cdots\cdots\cdots\cdots\cdots\cdots(6.23)$$

여기에서 ϕ는 일반적으로 20˚~25˚이고, 이것을 위식에 넣으면 M=0.2H가 된다.

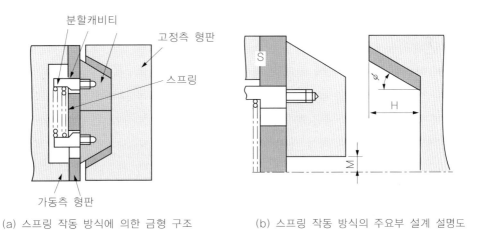

(a) 스프링 작동 방식에 의한 금형 구조   (b) 스프링 작동 방식의 주요부 설계 설명도

그림 6-125 스프링에 의한 작동 방식

(6) 유압 및 공압 실린더 작동 방식

(그림 6-126)와 같이 분할 캐비티의 작동을 가동측 형판에 고정한 유압 또는 공압 실린더를 이용하는 방법으로서 특성은 다음과 같다.

① 작동력 및 작동 속도가 무단으로 조정될 수 있다.

② 성형기의 구동과는 관계없이 작동시킬 수 있다.

③ 금형의 구조가 간단하다.

④ 성형기에 부착시 장애가 되기 쉽다.

⑤ 성형기에 유압 및 공압 구동 부속장치가 있는 경우에만 사용될 수 있다.

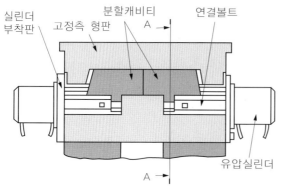
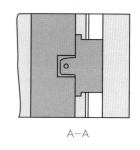

그림 6-126 유압 실린더에 의한 작동 방식

(7) 분할형의 로킹 방법

분할 캐비티는 성형 압력에 의해 열려질 우려가 있으므로 이것을 방지하는 방법이 필요하다. 일체 로킹 판을 사용할 경우 (그림 6-127)과 같이 분할형과 접촉된 부분은 담금질에 의해 경화된 강판을 붙인다. 로킹부의 높이는 (그림 6-128)에서와 같이 분할형 두께의 3/4이상으로 해야 하며, 각도는 핑거 핀의 각도보다 5° 이상 크게 한다.

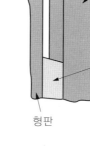
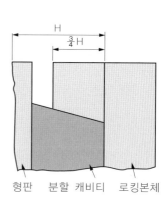

그림 6-127 일체 로킹 판   그림 6-128 로킹부의 높이

나. 슬라이드 블록형(slide block type)

(그림 6-129)에 보인 것과 같이 성형품의 외측에 언더컷이 있을 경우에 사용되는 방법으로, 분할형은 주로 캐비티 전체를 대칭적으로 2분할하는데 대해 슬라이드 블록형은 언더컷 부분 또는 이형상 장애를 받는 부분만을 분할 처리하는 방법이다. 일반적으로는 가동측 형판의 측면(형개폐 방향과는 직각)에 가동 부분을 설치하고, 고

정측 형판에 고정된 앵귤러 핀, 도그레그 캠, 판 캠, 공압 및 유압 실린더 등에 의해 가동 부분을 작동시킨다.

이 가동 부분을 가동 코어, 사이드 코어(side core), 사이드 캐비티(side cavity), 사이드 블록(side block), 슬라이드 코어(slide core), 슬라이드 캐비티(slide cavity), 슬라이드 블록(slide block) 등의 여러 가지 명칭으로 불리워지고 있다. 슬라이드 블록형은 다른 금형에 비해 구조가 복잡하고, 고장이 나면 수리가 어려우므로 강도가 크고 구조가 간단하며, 작동이 확실하도록 설계해야 한다.

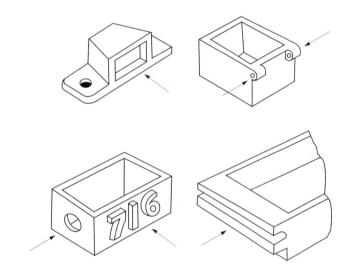

그림 6-129 외측에 언더컷이 있는 성형품

(1) 슬라이드 블록형의 작동

(그림 6-130)에는 대표적인 슬라이드 블록형의 작동 예를 나타내었다. 기본적인 작동 순서는 성형품의 형상과 금형의 안정성 및 슬라이드 블록의 섭동 방식에 의해 정해진다. 그림에서 (a)는 슬라이드 코어가 규정 위치까지 후퇴한 후 가동측이 이동을 하고 성형품이 이젝팅되며, (b)는 가동측이 이동한 후 사이드 캐비티가 후퇴를 하고 성형품이 이젝팅된다. (그림 6-131)은 동일한 성형품의 언더컷 처리도 파팅 라인의 취하기에 따라서 (a)와 같이 분할형으로도 할 수 있고, (b)와 같이 슬라이드 블록형으로도 할 수 있다. 이러한 경우에 슬라이드 블록형으로 하면 다음과 같은 특성을 고려하여 성형품 형상에 따라 설계하도록 한다.

① 긴 구멍의 코어는 선단이 형판으로 받아지므로 코어의 보호상 유리하다.

② 성형품의 깊이가 얕아지므로, 형두께나 형열림 스트로크는 대폭 감소한다.

슬라이드 블록형의 작동 방법은 분할형과 같으므로, 여기서는 작동에 관한 사항에 대해서만 알아 본다.

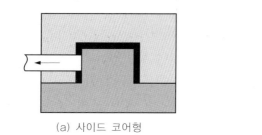

(a) 사이드 코어형

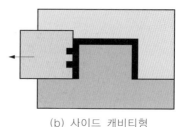

(b) 사이드 캐비티형

그림 6-130 슬라이드 블록형

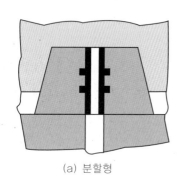

(a) 분할형

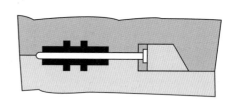

(b) 슬라이드 블록형

그림 6-131 분할형과 슬라이드 블록형의 비교

(2) 앵귤러 핀 작동 방식

앵귤러 핀의 작동 예는 (그림 6-119)과 같으며, 사용시 주의해야 할 사항은 다음과 같다.

① 핀의 각도는 일반적으로 10°내외로 하고, 최대 25°를 넘지 않도록 한다.

② 핀과 슬라이드 블록 구멍과의 틈새는 (0.3~0.8㎜) 정도로 한다.

③ 슬라이드 블록의 높이가 (그림 6-132)의 (a)와 같이 가이드부의 길이에 비해 높을 경우 슬라이드 블록이 닫힐 때 가이드의 작동이 원활하지 못하며, (b)와 같이 슬라이드 블록의 경사진 조립 부분의 높이를 낮게 하여 L/H가 2이하가 되도록 한다.

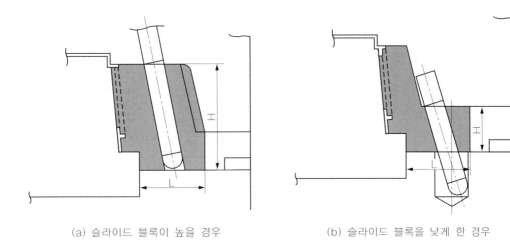

(a) 슬라이드 블록이 높을 경우   (b) 슬라이드 블록을 낮게 한 경우

그림 6-132 슬라이드 블록이 높은 경우

(3)도그레그 캠 작동 방식

앵귤러 핀 대신에 도그레그 캠을 형판에 고정하여 슬라이드 블록을 전진 또는 후퇴시키는 방식으로서 (그림 6-122)에 그 적용 예를 나타내었다. 이것은 어느 정도 금형이 열린 후에 슬라이드 블록을 후퇴시킬 필요가 있을 경우에 사용된다.

(4) 판 캠(핑거 플레이트)작동 방식

(그림 6-124)과 같이 고정측 형판에 캠 플레이트를 설치하고, 홈을 섭동하는 핀에 의해 슬라이드 블록을 후퇴시켜 언더컷을 처리하는 방법으로 처음에는 작은 경사각을 주므로써 큰 힘을 얻을 수 있고, 그 다음에 큰 경사각을 주어 큰 이동량을 얻을 수 있다.

(5) 스프링 작동 방식

(그림 6-125)와 같이 스프링의 장력을 이용하여 슬라이드 블록을 후퇴시키는 방법으로서, 슬라이드 블록의 인장력 거리를 크게 할 수 없기 때문에 소형 금형에서 응용된다.

(6) 공압 및 실린더에 의한 작동 방식

슬라이드 블록의 작동을 유·공압 실린더의 작용력에 의해서 행하는 방법이다.

(그림 6-132)는 공압 실린더에 의한 슬라이드 코어 핀의 작동 예를 나타낸다. 이 때 캐비티 내에 작용하는 유효 평균 사출압력은 250~450(kg/㎠) 정도이다. 그러나 정밀

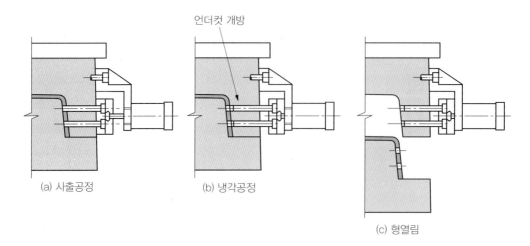

그림 6-133 공기압 실린더를 이용한 작동방식

제품 및 성형재료에 따라 1000(kg/㎠)가 되는 경우도 있다. 에어 실린더를 이용하여 금형을 열기 전에 사이드 코어를 후퇴시킨뒤 금형을 연다. 이 경우에 로킹 블록을 붙이는 것이 곤란하기 때문에 성형시에 사이드 코어에 큰 압력이 걸리지 않는 경우에만 사용한다.

(7) 래크와 피니언에 의한 방식

고정측 형판에 래크를 설치하고 가동측 형판에 설치한 피니언과 슬라이드 래크에 의해 슬라이드 코어를 직선 왕복 운동시켜 언더컷부를 처리한다. (그림 6-134)은 구부러진 파이프 가공에 래크와 피니언을 이용한 예를 보여 준다.

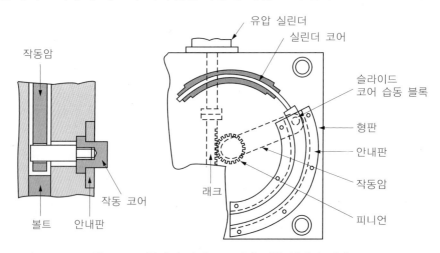

그림 6-134 회전 슬라이드 코어에 의한 언더컷 처리

(8) 슬라이드 블록의 설계

① 섭동부

섭동부는 판에 닿아 섭동하는 부분이며, (그림 6-135)는 슬라이드 블록의 형상과 섭동부 B에 대한 C 및 D의 치수를 나타내었다. 슬라이드 블록의 재질은 SM50C~SM55C로 하고, 열처리 경도는 HRC40 이상으로 한다. 또한 (그림 6-136), (그림 6-137) 및 (그림 6-138)에는 슬라이드 홀더 A형, B형 및 C형을 표시하고, A형은 사이드 코어의 폭이 작을 때 사용되고, B형 및 C형은 보조적인 홀더이다.

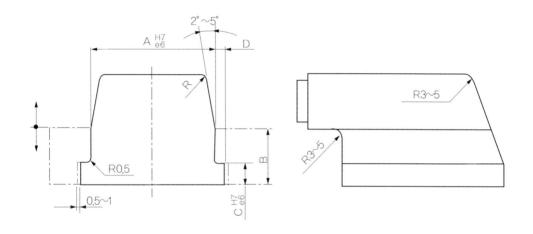

(단위 : mm)

B	30이하	30~40	40~50	50~65	65~100	100~160
C	8	10	12	15	20	25
D	6	8	10	10	12	15

(단위 : mm)

A.C	10이하	10~18	18~30	30~50	50~80	80~120	120~180	180~250	250~315	315~400	400~500
치수공차 (e6)	-0.025 -0.034	-0.032 -0.043	-0.040 -0.053	-0.050 -0.066	-0.060 -0.079	-0.072 -0.094	-0.085 -0.110	-0.100 -0.129	-0.110 -0.142	-0.125 -0.161	-0.135 -0.175

그림 6-135 슬라이드 블록 섭동부의 모양과 치수

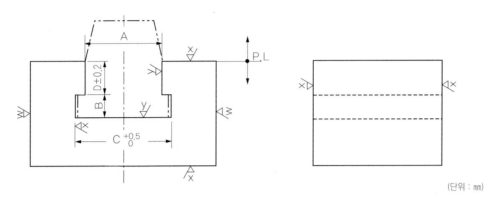

(단위 : mm)

A.C	10이하	10~18	18~30	30~50	50~80	80~120	120~180	180~250
치수공차 (H9)	+0.036 0	+0.043 0	+0.052 0	+0.062 0	+0.074 0	+0.087 0	−0.100 0	+0.115 0

그림 6-136 슬라이드 홀더 A형

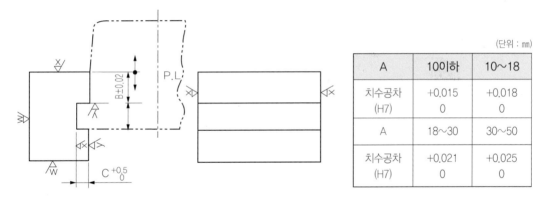

(단위 : mm)

A	10이하	10~18
치수공차 (H7)	+0.015 0	+0.018 0
A	18~30	30~50
치수공차 (H7)	+0.021 0	+0.025 0

그림 6-137 슬라이드 홀더 B형

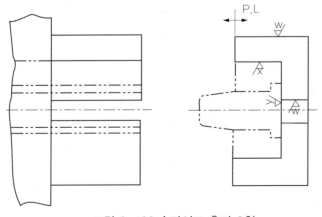

그림 6-138 슬라이드 홀더 C형

② 슬라이드 불록의 종류

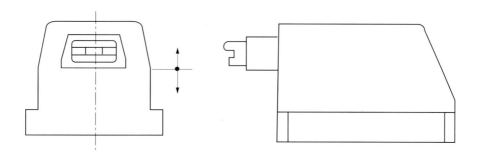

(a) 성형품부 직접 조각형

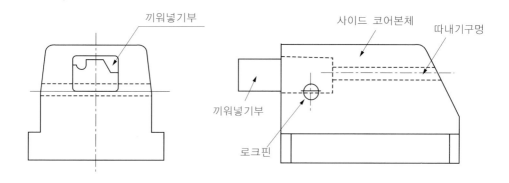

(b) 성형품 끼워넣기

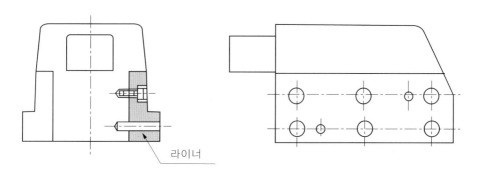

(c) 섭동부 붙이기형

그림 6-139 슬라이드 코어의 종류

슬라이드 블록의 종류는 (그림 6-139)과 같으며, (a)는 성형품부와 섭동부가 일체로 가공되어 있고, 성형품부의 형상이 그다지 복잡하지 않고 가공이 간단할 때 널리 쓰인다. (b)는 성형품부를 따로 만들어 인서트한 형식으로서, 성형품부가 복잡하고 큰 것일 경우에 사용된다. (a)는 특수한 것으로서 섭동부에 담금질한 라이너를 붙여 섭동 부분에 긁힘을 없애는데 사용되며, 라이너의 재료는 보통 STS3~STS5로서 담금질 경도는 HRC53~55정도이다.

③ 로킹 블록(locking block)

로킹 블록은 슬라이드 코어를 형체결력에 의해 밀어 붙여 슬라이드 코어의 위치

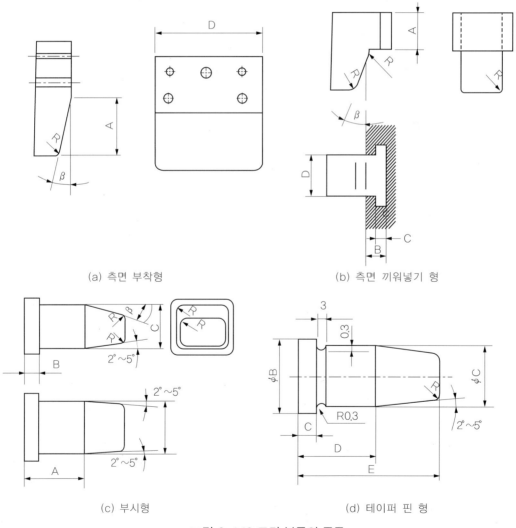

(a) 측면 부착형   (b) 측면 끼워넣기 형

(c) 부시형   (d) 테이퍼 핀 형

그림 6-140 로킹 블록의 종류

를 결정하는 동시에 수지압력에 의해 슬라이드 코어가 후퇴하려고 하는 것을 방지한다. 재료는 SM50C~SM55C 또는 STC3~STC5이며, 담금질할 때의 경도는 HRC52~56 정도이다. 종류에는 (그림 6-140)와 같이 측면 부착형, 측면 끼워 넣기형, 부시형 및 테이퍼 핀형이 있으며, 측면 부착은 일반적으로 가장 많이 쓰이는 것으로 형측면에 맞춤 핀으로 위치를 정하고 볼트로 고정한다.

측면 끼워 넣기형은 특수한 방식으로 사이드 코어에 가해지는 사출압력이 크며, 볼트 조임으로는 볼트의 신장이 생기는 경우에 끼워 넣기식으로 한다. 부시형은 메인 플레이트 안에 부시방식으로 끼워 넣는 것으로, 측면 부착형보다 큰 압력에 견디며 슬라이드 코어의 폭이 큰 것에 적합하다. 테이퍼 핀 방식에 의한 로킹 블록은 맞춤 가공이 다른 것에 비하여 쉽기 때문에 부시 방식의 대용으로 많이 쓰인다. (그림 6-130)은 앵귤러 핀의 슬라이드 코어 작동 및 로킹방법을 나타내며, (a)는 작동 스트로크가 작고 슬라이드 코어에 가해지는 힘이 클 때 사용되며, (b)는 슬라이드 코어 성형품부의 높이 및 폭이 크고 로킹의 소요 면적을 많이 잡을 경우에 사용되고, (c)는 작동 스트로크가 작고 슬라이드 코어에 가해지는 힘이 그다지 크지 않을 때 많이 사용되며, (d)는 작동 스트로크가 작고 슬라이드 코어의 폭이 넓은 경우에 적당하다.

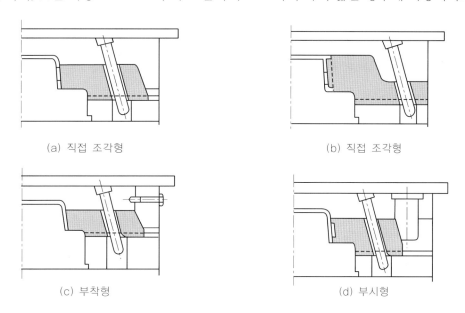

(a) 직접 조각형   (b) 직접 조각형

(c) 부착형   (d) 부시형

그림 6-141 앵귤러 핀의 슬라이드 코어 작동

④ 슬라이드 코어의 위치 결정 장치

금형이 열리면서 빠져나온 슬라이드 코어가 진동이나 기타 요인에 의해 위치가 변화하여 금형이 닫힐 때 앵귤러 핀과 슬라이드 코어가 충돌하는 것을 방지하기 위한 것으로서 핀 방식과 볼 방식이 있다. (그림 6-142)과 (그림 6-143)에는 그 모양과 치수를 나타낸다.

(그림 6-144)은 슬라이드 코어의 위치 결정 장치의 적용 예로서, (a)는 좌우 측면으로 슬라이드할 경우에 사용되며, 코어의 바닥에 90°~120° 송곳뚫이 구멍을 만들어 슬라이드 코어를 일정량 끌어 내었을 경우에 위치 정하기 핀 또는 볼을 송곳뚫이 구멍에 넣어서 슬라이드 코어의 이동을 멎게 하고, 형조이기의 경우에 앵귤러 핀과 슬라이드 코어의 충돌을 방지한다. (b)는 윗쪽으로 슬라이드 코어를 빼낼 경우에 사용

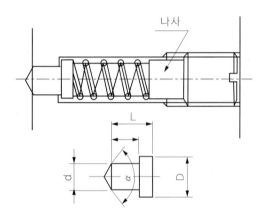

(단위 : mm)

호칭지름 (d)	D	ℓ	L	α
6	7.5	3	7	90°~120°
8	10.5	4	9	90°~120°
10	13.0	5	11	90°~120°

그림 6-142 슬라이드 코어의 위치 정하기 장치(핀 방식)

(단위 : mm)

호칭지름 (d)	세트스크 루의지름	아래구멍 의 지름	코일스프링 (d×D×L×n)
9/32 (7.1438)	3/8	7.9	1×6×30×8
	10	8.4	
13/32 (10.3188)	1/2	10.9	1.2×8×40×8
	14	12.0	
17/32 (13.4938)	5/8	13.5	1.5×11×50×8
	16	13.7	

그림 6-143 슬라이드 코어의 위치 정하기 장치(볼 방식)

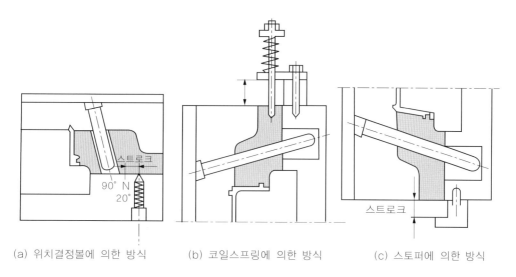

(a) 위치결정볼에 의한 방식　　(b) 코일스프링에 의한 방식　　(c) 스토퍼에 의한 방식

그림 6-144 슬라이드 코어의 위치 결정 장치의 적용 예

되며, 코일 스프링으로 슬라이드 코어의 자중을 달아 올려서 끌어 당기는 양을 일정하게 하며, 앵귤러 핀과 슬라이드 코어의 충돌을 방지한다. 사용되는 스프링의 강도는 자중의 1.5~2배로 한다. (c)는 아래쪽으로 코어를 이끌어 낼 경우에 사용되며, 형 열기 후에 앵귤러 핀에서 코어가 빠져도 슬라이드 코어가 떨어지지 않도록 핀으로 막는다. 스트로크는 블록 높이 또는 받침판에 스토퍼(stopper)를 끼워 조정하는 수도 있다. 그러나 형 사용시 상·하를 바뀌지 않도록 주의해야 한다.

3. 내측 언더컷 처리 기구

　성형품의 내측, 즉 형개폐 방향에서는 빠지지 않는 코어형의 요철부를 내측 언더컷이라고 한다. 다만 관통하고 있는 가로 구멍 등은 분할형 및 슬라이드 블록으로 처

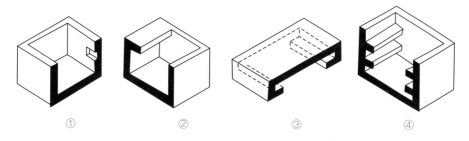

①　　②　　③　　④

그림 6-145 내측 언더컷이 있는 성형품

리하는 편이 간단하여 내측 언더컷에서 제외하였다. (그림 6-145)에는 내측 언더컷
이 있는 성형품 예를 표시한다.

가. 경사 이젝터 핀 작동 방식

(그림 6-146)는 경사 이젝터 핀에 의한 언더컷 처리의 예를 나타낸다. 이것은 언더
컷 부분을 형성하고 있는 각도 ϕ 만큼 기울어진 경사 이젝터 핀이 있고, 이 핀은 스
프링에 의해 이젝터 플레이트에 접촉해 있다. 금형이 열린 후 이젝터 플레이트가 전
진하면 경사 이젝터 핀의 가로 방향 운동에 의해 언더컷을 벗어난다. 가로 방향의 운
동량은 다음 계산식에 의해 구한다.

M : 가로 방향의 운동량(㎜)

E : 이젝터의 스트로크(㎜)

ϕ : 이젝터 핀의 경사 각도(°)

$$M = E \tan\phi \quad\text{(6.24)}$$

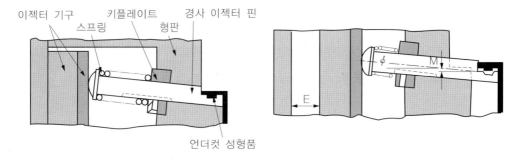

(a) 성형위치   (b) 이젝터 위치

그림 6-146 경사 이젝터 핀에 의한 언더컷 처리 예

나. 분할 코어 작동 방식

(그림 6-147)에 분할 코어 작동의 예를 나타낸 것으로, (a)는 경사 이젝터 핀과 비슷
하나 언더컷부는 슬라이드 하는 분할 코어가 있고, 가이드 핀의 경사각 ϕ 는 코어의
접촉면 경사각 θ 보다 작게 한다.

(b)는 양 측면에 언더컷이 있을 경우이며, 가이드 핀에 의해 분할 코어는 전진시켜
지고 그 전진 한계는 2조의 코어가 접촉하는 위치이다. 최대 전진량은 경사 가이드

핀이 각도 ϕ와 코어의 폭 G에 의하여 정하여진다.

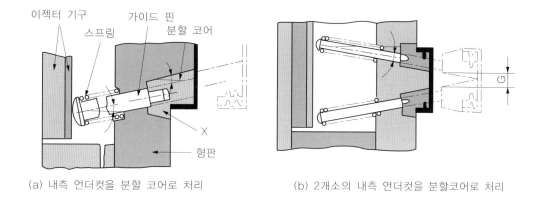

(a) 내측 언더컷을 분할 코어로 처리   (b) 2개소의 내측 언더컷을 분할코어로 처리

그림 6-147 분할 코어의 작동 예

다. 슬라이드 블록 작동 방식

내측 언더컷 성형품에도 앞에서 설명한 슬라이드 블록을 이용해서 빼내는 방법이 있다.

라. 강제(stripping) 언더컷 처리

강제 처리 방식은 내·외측 언더컷에 관계없이 간단하고도 효과적으로 언더컷을 처리하는 방식이다. (그림 6-148)와 같은 성형품의 형상에 채용되며, 사용되는 수지는 탄성이 많은 PE, PP 등이 사용된다.

(그림 6-149)은 밸브 이젝터에 의한 강제 언더컷 처리의 예이며, 이 때 밸브의 선단은 강도가 허용하는 한 큰 편이 좋다.

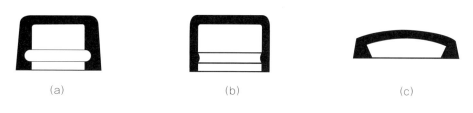

(a)   (b)   (c)

그림 6-148 강제 언더컷 처리품

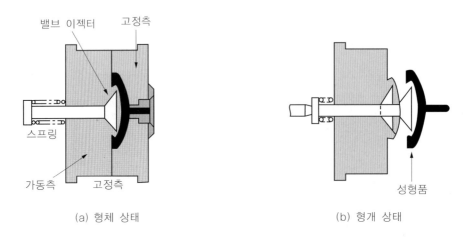

(a) 형체 상태 (b) 형개 상태

그림 6-149 밸브 이젝터에 의한 강제 언더컷 처리의 예

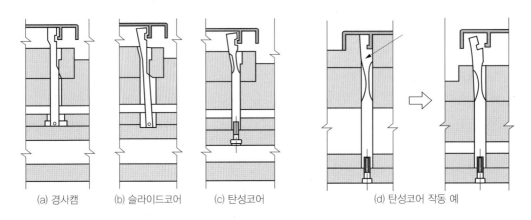

(a) 경사캠 (b) 슬라이드코어 (c) 탄성코어 (d) 탄성코어 작동 예

그림 6-150 여러가지 언더컷 처리 예

4. 나사붙이 성형품의 언더컷 처리

나사붙이 성형품용 금형은 나사의 특성이나 생산 방식 등 매우 많은 요인에 의해 간단하게도 되고 복잡하게도 된다. 나사는 언더컷으로 될 경우가 많고, 더구나 그 처리 방법이 일반적인 언더컷과는 다른 경우가 많다. 나사붙이 성형품용 금형을 설계할 때는 나사의 종류, 나사의 형상, 피치(pitch), 줄, 수, 크기, 나사의 강도, 사용 수지, 이젝팅 방법 등의 각종 요인에 대해 충분한 파악이 필요하다. 또한 외측 나사와 내측 나사는 처리 방법이 기본적으로는 똑같다.

가. 내측 나사의 처리 기구

(1) 고정나사 코어 방식

금형이 열린 후 코어에 남은 성형품을 작업자가 손으로 돌려서 빼낸다.

(2) 강제 빼기(stripping) 방식

스트리퍼 플레이트에 의해 코어에서 빼내는데 나사의 형상은 지름에 비해 나사 높이가 낮고, 둥근나사로서 탄성이 풍부한 수지와 강제 빼기의 변형을 흡수할 수 있는 것이어야 한다.

(3) 고정 코어 방식

성형품의 이젝팅 동작시 나사 코어는 성형품과 함께 밀어내어지고 다음에 손 또는 치공구를 사용하여 성형품과 코어를 분리한다. 나사 코어는 2개 이상 만들어 두고 교환 착탈식으로 한다. 시험제작, 극소량의 생산 또는 강도상의 문제로 자동나사 빼

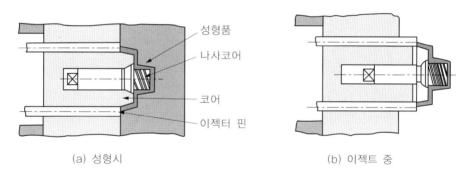

| (a) 성형시 | (b) 이젝트 중 |

성형품
나사코어
코어
이젝터 핀

그림 6-151 고정 코어 방식에 의한 나사 빼기

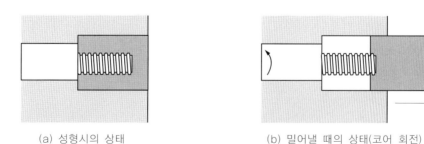

(a) 성형시의 상태   (b) 밀어낼 때의 상태(코어 회전)

그림 6-152 나사 코어 회전만으로 성형품 빼내는 기구

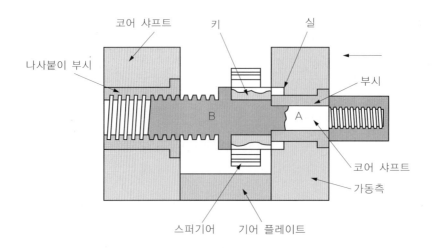

그림 6-153 나사 코어의 회전으로 후퇴하는 원리

기 장치를 할 수 없을 경우에 사용되며, (그림 6-151)에 고정 코어 방식에 의한 나사 성형품의 처리를 나타내었다.

(4) 회전 나사 코어·캐비티 방식

자동적으로 나사붙이 성형품을 빼내기 위해서는 코어 또는 캐비티를 회전시켜야 한다. 이 경우 3가지 방법을 생각할 수 있다. 첫째는 (그림 6-152)과 같이 나사 코어 는 다만 회전만으로 성형품을 빼낸다. 이 때 성형품의 외형은 회전 방지를 하는 형상 이 아니면 미끄러져 버리며, 나사부의 길이는 캐비티 깊이보다 약간 짧은 것이 좋고, 얕으면 다른 이젝터 기구가 필요하게 된다. 반대로 관통하고 있는 상태에서 나사의 길이가 캐비티 깊이보다 길 경우는 완전히 벗어나지 않는다. 둘째로 나사 코어는 회 전하면서 후퇴한다. (그림 6-153)에는 나사 코어 회전으로 후퇴하는 원리를 표시하 며, 후퇴용 나사는 각 나사가 많이 사용되고 있다. 또한 성형품을 빼낸 후는 나사 코 어를 역전시켜서 원래의 위치로 되돌려야 한다. 셋째로 캐비티를 회전시키는 것으 로 (그림 6-154)에 동작 원리를 표시한다. 이 방식은 게이트를 내측에 잡을 경우나, 가늘고 긴 나사 코어를 회전시키면 강도적으로 문제가 일어나기 쉬울 경우에 채용 되고 있다.

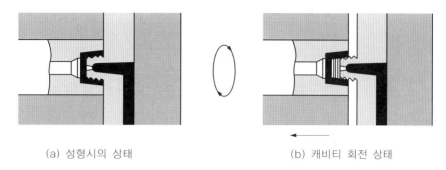

(a) 성형시의 상태   (b) 캐비티 회전 상태

그림 6-154 캐비티 작동 방식의 원리

나. 외측 나사의 처리 기구

(1) 나사붙이 분할형 방식

나사부에 파팅 라인이 있어도 성형품의 기능
에 지장이 없는 경우에 채용되며, 비연속 나사
일 경우에는 나사부를 피한 곳에 파팅 라인이
오도록 한다. (그림 6-155 참조)

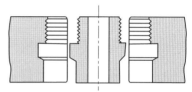

그림 6-155 나사부의 분할 방법

(2) 고정 나사 캐비티 방식

가장 간단한 방식으로 금형이 열린 후 캐비티에서 성형품을 손 또는 치공구를 사
용해서 빼낸다. 이 때 빼내기를 쉽게 하
기 위하여 성형품에 세레이션(serration)
을 설치하든가 4각 또는 6각 구멍을 뚫
어서 공구를 사용한다.

(3) 강제 빼기 방식

(4) 고정 코어(캐비티) 방식

(5) 회전 나사 캐비티·코어 방식

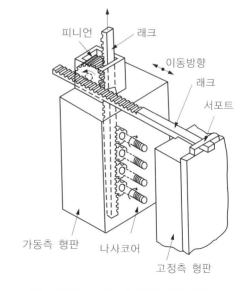

그림6-156 래크와 피니언에 의한 방식

다. 회전 구동 방식

회전 코어·캐비티 방식에 의한 나사붙이 성형품의 금형 설계에서는 어느 것이나 회전 구동기구가 필요하게 된다.

캐비티의 배열도 이 회전 구동 방식에 의해 한정된다. 회전 구동 방식은 수동식, 기계식, 유·공압식 및 전기식 등이 있으며, 여러 가지 구동기구들에 의해 짜맞춤이 되어진다. (그림 6-156)는 래크와 피니언에 의한 구동 방식이며, (그림 6-157)는 고정측 형판 또는 고정판에 고정된 래크에 물리는 피니언과 다시 그 피니언에 물리는 가로 방향의 래크에 의해 회전되는 회전 코어축의 피니언으로 구성된다 (그림 6-158)은 서로 맞물려 작동하는 베벨기어와 래크, 피니언으로 이루어진 구동 방식이다.

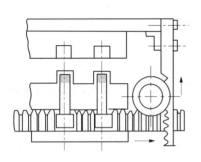

그림 6-157 래크와 피니언에 의한
구동 방식

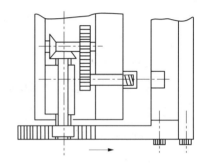

그림 6-158 래크와 베벨기어에 의한
구동 방식

제 6 절 금형 온도 조절 기구의 설계

1. 온도 조절의 필요성

사출 성형을 흔히 초단위의 작업이라고 한다. 즉 성형 사이클의 단축이 강력히 요청된다.

이 성형 사이클 중에 냉각시간이 차지하는 비중이 크다. 또한 금형의 온도 조절은 성형품의 성형성, 성형능률, 제품 품질 등에 큰 영향을 미치므로 금형 설계시에 충분히 검토해야 할 필요가 있다.

일반적으로 금형의 온도를 저온으로 유지하고 숏(shot)수를 올리는 것이 바람직하나 성형품의 형상(금형의 구조), 성형재료의 종류에 따라서는 성형성 향상을 위해 금형온도를 높여 충전하지 않으면 안되는 경우도 있다. 금형의 온도 조절은 매우 중요하며, 성형품의 냉각은 단지 빠르면 된다는 것은 아니다. 그것에는 금형온도 조절 목적에 적합한 냉각 구조가 바람직하며, 경우에 따라서는 금형온도를 올려야 한다. 이처럼 성형의 기능과 요구 조건, 사용 수지, 성형기의 능력, 스프루·러너·게이트 시스템 등을 고려해서 냉각 효과가 우수한 구조가 필요하게 된다.

최근에는 금형온도 조절기의 보급이 빠르게 이루어지고 있다. 이것은 성형품의 용도가 다양해지고, 외관이나 치수 정밀도도 점검 정밀한 것이 요구되고 있기 때문에 당연하다고 할 수 있다. 이 온도 조절기는 금형온도를 상승시키기 위해서 사용되는데, 여기에서 중요한 것은 금형온도를 극히 정확하게 조절하며, 수온이나 외기 온도에 영향을 받지 않고 항상 일정 온도를 유지할 수 있어 품질 높은 성형품이 얻어진다. 〈표 6-16〉는 플라스틱 재료의 성형온도와 금형온도와의 관계를 나타내며, 금형 온도 조절의 효과는 다음과 같다.

① 성형 사이클의 단축

② 성형성의 개선

③ 성형품의 표면 상태 개선

④ 성형품의 강도 저하 및 변형의 방지

⑤ 성형품의 치수 정밀도 향상

표 6-16 플라스틱 재료의 성형온도와 금형온도의 관계

재 료 명	재료온도(℃)	사출압력(kg/㎠)	금형온도(℃)
폴 리 에 틸 렌	150~300	600~1500	40~60
폴 리 프 로 필 렌	160~260	800~1200	55~65
폴 리 아 미 드	200~320	800~1500	80~120
폴 리 아 세 탈	180~220	1000~2000	80~110
3 불 화 염 화 에 틸 렌	250~300	1400~2800	40~150
스 틸 롤	200~300	800~2000	40~60
A　　　　　S	200~260	800~2000	40~60
A　　B　　S	200~260	800~2000	40~60
아 크 릴	180~250	1000~2000	50~70
경 질 염 화 비 닐	180~210	1000~2500	45~60
폴 리 카 보 네 이 트	280~320	400~2200	90~120
셀룰로오스 아세테이트 셀룰로오스 아세테이트 브틸 레이트	160~250	600~2000	50~60

2. 금형 온도 조절의 열 해석

가. 금형 온도 조절에 필요한 전열면적

(1) 이동 열량식

$$Q=S_h \times C_p \times (t_1-t_0) \cdots\cdots (6.25)$$

Q : 이동 열량(kcal/hr)　　　　　S_h : 매시간당 숏 수

C_p : 수지의 비열(kcal ℓ /kg℃)　　t_1 : 용융 수지의 온도(℃)

t_0 : 성형품을 꺼낼 때의 온도(℃)

(2) 냉각 홈측의 경막 전열 계수식

$$h_w = \frac{\lambda}{d}(\frac{d \times u \times \rho}{\mu})^{0.8} \times (\frac{C_p \times \mu}{\lambda})^{0.3} \cdots\cdots (6.26)$$

h_w : 냉각 홈측의 경막 전열계수(kcal/m²·h·℃)　　d : 냉각홈의 지름(mm)

λ : 냉매의 열전도율(kcal/m²·h·℃)　　　　　　u : 유속(m/s)

ρ : 밀도$(\mathrm{kg/m^3})$　　　　　　　　　　　　　　　　μ : 점도$(\mathrm{kg/m \cdot s})$

(3) 소요 전열면적

$$A = \frac{Q \times \Delta T}{h_w} \quad \cdots\cdots\cdots\cdots\cdots\cdots\cdots\cdots\cdots\cdots\cdots\cdots\cdots\cdots\cdots(6.27)$$

A : 소요 전열면적$(\mathrm{m^2})$

ΔT : 금형과 냉매와의 평균 온도차$(℃)$

위에서 냉각 또는 가열 액체의 접촉 전열면적을 생각하는데 있어서, 외기에의 방열, 성형기의 플레이트 및 노즐 터치와 전열은 일단 무시한다.

(4) 모노 그래프에 의한 전열면적 산출

성형품 중량 1000(g), 숏 수 35/H로 성형할 경우에 금형의 냉각 구멍의 전열면적을 구해 본다. A의 1000(g)기점과 B의 35/H기점을 직선으로 연결하여 C점의 교점을 찾으면 3100$(\mathrm{cm^2})$가 구하는 전열면적이다. 이 경우 냉각 구멍의 지름을 12.7(mm)일 때 냉각 구멍의 길이를 구하면, A= π dL

$$L = \frac{A}{\pi d} = \frac{3100}{3.14 \times 1.27} ≒ 777(\mathrm{cm})$$

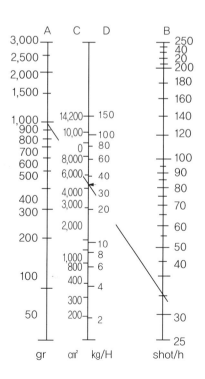

그림 6-159 모노 그래프에 의한
전열면적 산출

나. 냉각수의 수량

$$W = \frac{W_p\{C_p(T_p-T_M)+L\}}{K(T_{wo}-T_{wi})} \quad \cdots\cdots\cdots\cdots\cdots\cdots\cdots\cdots\cdots\cdots\cdots\cdots\cdots(6.28)$$

W : 통과하는 냉각 수량(ℓ/h)   Wp : 매시의 사출용량(cm^3/h)

Cp : 수지의 비열(cal/g℃)   Tp : 수지의 용융 온도(℃)

TM : 금형의 온도(℃)   L : 수지의 융해 잠열

K : 물에의 열전도 효율(캐비티:0.64, 배관:50)

Two : 물의 배수 온도(℃)   Twi : 물의 급수 온도(℃)

위 식에서 핫 러너 및 노즐로부터 금형이 흡수하는 열량 및 금형이 대기중이나 성형기로 빼앗기는 열량은 무시한다. 〈표 6-17〉는 냉각수로의 한계 순환 수량이다.

표 6-17 냉각수로의 한계 순환 수량

냉각수로지름(mm)	유량(ℓ/min)	냉각수로지름(mm)	유량(ℓ/min)
8	3.8	19	38
11	9.5	24	76

다. 금형의 냉각시간

냉각시간은 성형품의 최대 살두께부에 따라 정해진다.

$$S = \frac{t^2}{2\pi\alpha} \cdot \ell_n \cdot \frac{\pi}{4} \left(\frac{T_x-T_m}{T_p-T_m}\right) \cdots\cdots\cdots(6.29)$$

$$\alpha = \frac{R}{\rho \times C_p} \quad \cdots\cdots\cdots\cdots\cdots\cdots\cdots\cdots\cdots(6.30)$$

S : 냉각에 요하는 최소시간(s)

t : 성형품의 살두께

α : 수지의 열방산율

R : 수지의 열전도율(cal/cm s℃)

TX : 성형품을 꺼낼때의 온도(℃)

라. 금형 가열 히터의 용량

PC, PETP, PPO 등의 고점도 수지는 유동성이 나쁘므로 금형온도를 상승시켜서 성형한다. 이들의 금형온도 조절에는 금형온도 조절기를 사용하는 것이 합리적이다. 그러나 기름 순환식이며 설비비도 비싸므로 히터가 많이 사용되고 있다.

$$P = \frac{MC(t_1-t_2)}{860\eta T} \quad \cdots\cdots\cdots\cdots\cdots\cdots\cdots(6.31)$$

P : 히터 용량(kW)

M : 제어부의 금형 중량(kg)

C : 금형 재료의 비열

t₁ : 상승 희망 온도(℃)   t₂ : 대기의 온도(℃)

T : 희망 상승 시간(h) η : 히터 효율(%)

3. 냉각 구멍의 분포

냉각 구멍의 분포를 정하는 데는 외부에서 공급되는 열량이 많은 곳에 많게 하고, 적은 곳에 적게 한다. 즉, 외부에서 용융수지가 가지고 오는 열에너지에 비례해서 배치하여야 한다. 이 열에너지는 수지가 스프루에서 캐비티의 말단까지 흐르는 사이의 온도 강하를 무시하면 성형품의 중량 분포와 같게 되므로 냉각 구멍의 이론적 분포는 스프루 부근을 제외하고 성형품의 중량 분포에 비례시키면 된다. 그러나 실제로는 슬라이드 코어나 이젝터 핀 등의 관계로 이상적인 배치가 되지 않는 경우가 많다. 그래서 이 배치가 적당한지의 여부를 조사하는 방법으로서 시험 성형때 소요 냉각 시간을 단축시켜서 성형했을 때의 고화 상태, 예를 들면 표면의 주름 등에 의해 냉각 속도가 균일한지의 여부를 판단한다.

성형 사이클을 단축하는 데는 성형품의 살두께를 될 수 있는 대로 얇게 또한 균일하게 한다는 설계상의 고려도 필요하지만, 최종적으로는 냉각 효과가 우수한 구조를 연구해야 한다.

(그림 6-160)은 동일 형상을 한 성형품의 경우로 5개의 큰 냉각 구멍을 가진 금형

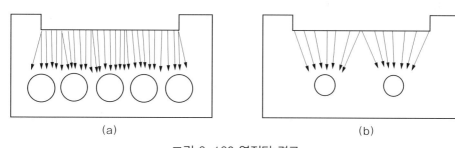

그림 6-160 열전단 경로

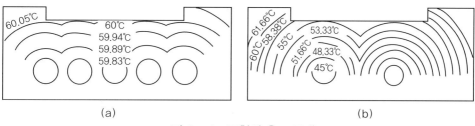

그림 6-161 금형의 온도 구배

(a)와 2개의 작은 냉각 구멍을 가진 금형(b)를 표시한다. (a)는 열전달 경로가 고르게 분포되어 캐비티 표면에 대하여 균일한 냉각 효과를 가지지만, (b)는 열전달 경로가 경사되어 균일하지가 못한 것을 나타낸다. (그림 6-161)은 캐비티와 냉각 구멍 표면 간의 온도 구배를 표시한 개략 등온선이다. (a)는 큰 냉각 구멍에 59.83℃의 물을 순환시킨 경우이고, 캐비티 표면은 사이클간에 60~60.05℃로 되어 온도차가 작게 되지만, (b)는 작은 냉각 구멍으로 45℃의 물을 순환시키면 캐비티 표면은 53.33~60℃로 온도차가 크게 된다. 즉 (a)와 같이 크고 균일하게 냉각 구멍을 분포시키면 캐비티 표면에서의 온도 변화는 적어 균일한 냉각 효과를 기대할 수 있으나, (b)와 같은 경우는 성형품에 미치는 냉각 효과가 균일하지 못하여 좋지 않다.

4. 냉각수 구멍의 설계

가. 냉각수 구멍 설계시 유의 사항

① 고정측 형판과 가동측 형판, 각각 독립해서 조정되도록 한다.

② 금형의 레이아웃을 설계할 때는 이젝터 핀, 기타의 핀, 볼트 등의 배치와 더불어 온도 조절용 냉각 구멍의 배치도 함께 검토해야 한다. 일반적으로 냉각회로는 이젝터 구멍보다 우선한다.

③ 냉각회로는 스프루나 게이트 등 금형온도가 제일 높은 곳에 냉매가 우선 유입하도록 설계한다. (그림 6-162 참조)

④ 냉매 입구 온도와 출구 온도의 차는 적어지는 편이 바람직하다. 특히 정밀 성형 금형에서 여러개 뽑기의 경우는 2℃ 이하로 한다.

⑤ 고정측 형판은 수열량과 방열면적이 커서 가동측 형판보다 냉각 수량을 많이 필요로 한다.

⑥ 공급하는 수량이 일정한 경우, 냉각 구멍이 크면 유속이 떨어져 열전도가 나빠

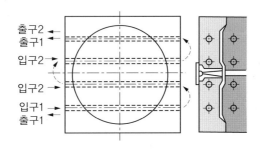

그림 6-162 냉각회로 배열 방식

지므로 수량 증가 또는 구멍을 조절해서 냉각수의 흐름을 난류로 하여 냉각효과를 높인다.

⑦ 냉각 구멍의 방청을 고려하고, 또한 청소가 간편한 구조이어야 한다.

⑧ 폴리에틸렌과 같이 성형 수축률이 큰 재료는 수축방향에 따라서 냉각수로를 설치하여 성형품의 변형을 방지한다.

⑨ 캐비티내에 반복해서 작용하는 성형압력에 의해 변형되거나 파손되지 않도록 냉각수 구멍의 위치는 성형부에서 최소 10(㎜)이상 떨어지게 한다.(그림 6-163 참조)

⑩ 일반적으로 큰 1개의 냉각 구멍보다 가늘고 많은 구멍쪽이 효과적이다. 그러나 물때의 발생으로 막히는 가는 구멍은 피한다.

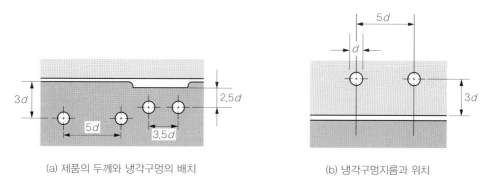

(a) 제품의 두께와 냉각구멍의 배치 (b) 냉각구멍지름과 위치

그림 6-163 냉각수 구멍 관련 치수

나. 냉각 구멍의 길이

금형의 냉각에 있어서 냉각수 구멍을 설계할 때는 열량 이동을 고려해야 한다. 즉, 수지에서 금형으로 이동하는 열량과 금형에서 냉각수로 들어가는 열량 사이에는 등가의 경우가 성립하며, 이 때 열량은 냉각수가 갖는 열량과도 동일하게 된다. 이 때 수지의 결정 잠열 또는 다른 부분으로부터 열 흡수 또는 금형이 대기중이나 성형기로 빼앗기는 열량이 없다고 가정하면 단위 시간당 수지로부터 금형으로 이동하는 열량 Q는

$$Q = \frac{P_1}{S} \times C_P \times \varDelta T \quad\cdots\cdots\cdots\cdots\cdots(6.32)$$

$$Q' = W \cdot C_w \cdot \rho_w (T_{wo} - T_{wi}) \quad\cdots\cdots\cdots\cdots(6.33)$$

$$Q'' = \pi d \times L \times h_w \times (T_M - T_{wm}) \quad\cdots\cdots\cdots(6.34)$$

여기에서 냉각수의 평균온도를

P_1 : 수지의 중량(kg)

S : 시간(S)

C_p : 수지의 비열

W : 냉각수량(㎥/h)

T_{wo} : 물의 배수온도(℃)

$T_{wm} = \dfrac{1}{2}(T_{wi} + T_{wo})$ 라면,

$Q = Q' = Q''$ 이므로, (식 6.33)과 (식 6.34)에서

$\dfrac{1}{2}(T_{wo} - T_{wi}) = \dfrac{Q}{2W \cdot C_w \, \rho_w}$

$T_M = \dfrac{1}{2}(T_{wi} + T_{wo}) = \dfrac{Q}{\pi dLh_w}$

$\therefore T_M - T_{wi} = \dfrac{Q}{\pi dLh_w} + \dfrac{Q}{2W \cdot C_w \cdot \rho_w}$ ···(6.35)

T_{wo} : 물의 배수온도(℃)
T_{wi} : 물의 급수온도(℃)
C_w : 냉각수 배열
     (kcal/kg·℃)
ρ_w : 냉각수의 밀도
d : 냉각수 구멍 지름(mm)
L : 냉각수 구멍 길이(mm)
h_w : 냉각 구멍막 전열계수
     (kcal/m³h℃)
T_M : 금형온도(℃)
T_{Wm} : 냉각수 평균온도(℃)

$T = \dfrac{Q}{\pi dLh_w} + \dfrac{Q}{2W \cdot C_w \cdot \rho_w} \cdot \dfrac{Q}{\pi dLh_w}$

$T_M - T_{wi} =$로 놓으면

$= T - \dfrac{Q}{2W \cdot C_w \cdot \rho_w}$

$\dfrac{1}{L} = \dfrac{\pi dLh_w}{Q}\left(T - \dfrac{Q}{2W \cdot C_w \cdot \rho_w}\right)$

$\therefore L = \dfrac{2QW \cdot C_w \cdot \rho_w}{\pi dhw(2W \cdot C_w \cdot \rho_w - Q)}$ ·················(6.36)

다. 냉각수의 누수방지

첫째, O-Ring이 끼워지는 홈부위의 치수가 정밀하게 가공되어야 한다. 이를 위해서는 O-Ring을 규격화하여 그 규격에 맞는 O-Ring을 비치하고, O-Ring 가공용 전용공구를 확보하여 가공시에 사용하여야 한다.

둘째, O-Ring을 끼울 홈은 조립 후에 O-Ring의 10%정도가 변형되는 치수로 가공해야 한다.

셋째, O-Ring을 코어에 장착하여 포켓부분으로 삽입할 때 포켓부분의 입구가 면취가 되어

넷째, O-Ring은 금형의 온도에 따라서 합성 또는 천연 고무 및 실리콘으로 만들기

때문에 탄력성이 좋지만, 사용중 탄력성이 저하되고 경화되거나, 마모될 경우에는 새 것으로 교체해야 한다.

5. 냉각 및 가열회로의 예

금형의 온도 제어에 관한 가장 좋은 냉각 방식 및 위치를 선정하는 것이 금형설계에서 중요하다. 여기에서는 각종 냉각 회로에 대해 그림을 중심으로 하여 나타내었다. 냉각회로의 기본은 직류식, 순환식, 분류식, 나선식 등이 있으며, 그 가공법은 직접 형판 또는 부시에 가공하는 것, 냉각부 만을 따로 만들어 세트한 것, 구리 파이프 등을 묻은 것, 용접한 것 등이 있다.

(그림 6-164)은 직류식 냉각 방법으로 고정측 형판에 직선 냉각 구멍을 뚫은 예이다. 이것은 가공이 용이하여 각진 성형품이나 일반적으로 많이 사용되며 스프루에 가까운 곳에서부터 냉각수를 보낸다.

(그림 6-165)는 직류 순환식 냉각 방법으로, 원통형 성형품의 바깥 둘레를 직선 냉각 회로로 설계한 예이다. (그림 6-166)은 나선식 냉각 방법으로 평면형 성형품의 상하 형판에 나선형의 냉각 회로를 설계하였으며, 구리 파이프 위에 저온 용융합금으로 충전시켜 냉각효과를 높인다. (그림 6-167)는 분류식 냉각 방법으로 코어부의 상면을 주로 냉각시키고자 할 때 특수한 칸막이판을 사용하여 코어 상면부의 냉각 효과를 얻는다. (그림 6-168)는 직류 순환식 냉각 방법으로 코어부에 구멍을 가공하고 버플러 플레이트를 설치함으로써 코어부를 냉각 할 수 있다.

(그림 6-169)도 직류 순환식 냉각 방법으로 성형품의 형상에 따라 고정측 형판과 코어에 직선 냉각 구멍을 설계한 예이다. 이것은 가공이 용이하고, 냉각효과도 좋아 각이진 성형품에 알맞다.

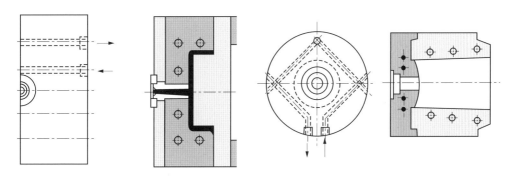

그림 6-164 직류식 냉각 방법   그림 6-165 직류 순환식 냉각 방법

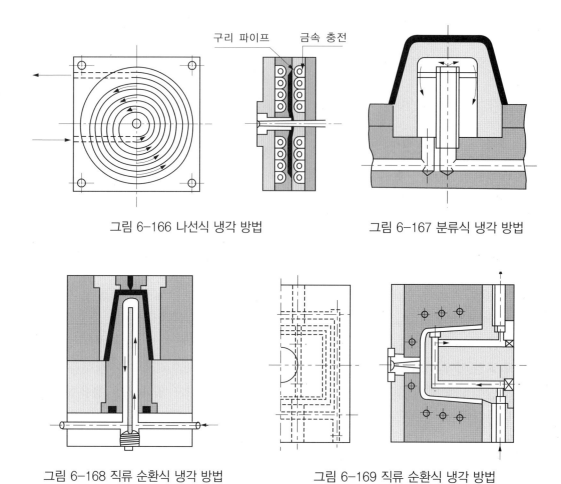

구리 파이프   금속 충전

그림 6-166 나선식 냉각 방법

그림 6-167 분류식 냉각 방법

그림 6-168 직류 순환식 냉각 방법

그림 6-169 직류 순환식 냉각 방법

제7절　러너리스 금형

　지금까지의 러너 게이트 시스템은 성형할 때 스프루와 러너가 성형품과 동시에 형성되어 성형 능률이 떨어지고, 경제적으로 무익할 뿐만 아니라 자동 운전의 경우에도 부적합한 것이었다. 이 때문에 스프루와 러너를 제거하거나, 있어도 매 숏마다 빼낼 필요가 없는 성형 방법이 연구되어 왔다. 러너리스 성형 방식이란 사출 성형기에서 금형의 캐비티에 이르는 수지의 유동 부위를 적절한 방법으로 수지가 항상 녹아 있도록 하여 스프루나 러너의 생성없이 계속적으로 성형할 수 있는 방식을 말한다. 이 방법을 채용하는 경우에는 금형의 온도 조절 및 성형 재료의 특성 또는 성형품의 형상 등을 충분히 고려할 필요가 있다.

1. 러너리스 금형의 장 · 단점

가. 러너리스 금형의 장점
① 자동화 성형 작업을 할 수 있으므로, 작업자 1명이 여러 대의 기계 운전을 할 수 있다.
② 스프루나 러너의 재처리에 따르는 비용이 절감된다
③ 일반적으로 스프루 및 러너는 제품부에 비하여 경화시간이 길지만, 러너리스 성형을 하게 되면 성형 사이클이 단축된다.
④ 수지 온도, 압력 등의 조건이 동일한 수지를 사출하므로 싱크 마크, 플로 마크를 줄일 수 있고 수지의 열변형을 최소화한다.
⑤ 재생 원료의 사용이 없어지므로 제품의 외관이나 물리적 특성이 좋아진다.
⑥ 러너와 스프루를 채워야 할 수지가 필요 없으므로 사출 용량이 적은 성형기로 성형이 가능하다.

나. 러너리스 금형의 단점
① 금형의 설계 및 보수에 고도의 기술이 필요하다.
② 히터 배선이나 조건 설정 등 성형 개시를 위한 준비에 긴 시간을 요한다.
③ 소량 생산에서는 효과를 기대할 수 없다.
④ 게이트 시스템의 설계와 단열 시스템의 설계에 큰 기술적 문제가 있다.
⑤ 성형품의 형상 및 사용 수지에 제약을 받는다.

⑥ 한 개 뽑기에 적합하고, 개수가 많아짐에 따라 단가나 기술적으로 어려워진다.

2. 러너리스 성형에 적합한 성형품과 수지

가. 성형품의 형상

러너리스 성형은 원칙적으로 하이 사이클용 성형품에 적합하다. 게이트에는 항상 수지가 용융되어 있으므로 냉각시간이 긴 경우에는 게이트가 고화하기 쉽다. 반대로 게이트 부근의 온도를 높이면 실처럼 늘어나고 게이트에서 흘러나오는 일이 많아져서 외관이 손상된다. 또 게이트 부근에 큰 요철이 있으면 냉각 및 가열의 단열 설계가 제약되므로 어려워진다.

나. 사용 수지

① 온도에 대해서 둔감(열안정성이 좋음)하고, 저온에서도 쉽게 흐를 수 있어야 한다. 온도에 대해 둔감하면 온도 조절이 쉽게 되고, 더욱이 저온에서의 유동성이 비교적 좋으면 게이트(노즐)의 고화를 막고, 흘러나오는 일도 방지된다. 또한 저온으로 해서 성형 사이클을 짧게 하는 데도 유효하다.

② 압력에 대해서는 민감하고, 또한 낮은 압력에서도 잘 흘러야 한다. 러너리스 성형에서는 일반적으로 게이트 부근의 단면이 작고, 저항이 크다. 이 때문에 저압, 저온에서의 유동성이 좋은 수지가 바람직하다.

③ 금형에서 재빨리 빼내지도록 열변형 온도가 높아야 한다. 열변형 온도가 높으면 높은 성형품 온도에서도 빼내지고 사이클이 짧아져 게이트의 고냉을 막는다. 또한 금형내의 고온부에 접한 성형품부도 이것에 의한 주름 및 변형을 일으키게 하는 경향이 적다.

표 6-18 러너리스 방식에 적합한 수지

방식＼수지	PS	PP	AS	ABS	PC	PA	POM
웰타입 노즐	○	○	△	△	△	×	×
익스텐션 노즐	○	○	○	○	○	×	○
인 슐레이티드 러너	○	○	△	△	△	×	×
핫 러너	○	○	○	○	○	○	○

※ 적합 : ○　　악간곤란 : △　　부적합 : ×

④ 열전도율이 높아야 한다. 열전도가 높으면 수지에서 재빨리 열을 없앨 수 있으므로 냉각시간이 단축된다. 따라서 사이클 단축에 유효하다.

⑤ 비열이 낮아야 한다. 비열이 낮으면 약간의 가열에 의해 온도가 상승하며, 약간의 냉각에도 수지온도는 빨리 강하한다.

이들 조건을 가장 많이 갖춘 것이 PE이고, PP가 다음이며 PS, ABS도 이들 조건을 거의 만족시키고 있다. 설계만 충분하다면 PVC를 제외한 범용 수지는 모두 사용이 가능하다. 〈표 6-18〉은 각 방식에 적용되는 수지를 나타내었다.

3. 러너리스 시스템의 종류

가. 익스텐션 노즐(extension nozzle)방식

(그림 6-170)와 같이 성형기의 노즐을 캐비티까지 연장하는 방식으로, 러너가 짧아도 되고 그것에 의해 노즐에서의 압력 손실이 적다는 이점이 있다. 연장 노즐에는 히터를 붙이고, 성형 조건에 적합한 온도를 정확히 컨트롤함으로써 게이트부의 고화를 방지할 수 있고, 일반적으로 다이렉트 게이트로서 성형되는 수지이면 모두 적용이 가능하다.

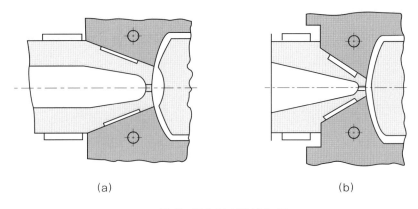

(a)   (b)

그림 6-170 익스텐션 노즐

종래의 익스텐션 노즐은(그림 6-170)의 (a), (b)와 같이 노즐 선단부가 캐비티에 완전히 들어가서 캐비티의 일부를 구성하여 금형과 노즐간의 단열성이나 수지의 누설 등의 문제가 있어 근래에는 거의 사용되지 않고 있다. 이러한 문제점을 보완하기 위하여 여러 회사에서 스프루 부시에 전열 히터나 열파이프를 설정하여 금형에 짜넣거나, 사출 성형기의 노즐을 떼고 전용 노즐을 붙이는 등의 방법을 이용하고 있다.

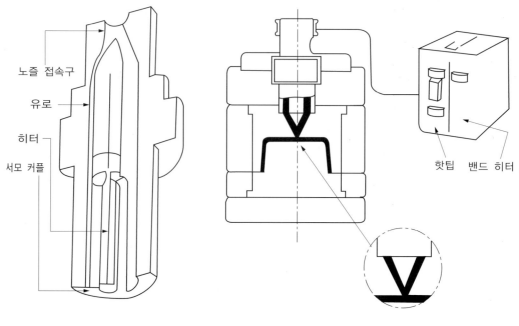

그림 6-171 핫팁의 단면   그림 6-172 핫팁의 부싱 짜넣기 예

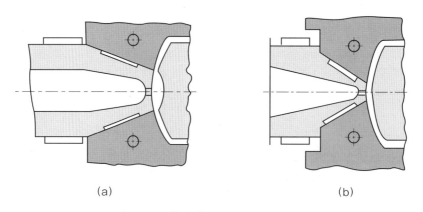

(a)   (b)

그림 6-173 핫팁과 보통 스프루와의 비교 예

(그림 6-171), (그림 6-172)에 나타낸 것은 INCO사에 의해 개선된 익스텐션 노즐 방
식으로서 톱리스 핫 팁부시라고 한다. 핫 팁은(그림 6-173)과 같은 구조로 되어 있
고, 유선형이 토피드(torpedo)속에 카트리지 히터(cartridge heater)가 내장되어 있다.
이것을 (그림 6-172)와 같이 금형에 짜넣어 사용한다. (그림 6-173)은 종래에 스프루
부시와 핫 팁 부시에 의한 성형품을 비교한 것이며, 이와 같이 스프루 러너리스 성형
은 익스텐션 노즐 방식 전반에 사용할 수 있다. 또 필요에 따라 서브 러너를 설치하

고 다수 캐비티에도 가능하다. 히터는 토피드 중앙부에 들어 있고, 그러므로 온도 분포의 게이트부는 중앙부보다 약간 낮으며, 특히 밸브 게이트를 사용하지 않아도 게이트 절단을 대개의 수지의 경우에 좋다.

익스텐션 노즐의 특징은 다음과 같다.

① 성형기의 노즐을 연장시켜 노즐이 캐비티 일부를 형성하거나 게이트부까지 노즐이 연장되는 형식으로 스프루없이 성형된다.

② 원칙적으로 1개 뽑기 금형에 적합하다.

③ 노즐의 열이 금형에 전해지기 쉽고, 금형에서 열전도를 작게 하는 것을 실패하면 노즐이 냉각한다든지, 전도열이 게이트 고화를 방해한다.

④ 노즐의 온도 조절에 의해 핀 포인트 게이트가 허용되는 모든 성형품에 통용된다.

나. 웰 타입 노즐(well type nozzle)방식

(그림 6-174)과 같이 노즐의 선단부에 수지가 괴는 곳을 설치한 것으로, 사출 성형기의 노즐 길이는 그대로 있는 상태에서 노즐과 게이트부와의 공간에 용융수지가 고 이면 금형벽과 접하는 스프루의 외측은 고화되어 단열재 역할을 하여 중심부의 수지는 용융 상태를 유지하므로 용융수지에 사출압력이 걸리면 사출이 행하여진다.

(그림 6-174)의 (b)는 선단부의 전열 면적을 증가시켜 재료의 중심부가 냉각되지 않도록 선단부에 ▱부를 설치한 예이다. 웰 타입 노즐의 특징은 다음과 같다.

① 1개 뽑기 금형에 적합하다.

② 금형 구조가 간단하고 조작이 쉽다.

③ 열변형 온도 범위가 좋은 수지에는 사용할 수 없다.

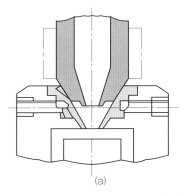
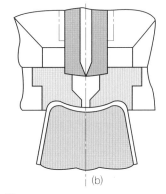

그림 6-174 웰 타입 노즐

④ 치수 정밀도가 높은 성형품에 사용할 수 없다.

다. 인슐레이티드 러너(insulated runner)방식

(그림 6-175)와 같이 러너의 단면적을 크게 해서 외벽에 접촉 고화한 수지를 단열 층으로 이용하고, 내부의 수지(러너 지름의 ½~⅔)를 용융 상태로 유지하려는 방법 으로 단열 러너 방식이라고도 한다.

이 방법은 핀 게이트 3매 구성금형의 변형으로 일반용과 다른점은 러너가 극단으 로 굵은 것과 캐비티 형판과 러너 플레이트가 래치(latch)에 의해 고정되어 있는 것 이다. 이 방식은 사용 수지가 한정되어 있긴 하지만 구조가 아주 간단하고 가격이 싼 러너리스 방식이라고 할 수 있다. 매우 소구경이고 발열량이 큰 카트리지 히터를 내 장시킴으로써 히터없는 경우의 결점은 거의 제거되었다. 캐나디언 핫러너라고도 하 며 한때는 가장 널리 보급되었고, 현재도 맥주컵, 화장품 용기 등의 고속성형에 사용 되고 있다. 이와 같이 러너 내부에 히터를 내장해서 케이트부의 막힘을 없애는 연구 가 점점 핫 러너 방식으로의 발전의 계기가 되었다.

인슐레이티드 러너 방식의 장단점은 다음과 같다.

① 형상이 제약을 받으며, 러너와 게이트의 고화를 방지하기 위하여 성형 사이클 이 빠르지 않으면 적용할 수가 없다. 일반적으로 30초 이내가 적당하다.

② 수지의 특성상 PE와 PP 이외는 이용되지 않고 있다.

③ 러너의 지름은 18~25(㎜)정도로 하며, 러너와 게이트 가열장치가 있으면 러너 를 가늘게 할 수 있고 어느 정도 사이클이 긴 성형품이라도 가능해 진다.

④ 게이트는 핀 포인트 게이트의 2배 정도가 필요하며 역 테이퍼로 한다.

⑤ 성형 개시에는 러너를 용융 상태로 하거나, 고화된 러너를 제거하고 금형 온도 를 약간 상승시켜야 한다.

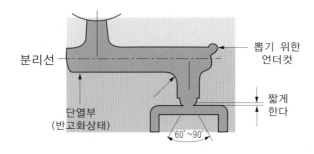

그림 6-175 인슐레이티드 러너

⑥ 성형 사이클을 빠르게 하기 위해 냉각시간을 짧게 하는 구조로 한다. 이 때문에 게이트 부근의 변형이 발생하기 쉽고, 또 높은 치수 정밀도가 요구되는 성형품에는 적용하지 않는 것이 좋다.

⑦ 고화된 러너와 게이트를 꺼내기 위해 형판과 러너 플레이트가 간단히 분해되는 구조로 한다.

라. 핫 러너(hot runner)방식

익스텐션 노즐 방식이나 인슐레이티드 러너 방식을 더욱 발전시켜 러너를 성형기의 가열 실린더의 일부분으로서 취급하는 방법이 핫 러너 방식의 기본적인 사고 방식이다. 사출 성형은 일반적으로 소형 성형품의 다수개 빼기가 많고, 또 대형 성형품에서는 다점 게이트의 필요성이 증가하여 능률과 가격, 금형의 기술면에서 러너리스 성형이 채용되는 경우가 많아졌다. 이 러너리스 성형에서도 가장 확실하고 또한 형상이나 사용 수지의 제한이 적은 것이 이 핫 러너 시스템이다.

핫 러너 방식은(그림 6-176)과 같이 러너 형판에 러너를 가열할 수 있는 시스템을 내장시키므로서 러너 내의 수지를 일정한 용융상태로 유지시키고 충전 노즐은 가소화상태의 온도가 유지되어야 하며, 캐비티 쪽에서는 성형품이 고화되기에 충분한 온도를 냉각시킬 수 있어야 한다. 그러므로 러너 블록과 금형 본체 사이는 단열판으로 단열해야 한다.

핫 러너 방식의 고려할 사항은 다음과 같다.

① 핫 다기관(hot manifold)의 각부 조합부에서 수지가 새지 않아야 한다.

② 게이트부가 막히지 않아야 한다. 또한 막혔을 경우라도 쉽게 분해 및 청소가 가능해야 한다.

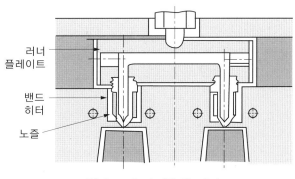

그림 6-176 다기관 핫 러너

③ 게이트 밸런스가 잡기 쉬워야 한다. 다수개 뽑기 및 다점 게이트라도 이 밸런스가 잡히지 않으면 성형품의 품질이 안정되지 않는다.

④ 시스템 전체에 걸친 온도 조절이 균일해야 한다. 적당한 온도 구배가 되지 않으면 부분적인 가열로 수지의 태움, 변색이 일어나고, 반대의 경우는 수지의 체류를 일으켜 성형이 불안정하게 되거나 성형 불능이 된다.

표 6-19 러너리스 성형 방식에 대한 수지의 적부

방식＼수지	폴리스티렌	폴리프로필렌	AS스티롤	ABS	폴리카보네이트	나일론	폴리아세탈
웰타입 노즐	가능	가능	약간곤란	약간곤란	약간곤란	불가	불가
익스텐션 노즐	가능	가능	가능	가능	가능	불가	가능
인 슐레이티드 러너	가능	가능	약간곤란	약간곤란	약간곤란	불가	불가
핫 러너	가능	가능	가능	가능	가능	불가	가능

표 6-20 러너리스 시스템의 특성 비교

항목＼시스템의 타입	인슐레이티드러너	인슐레이티드러너	핫 매니홀드	핫 에지게이트	내부가열핫 러너	익스텐션노즐
게이트 자국	D	B	B	A	B	A
게이트 고화빈도	C	B	A	B	A	A
고화 게이트의 제거	C	B	A	A	A	A
게이트 폐색의 개방도	A	A	C	C	C	A
1또는 그이상의 캐비티의 충전중지	X	C	A	X	A	A
스타트업 시간	C	C	B	B	A	A
성형 재료의 낭비	C	B	B	A	A	A
단순성	A	B	C	B	C	B
에너지 소비	A(=0)	B	C	A	B	B
컨트롤의 수	A(=0)	C	C	B	C	B
클로즈드 루프 컨트롤	X	C	B	A	C	A
느린 사이클에서의 경량품 성형	X	C	A	B	A	A
긴사이클에서의 중량품 성형	X	C	A	B	A	A
종합적인 효율	D	C	B	A	A	A

※ A=가장 우수하다   B=우수하다   C=보통   D=나쁘다   X=비실용적

⑤ 핫 다기관 블록의 열팽창 대책이 충분해야 한다.

⑥ 색 바꿈은 될 수 있는대로 신속하게 해야 한다.

⑦ 구조가 복잡하여 고가로 된다.

〈표 6-19〉은 리너리스 성형 방식에 따른 적용 수지를 나타내고〈표 6-20〉은 각 러너리스 방식의 특성을 비교한 것이다.

핫 러너 방식의 설계에서 노즐의 재질은 열전도가 좋은 재질로 하여야 하며, 일반적으로 Be-Cu 합금이 사용된다. 웰은 노즐을 보온하기 위하여 노즐 주변에 설치한다. 노즐 측면의 수지층의 두께는 두꺼울수록 좋지만 일반적으로 1.6(㎜)정도이면 충분하다. 노즐 선단의 수지층은 단열 역할을 하는 동시에 사출할 때는 이것이 뚫려 수지가 주입되고 주입 완료후에는 다시 피막을 형성하여 게이트부에서 수지가 새어나오는 것을 방지하는 역할을 한다.

일반적으로 성형 사이클이 짧을 때는 노즐 선단의 구멍 지름 및 게이트 구멍 지름은 작게 하고, 피막 두께는 크게 하는 것이 좋지만 사이클이 길어지면 노즐 게이트의 구멍은 크게 하고 피막 두께는 작게 할 필요가 있다. 수지의 성형온도 범위의 대소에 따라 차이가 있으며, 일반적으로 0.3~1.2(㎜), 온도 범위가 적은 수지에서는 0.4~0.8(㎜)로 한다.

(그림 6-177)는 다기관의 형상 예를 나타내며, 매니폴드의 중량은 히터의 용량을 작게하기 위해서 강도상 허용되는 한 작게 할 필요가 있다. 또한 다기관에 국부적으로 고온부가 생기는 것은 수지의 분해를 발생시키기 때문에 러너 채널(runner channel)을 고르게 가열되게 히터를 부착하지 않으면 안된다. 이 때(그림 6-178)처럼 러너 채널에 대해 매니폴드 히터 구멍이 선대칭이 되도록 해야 한다. 또 히터는 러너에 너무 접근시키지 않는 것이 좋고, 히터수는 많은 것이 좋다. 가열 안정성이 나쁘고 점도가 높은 수지에 대해서는 국부 가열이 발생하지 않도록 설계에 주의할 필요가 있다.

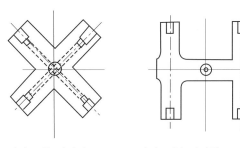
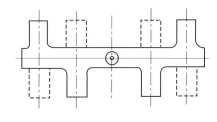

(a) X형 러너판   (b) H형 러너판   (c)대칭용 러너판

그림 6-177 다기관 블록의 형상

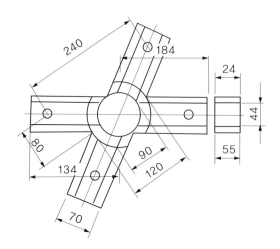

그림 6-178 다기관 히터 구멍의 배열

　성형기의 다이 플레이트와 금형의 설치판 사이, 금형의 설치판과 다기관 사이, 다기관과 형판 사이의 단열에 대해서는 충분히 배려하지 않으면 안된다. 성형기의 다이플레이트와 설치판 사이의 단면에는 일반적으로 6~10(㎜)의 아스베스토스(asbestos)판이 사용되고 있지만, 설치판과 다기관 사이, 다기관과 형판 사이에는 3~8(㎜)의 공기틈으로 단열하는 수가 많다. 두 형판 사이의 대류는 3(㎜)에서 대략 0으로 되지만 복사열은 전도되기 때문에 복사열 방지는 단열 효과를 향상시킨다.

　다기관를 설치하는데 있어서 금형 본체와 중심이 일치하지 않으면 안되기 때문에 스프루의 반대측에 센터링 링을 설치해서 사출압을 받는다. 동시에 다기관과 형판의 중심 맞춤을 한다. 각 노즐의 반대측에는 노즐에 작용하는 수지압을 받기 위해 수압부품을 설치한다. 이들 수압 부품의 위치 및 접촉 상태가 불균일하다면 다기관에 변형을 일으킨다. 변형은 수지가 새는 원인이 되기 때문에 절대적으로 변형을 방지해야한다.

　다기관 블록의 가열은 일정한 시간에 일정한 수지 온도까지 상승시키는데 필요한 열량을 단열 등에 의해 열효율을 향상시켜 될 수 있는 한 작은 히터를 사용할 수 있도록 하는 것이 중요하다.

　다음식은 소요 전력 계산식을 나타낸 것이다.

$$P = \frac{0.115 \times t \times w}{860 \times T \times \eta} \, [\text{kW}] \quad\cdots\cdots\cdots\cdots\cdots\cdots\cdots\cdots\cdots\cdots\cdots\cdots\cdots\cdots\cdots\cdots\cdots\cdots\cdots (6.37)$$

P : 소요 전력(kW)　　　　　　　w : 다기관 블록의 중량(kg)

t : 소요 다기관 블록의 온도(℃)　　　T : 온도 상승시간(h)

0.115 : 강의 비열(kcal/kg ℃)

η : 효율(히터의 밀착도, 단열 정도에 따라 변하지만 T=1시간으로 했을 때 0.2~0.3 이 실제적으로 많이 쓰인다.)

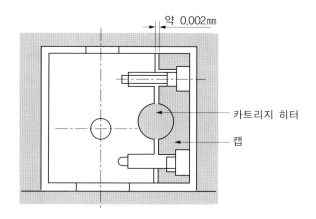

그림 6-179 카트리지 히터의 설치 예

익힘문제

1. 게이트 실(gate seal)을 설명하시오.

2. 터널 게이트를 설명하고, 사용하는 이유를 쓰시오.

3. 사출금형의 이젝터 플레이트에 고정되어 성형품을 금형밖으로 빼내주는 기능을 갖는 부품은?

4. 핀 이젝터 방식의 장·단점과 설계시 고려할 사항을 설명하시오.

5. 사출성형 작업에서 금형의 온도 조절 필요성을 설명하시오.

6. 러너리스 금형이란 무엇이고 그 장·단점을 설명하시오.

7. 성형품의 폭과 게이트의 폭을 같게 한 것으로서, 두께가 얇은 성형품의 변형 및 응력을 완화시키기 위해 사용되는 게이트는?

8. 러너의 단면적을 굵게 하여 러너 외측의 단열효과에 의해 러너 중심부의 수지가 용융 상태로 유지하게 하는 러너리스 방식은?

9. 이젝터 방식의 결정시 고려할 사항을 쓰시오.

10. 냉각수 구멍을 설계할 때, 고려할 사항을 설명하시오.

11. 휘발성 가스를 발생하는 수지의 성형시에는 가스빼기에 유의해야 한다. 가스가 배출되는 방법은?

12. 게이트(gate) 위치를 결정할 때의 고려 사항은?

13. 긴 원통형의 성형품 등을 성형하기 위하여 성형품의 외주에서 균일하게 캐비티 내로 수지가 주입되므로, 웰드라인이나 사출압력에 의한 코어핀의 쓰러짐(편심)을 방지할 수 있는 게이트는?

14. 성형품 외측에 언더 컷(under cut)이 있을 때 슬라이드 코어(slide core)를 사용하여 처리할 수 있다. 이 경우 슬라이드 코어의 행정거리를 조정할 수 있는 방법은?

15. 일정한 거리를 형개(금형열림)한 후에 슬라이드 코어를 후퇴시킬수 있는 언더컷 처리 기구는?

16. 평균 살두께 3㎜, 길이(ℓ)가 50(㎜), 깊이(캐비티 깊이)가 10(㎜)인 성형품을유효 사출압 600kg/㎠로 사출하여 성형하고자 한다. 형판의 높이(b)가 30(㎜)인 강판에 직사각형 캐비티로 바닥이 일체가 아닌 경우에 금형 측벽 두께를 구하면 얼마인가?(단, 강의 종탄성계수, E=2.1×10(kg/㎝). 허용휨량 δ =0.05(㎜)이다.)

17. Boss나 둥근 원통상의 성형품을 이형하고자 할 때 많이 사용되는 방법으로서, 성형품의 파아팅 단면주위를 균일하게 밀어내므로 백화현상을 방지할 수 있는 돌출방식은?

18. 성형품 살두께가 2(㎜)이고, 투명면적이 100×30(㎠)인 상자형 성형품을 다이렉트 게이트(Direct Gate)로 사출성형하고자 한다. 캐비티의 유효사출압은 500(kg/㎠), Spacer Block간의 거리 90(㎜), 형판의 폭은 200(㎜), 받침판 중심부의 최대 휨량은 $\delta=0.02$(㎜) 이내로 허용한다면 받침판 두께 H는?

19. 평균 살두께가 3(㎜), 길이가 50(㎜), 깊이가 10(㎜)인 성형품을 600(kg/㎠)의 사출 압력으로 성형하고자 한다. 형판의 높이가 30(㎜)인 강판에 직사각형 캐비티로 바닥이 일체가 아닌 경우의 금형 측벽 두께는?(단, $E=2.1×106$(kg/㎠), 휨량 δ max=0.01(㎜), 안전율 S=3)

20. Mold Base의 체결용 보울트가 허용 인장응력이 3400(kg/㎠)인 연강재인 경우, 이 보울트가 2톤의 하중을 받고 있다면 보울트의 직경은 얼마로 설계해야 하는가?(단, 안전율은 2)

21. 가열시키고자 하는 금형중량이 40(kg)이고 금형온도가 70℃까지 30분간 상승시키고자 할 때 온도조절용 Heater의 용량을 설계하시오.(단, 대기온도 t_2=15℃ Herter효율 η=90% 금형재의 비열 C=0.124(㎉/kg℃))

22. 3매 구성 금형에서 런너 스트리퍼 플레이트와 스프루 부시의 접합부 구배각은 몇 도가 적합한가?

23. 앵귤러핀에 의하여 언더컷을 처리하고자 한다. 앵귤러핀의 슬라이드부 길이 L=20(㎜), 앵귤러핀의 경사각 Ø=18℃, 슬라이드 코어와 앵귤러핀의 틈새 C=0.2(㎜)일 때 슬라이드 코어 운동량 M은?

24. 스프루 부시의 설계시에 성형기 노즐 선단의 R이 14(㎜)일 때 스프루 부시의 r은?

25. 사출 성형시 이젝터 기구를 복귀시킬 수 있는 방법은?

26. 인서트 코어의 기본형은?

27. 금형 온도 제어 목적은?

28. 금형 냉각시 입구와 출구의 온도차를 어느 정도 하는가?

제7장

사출 성형 CAE

사출 성형 CAE

사출 성형은 가장 널리 쓰이는 플라스틱 성형공정 중의 하나이며 50년 이상 폭 넓게 쓰이고 있지만, 서로 복잡하게 연관된 수많은 공정 변수 때문에 최근까지도 설계 변수와 재료 및 공정 조건에 따른 성형품의 품질을 정확히 예측하기란 매우 어려운 실정이다. 따라서 성형 공정에 따른 성형품의 품질을 사전에 확인하고 그 문제점을 해결하기 위한 소프트웨어의 필요성이 대두되게 되었다. 최근 들어 노트북이나 핸드폰과 같은 이동 전자 제품을 중심으로 경량화 및 컴팩트화가 급속하게 진행됨에 따라, 제품을 구성하는 외관 제품들도 기존의 외관 불량 해결이라는 숙제뿐만 아니라 전체 크기의 중량감소를 위해 수지의 변경 및 두께의 감소라는 명제를 안게 되었다.

그러나 기존의 경험에 의존하는 방식으로 이와 같은 문제를 효율적으로 대응하기에는 많은 금형 수정으로 인한 개발 기간의 증가와 더불어 안정된 제품의 품질을 얻기가 어려워서 즉시 시장 출시라는 부분을 만족시키기가 어렵다. 또한 원가 측면의 손실 및 품질저하로 기업 경쟁력의 약화를 초래하고 있다.

사출성형CAE 소프트웨어는 제품 설계로부터 양산화로 이동하는 시점에서 발생하는 시행착오를 줄여서 제품 개발기간을 단축하기 위한 도구이다. 따라서 사출불량 문제를 실제 수지를 가지고 사출 성형기에 금형을 설치하여 여러번 실험을 통하여 해결하던 종래의 방법을 탈피하여 사출 성형기를 사용하지 않고 컴퓨터 내에서 일정 조건을 입력하여 얻어진 결과로서 문제를 해결하는 것을 말한다.

컴퓨터 화면을 통해서 실제 사출시에 볼 수 없었던 수지의 거동, 냉각과정, 압력거동 등을 볼 수 있으며 이를 기초로 성형품의 예상 문제점을 파악할 수 있다. 즉, 휨, 웰드라인, 수축 등의 불량을 예측할 수 있으며 이를 방지하기 위한 여러 가지 방법(살두께, 게이트 위치와 종류, 제품형상, 사출조건)을 동원하여 적정 조건을 찾아주는 종합 Solution 시스템이다. 사출성형CAE 소프트웨어의 장점은 다음과 같다.

- 사출성형 기술 고도화를 통한 기업 경쟁력 강화
- 품질불량을 미연에 방지함으로써 납기단축

- 최적수지 선정을 통한 품질안정 및 원가절감
- 스프루/러너/게이트 최적화

제1절   사출 성형 공정과 CAE

플라스틱 제품의 기구 설계시나 금형 설계시 성형 제품 불량 문제를 실제 수지를 가지고 사출 성형기에 설치하여 여러 번 실험을 통해 해결하던 것을, 사출 성형기를 사용하지 않고 컴퓨터를 이용하여 문제점을 사전에 파악하는 "가상 성형(Virtual Molding)" 시스템인 사출 성형CAE 소프트웨어는 실제 사출 성형 공정별로의 해석 모듈을 가지고 있으며 사출 성형 공정과의 관계는 (그림 7-1)과 같다.

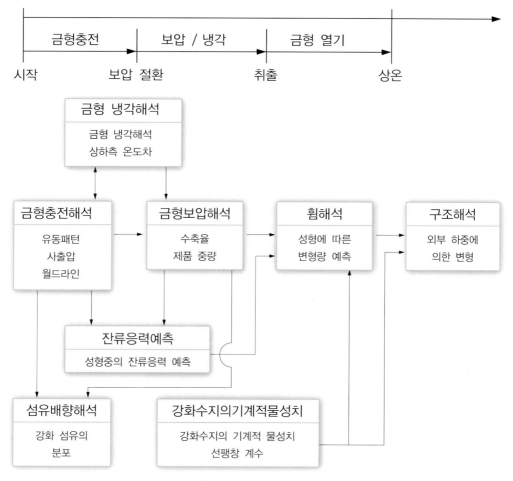

그림 7-1 사출성형 공정과 CAE 시스템 연계도

1. 충전 해석

충전 공정은 사출기 노즐을 통해서 나온 수지가 금형 내를 채워가는 공정이다. 따라서 충전 해석은 수지가 금형을 어떻게 채워가느냐 하는 과정에 대한 분석이라 할 수 있다.

사출 성형품의 특성은 기본적으로 어떻게 성형되느냐에 따라 다르다. 똑같은 도면, 같은 재료로 된 두 개의 성형품일지라도 각기 다른 조건 하에서 성형된다면, 응력 및 수축의 정도가 다른 성형품이 될 수 있다. 따라서 이것은 두 성형품이 사용 중 서로 다르게 거동한다는 것을 의미한다. 그러므로 어떤 상태로 수지가 금형 내로 들어가느냐 하는 것이 성형품의 품질을 결정하는 아주 중요한 요인이 된다.

충전 과정 중 금형 내의 압력, 온도, 응력을 예측할 수 있다는 것은 충전 과정을 확실히 분석할 수 있다는 것을 의미한다.

충전과정을 통해 얻을 수 있는 정보는 다음과 같다.

가. 충전 패턴

시간에 따른 유동 선단의 진행모습을 나타낸다. (그림 7-2) 유동 패턴은 모델링된 제품의 각 위치에 수지가 도달하는 시간을 의미하며, 이 때 균형 잡힌 유동(balanced flow)을 유지하도록 하는 것이 바람직하다.

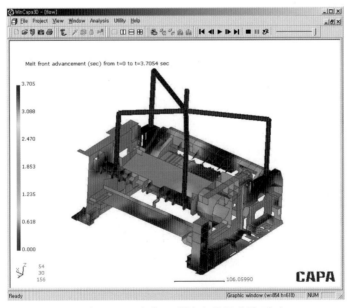

그림 7-2 프린터 프레임의 유동해석 결과

유동 선단의 진전 상태를 살펴봄으로써 간접적으로 웰드 라인의 위치와 에어벤트의 위치를 추정할 수 있다. 유동패턴으로부터 추정된 웰드 라인의 위치가 외부 하중하에서 큰 응력이 가해지는 부위이거나 외관 품질의 저하를 가져올 수 있다면, 설계변경 등을 통하여 이들의 위치를 옮겨 주어야 한다.

나. 캐비티 압력 분포

시간에 따른 압력 분포를 나타낸다. (그림 7-3) 만족할 만한 성형품의 품질을 얻기 위해서는 균일한 압력 구배(차이)를 유지하는 것이 바람직하다.

유동 정체(flow hesitation), 과보압(over-packing, 플래시를 유발할 수 있음), 아보압(under-packing, 과도한 수축을 유발할 수 있음) 등이 발생하는 경우에 불균일한 압력 구배를 관찰할 수 있다. 그러므로 충전공정 동안에 큰 압력 변화(조밀한 등압선)는 피하는 것이 좋다.

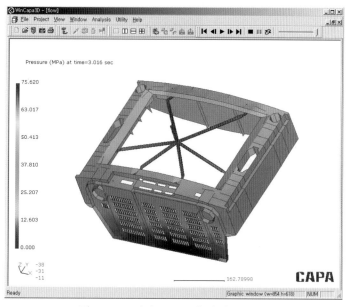

그림 7-3 모니터 CASE의 압력 분포 결과

다. 온도 분포

시간에 따른 평균 온도 분포를 나타낸다. (그림 7-4) 일반적으로 연속적인 수지의 흐름이 발생하는 곳은 높은 온도를 보이며, 수지의 유동이 멈춘 부분에서는 급격한 냉각이 발생하게 된다.

충전 동안의 온도 분포는 균일한 것이 좋다. 특정 부위의 과도한 점성 마찰열

(viscous heating)에 의한 온도의 상승은 수지의 변성(degradation)을 유발할 수도 있다. 만약, 최대 온도가 수지의 열화온도와 비슷하다면, 가장 뜨거운 부위의 형상을 변경하거나 성형 조건을 변경할 필요가 있다.

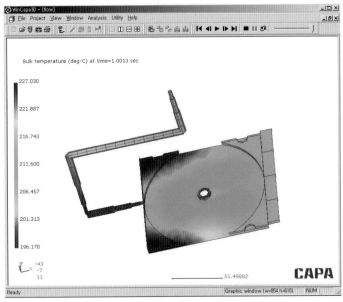

그림 7-4 CD case의 온도분포 결과

라. 웰드 라인 위치

충전 유동 중에 두 개 이상의 유동 선단이 서로 만날 때 생겨난다. (그림 7-5) 서로 만난 유동 선단은 합쳐져서 계속 흐르기도 하는데, 이 경우를 멜드 라인(meld line)이라고 부르기도 한다. 웰드 라인은 성형품에서 가장 약한 부분으로서 충격에 의해 깨질 가능성이 있으며, 고광택 수지에 있어서는 외관상 불량을 초래하기도 한다. 웰드 라인은 게이트의 위치나 제품의 두께 및 게이트와 러너의 사이즈를 조절함으로써 덜 취약한 부위로 이동을 시킬 수 있다.

2. 냉각해석

수지가 금형을 다 채우면 본격적으로 냉각 공정이 시작된다. 이 때, 금형내의 일정량의 수지는 고화되어 부피가 줄어들게 되므로 밀도는 서서히 증가하게 되는데 이를 성형품의 수축(shrinkage)이라 하며 최종적으로 금형보다 약간 작은 성형품을 얻게 된다.

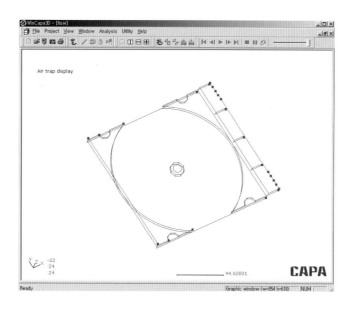

그림 7-5 CD case의 웰드라인 위치 결과

만약, 수축이 균일하게 이루어진다면 금형을 약간 크게 설계함으로써 이 문제를 해결할 수 있으나 금형 벽면의 온도 분포나 수지의 온도 분포가 고르지 않으므로 금형 설계가 용이하지 않다.

이와는 달리, 성형품의 두께 차이에 의해 각 부위별 냉각 속도 차에 따른 수축도 발생한다. 그러므로, 최종 성형품의 수축을 최소화하기 위해 수지의 밀도가 커질 때, 고압으로 여분의 수지를 추가로 밀어 넣어 냉각중인 수지가 항상 일정한 부피를 유지하도록 하여 수축을 보상하는 보압 과정이 냉각 과정과 동시에 이루어져야 하며, 이를 통해 보다 정밀한 성형품을 얻을 수 있다.

냉각 과정 동안 금형 내의 압력은 감소하고 수지는 고화되므로 주로 성형 주기를 조절하는 역할을 하게 되는데, 성형품의 두께는 냉각 과정과 깊은 관련이 있다. 즉, 냉각 과정이 너무 짧으면 수지의 고화가 완전히 이루어지지 않거나 취출시 변형을 일으키게 되고 반대의 경우 생산성이 떨어지게 된다.

따라서 냉각 과정 해석의 중요성을 인식하고 제품 및 금형 설계 단계 이전에 해석을 수행하고 설계에 들어간다면 성형품에서 주로 발생하는 변형, 휨 등을 유발하는 잔류 응력 그리고 hot spot 등을 줄일 수 있을 뿐 아니라 성형 싸이클을 최소화할 수 있을 것이다. 냉각해석을 통해 얻을 수 있는 정보는 다음과 같다.

가. 금형 온도 분포

사출 성형 공정 동안의 평균 금형벽면 온도 분포를 나타낸다. (그림 7-6) 온도가 높은 부분은 상대적으로 느리게 식는 부위임을 의미하게 되고 이 주위에서는 금형 온도의 불균일이 일어날 가능성이 크며 이는 잔류 응력을 발생시키고 휨을 일으키는 잠재적 요인으로 작용하게 된다.

또한, 상대적으로 냉각이 잘 이루어지지 않기 때문인데, 제품 취출 후에 수축이 발생할 가능성이 많은 곳이다. 이와 같은 hot spot은 냉각이 잘 이루어지지 않는 부위로서 피해야만 한다. 금형 표면 온도의 최대값과 최소값을 비교함으로써 성형품의 냉각 불균일성에 대한 지표로 삼을 수 있다.

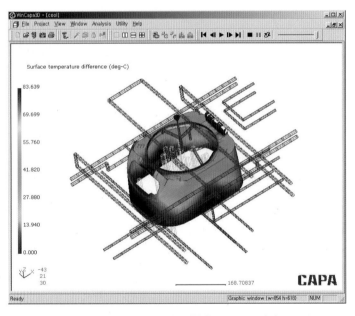

그림 7-6 전기밥솥의 금형온도 분포 결과

나. 금형 상하 표면 온도차

성형 싸이클 동안 금형 상하측의 각 위치별 평균 온도차를 나타낸다. (그림 7-7) 상대적으로 금형의 캐비티와 코어가 상대적으로 온도차가 많이 나는 부위에서는 성형품 내부의 온도 분포가 상대적으로 불균일하게 되고 이는 불균일한 열응력을 발생시키며, 변형의 주 요인이 된다.

그러므로, 이와 같은 금형 표면의 온도차를 최소화하기 위한 냉각 시스템의 설계가 필요하다. 만약 냉각 시스템의 설계 변경으로 금형 표면 온도차가 감소하지 않으면, 국부적으로 금형의 열전달이 잘 일어나는 재료로 대체할 필요가 있다.

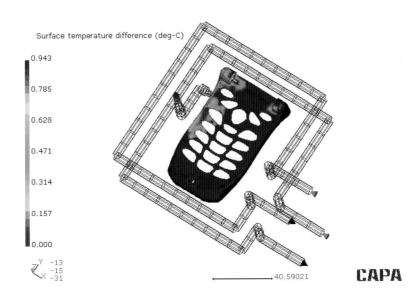

Surface temperature difference (deg-C)

0.943
0.785
0.628
0.471
0.314
0.157
0.000

Y -13
-15
X -31

40.59021

CAPA

그림 7-7 Handphone Case의 상하 온도차 결과

다. 금형 표면 열 방출량

뜨거운 용융 수지가 금형을 채우고 냉각 과정을 거쳐 취출될 때까지 제품 표면에서 방출하는 열량의 분포를 나타낸다. (그림 7-8) 제품의 두께가 균일한 경우라면, 상대적으로 주위보다 낮은 열을 방출하고 있는 부위는 냉각이 잘 이루어지지 않고 있다는 것을 의미한다. 이 때는 그 부위의 냉각 효율을 증가시켜 균일한 열방출량 분포를 얻도록 하는 것이 바람직하다.

그러나 만약 제품의 두께가 일정하지 않다고 하면, 냉각이 균일하게 이루어지고 있다고 하더라도, 두께가 얇은 부위에서는 그 부위의 용융 수지가 가지고 있는 열량이 작기 때문에 상대적으로 적은 열방출량을 나타낼 수밖에 없다. 즉, 성형품의 부위별로의 열방출량은 그 부분의 냉각 효율 및 용융 수지가 가지고 있는 총열량에 따라 달라지게 된다.

이런 경우에 열방출량의 분포만으로는 정확한 냉각 현상 해석을 하기 어려우며, 제품의 평균 온도(bulk temperature)를 관찰하여 냉각을 증진시켜야 할 부위를 찾는 것이 바람직하다.

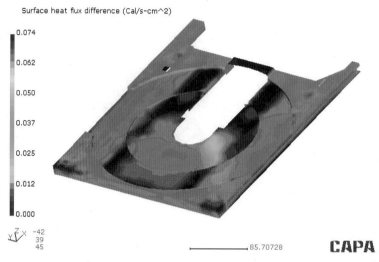

그림 7-8 CD Tray의 열방출량 차이 결과

라. 평균 온도 분포

성형품 두께 방향으로의 평균 온도 분포 및 냉각 채널 내의 냉각수 온도 분포를 나타낸다. (그림 7-9) 전체 성형 공정 동안 실제 금형 내의 수지 온도는 시간 및 위치, 그리고 두께 방향으로 변화한다. 불균일한 성형품의 온도 분포는 불균일한 수축 및 변형을 유발하는 잠재적 요인이 된다. 온도가 높은 부위는 수지의 열변형과 전체 냉각 시간을 길게 하는 원인이 되므로, 냉각 시스템을 개선하여 전체 성형 시간을 줄이는 것이 바람직하다.

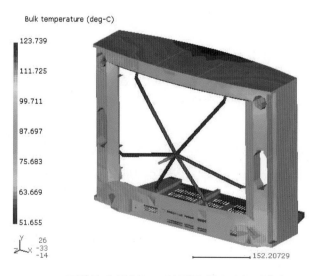

그림 7-9 TV Front의 평균 온도 분포 결과

3. 보압 해석

충전 공정을 통해 금형 내부로의 수지 충전이 완료되면 계속적인 냉각과 압력 강하에 의해 수지의 수축 현상이 생기게 된다. 이러한 수축 현상으로 인해 원하는 치수의 최종 제품을 얻기가 어렵게 되며, 이러한 수축 현상을 보안하기 위하여 보압 공정이 필요하게 된다. 보압 공정에서는 수지 주입구에 기 설정된 특정 압력인 보압이 가해지게 되는 데 이 상태에서 수축을 보상하게 된다. 이 경우, 최적의 보압 공정 수행을 위해서 단순한 수지의 추가 융입이 아닌 금형 내부의 압력 분포를 균일화하기 위한 다단 압력 조절이 요구되는데, 이러한 견지에서 보압 공정의 CAE해석은 더욱 중요한 의미를 가지게 된다. 보압해석을 통해 얻을 수 있는 정보는 다음과 같다.

가. 캐비티 압력 분포

시간에 따른 압력 분포를 나타낸다. 보압 과정 동안 압력의 변화는 위치별 부피 수축에 영향을 미치게 된다. 따라서 후 충전 과정 동안 금형 내부에서 압력의 변화를 최소하 시키는 것이 필요하다.

나. 온도 분포

시간에 따른 캐비티 평균 온도 분포를 나타낸다. 전체 성형 공정 동안 실제 금형 내의 수지 온도는 시간 및 위치 그리고 두께 방향으로 변화한다.

보압 공정 동안의 온도 분포는 역시 균일한 것이 좋다. 온도의 차이는 불균일한 수축(shrinkage) 및 휨(warpage)을 유발하는 요인이 된다.

다. 부피 수축율

시간에 따른 캐비티 두께 방향으로의 평균 부피 수축율을 나타낸다.(그림 7-10) 부피 수축율은 상온 대기압에서의 밀도에 대한 금형 내의 수지 밀도의 상대적인 비율로서 정의된다. 밀도는 온도와 마찬가지로 제품의 두께 방향으로 변한다. 부피 수축율의 계산은 수지의 밀도가 상온 대기압에서 일정한 값에 도달할 것이라는 가정에 기초한다. 부피 수축율은 성형품의 선형 수축을 가늠하는 척도가 된다. 만약 재료가 등방성 수축을 나타낸다면, 즉 모든 방향으로 일정한 수축율을 가진다면, 성형품의 형상에 따라 달라지겠지만, 선형 수측은 부피 수축의 약 1/3 정도 발생할 것이다.

부피 수축율의 불균일은 휨을 초래할 가능성을 가진다. 부피 수축율의 차이를 최소화하는 것이 바람직하다.

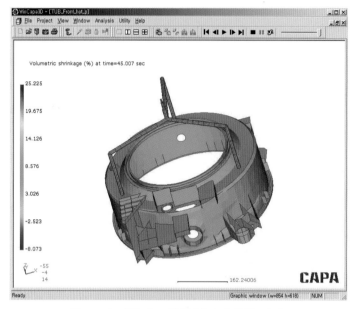

그림 7-10 세탁기 드럼의 부피 수축율 결과

라. 고화율

시간에 따른 캐비티의 평균 고화율을 나타낸다. 각 부위 별 고화율값은 제품 두께에 대한 수지의 온도가 유리 전이 온도(또는 결정화 온도)보다 낮은 고화층의 비율로 정의된다. 고화율 값이 낮을수록 두께 방향의 중심층 부근에 수지의 유리 전이 온도(또는 결정화 온도)보다 온도가 높은 용융 수지가 차지하는 비율이 높은 것을 나타낸다. 보압 공정 중에 시간에 따른 고화율 분포의 변화를 관찰함으로써 제품 취출에 필요한 후충전 시간을 설정하는 데 참고 자료로 쓰일 수 있다.

4. 수축 및 휨 해석

수축은 사출 성형 본래의 현상이다. 수축이 일어나는 원인은 성형 온도에서의 폴리머(polymer) 밀도와 상온에서의 밀도가 다르기 때문이다. 사출 성형 공정 동안에 제품의 부위에 따른 수축의 변화와 두께 방향으로의 수축의 변화가 내부 응력, 소위 잔류 응력을 유발한다. 이러한 잔류 응력은 외부에서 가해지는 힘과 비슷한 영향을 성형품에 미치게 된다.

만약 성형품의 구조적인 강도보다 성형 중에 발생한 잔류 응력이 비교적 크다면, 성형품은 금형으로부터 이형된 후에 휨이 발생하거나 외부의 충격에 의해 크랙이 생길 것이다.

플라스틱 성형품은 성형 온도와 상온 사이에서 약 20(%) 정도의 부피 수축이 발생할 수도 있다. 특히 결정성(crystalline) 수지에서 온도 차에 의한 수축이 발생하기 쉽다.

비결정성(amorphous) 수지는 상대적으로 수축이 적게 발생한다. 결정성 수지는 전이 온도 이하로 냉각될 때 규칙적인 분자 배열, 소위 결정이 생성된다. 반면에 비결정성 수지는 액상에서 고상으로 바뀌어도 내부 분자 배열 구조는 변하지는 않는다. 이러한 차이점이 결정성 수지의 액상과 고상 사이의 비체적 변화를 유발하는 원인이다.

결정성 수지의 경우에는 온도가 떨어짐에 따라 전이 온도 부근의 액상에서 고상으로 상변화를 일으키면서 결정이 생성되기 때문에 비결정성 수지에서는 관찰할 수 없는 급격한 비체적의 가소 현상이 나타난다.

성형 압력과 온도 상태에서의 비체적과 대기압 상온 상태에서의 비체적의 차이가 수축을 유발하는 근본 원인이다. 수축은 성형 조건에 따라 변화하는데 사출압이 낮고, 보압 시간 또는 냉각 시간이 짧고, 사출 온도와 금형 온도가 높고, 보압이 작을수록 수축량이 증가한다. 성형품의 수축을 조절하는 것은 특히, 엄격한 치수 정밀도가 요구되는 경우에, 제품과 금형 및 공정 설계에 있어서 중요한 일이다.

휨이란 성형품의 외곽면이 설계 상에서 의도한 모양과 다르게 뒤틀리는 현상을 말한다. 휨은 성형된 제품의 부위별 수축 차이에서 발생한다. 만약, 성형품의 전체 부위에서 수축이 균일하게 일어난다면, 휨이나 변형은 발생하지 않는다. 단지 크기만 작아질 것이다.

그러나 수축을 균일화하면서 동시에 최소화하는 것은 분자나 섬유의 배향, 냉각, 제품 및 금형 설계, 성형 조건 등 수축에 영향을 미치는 많은 요소들의 상호 작용 때문에 복잡한 일이다. 제품의 불균일한 냉각과 두께 방향으로의 비대칭적인 냉각이 수축의 차이를 유발한다. 금형의 벽면에서 제품의 중앙 층까지 두께를 따라서 불균일하게 냉각되면서 수축하게 되고, 이형 후에 제품의 휨이 발생하게 된다.

금형의 상하측 면의 온도 차이가 발생하는 경우에는 뜨거운 면 쪽으로 휘어지게 된다. 즉, 평판의 경우에 뜨거운 면 쪽으로 오목해지고, 차가운 면 쪽으로 볼록해진다. 그리고 직각으로 꺾여진 코너 부위는 안쪽 면으로 굽어지게 된다.

제품의 두께가 두꺼울수록 수축은 증가한다. 제품의 부위 별 두께 차이에 의한 수축의 차이가 일반 플라스틱 수지의 휨을 초래하는 중요한 요인이 된다. 그리고 한쪽 면에만 많은 리브가 있는 형상과 같이 기하학적인 비대칭성은 불균일한 냉각과 수축의 차이, 이에 따른 휨을 발생시키는 원인이 된다.

가. 수축량의 변형

최종 사출 성형품의 수축량과 변형된 모양을 나타낸다. (그림 7-11) 해석 결과를 검토한 후에 설계 변경 및 공정 조건의 최적화를 통해서 수축 및 휨량을 최소화한다.

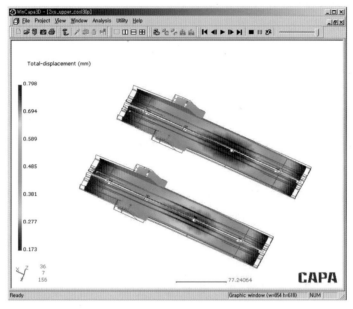

그림 7-11 복사기 Slide Upper의 휨변경 결과

제 2 절	사출 성형 CAE의 적용사례

　본 절에서는 3가지 적용사례에 대한 소개를 하고자 한다. 먼저 금형설계 이전에 설계요구 조건을 만족시키도록 스프루/러너/게이트 시스템의 사양을 결정하는 예로써 충전해석을 통한 유동 밸런스와 Weldline 위치 최적화를 위한 노트북 Top Housing의 해석사례에 대해 소개한다.

　다음으로 기존 제품 생산 물량의 증대로 인하여 복수금형이 필요해진 예로써 생산성 증가를 위하여 냉각해석을 통한 Cycle Time 최소화 적용 예제인 복사기 Slide upper에 대한 해석사례를 소개하고 끝으로 자동차 Radiator Tank의 휨예측 및 해결방안에 대해 소개한다.

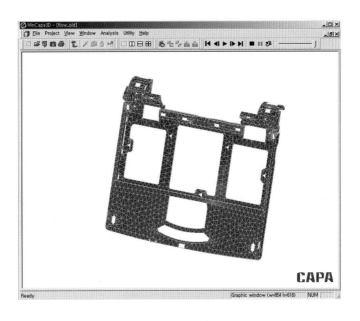

그림 7-12 CD 노트북의 Top housing

1. 노트북 Top Housing의 사출 성형 CAE의 적용사례

가. 문제 정의
　(그림 7-12)에서는 노트북의 top housing을 보여주고 있다. 그림에서 보는 바와 같이 상단부는 키보드가 장착되는 부분(평균두께=1㎜)이고, 하단부는 Touch Screen을

비롯하여 사용자가 직접 접하는 외관 부분(평균 두께=1.6㎜)이 된다. 즉, 본 제품은 외관 제품으로 설계상의 공차를 만족시키면서 외관 제품의 요구 사항(웰드 라인, 싱크마크)을 만족시켜야 한다.

전체적으로 제품의 두께는 최소 0.8(㎜)에서 1.6(㎜)이다.

설계시 본 제품에서 요구되는 사항은 다음과 같이 요약될 수 있다.

·성형이 가능할 것인가?

·성형이 가능한 수지는?

·성형이 가능하도록 하는 게이트의 개수 및 위치는?

·스프루/러너/게이트 시스템의 사이즈는?

·무리한 성형으로 인한 휨의 가능성은 없는가?

·제룸 하단부에서 발생하는 웰드라인 개수 및 길이의 최소화

따라서, 사출금형의 세부 금형 설계 이전에 허용되는 웰드 라인의 위치와 제품 두께의 박막에 따른 성형여부를 확인하고, 금형설계자의 의도대로 선정한 게이트 위치가 설계 요구 사항이 만족되는 지를 확인하기 위해서 CAE 해석 진행을 하였으며 이에 따른 최적안을 제시하였다.

나. 해석 접근 및 시사출 결과

제품의 두께가 얇은 제품이므로 사용하고자 하는 수지는 유동 특성과 대량 생산에 따른 재료비 절감을 위해 PC+ABS로 선정을 하였다. 본 제품은 전 절에서 설명한 바와 같이 외관 제품으로 사용자 눈으로 확인할 수 있는 위치에 게이트가 설치되어서는 안 된다.

(그림 7-13)는 최초 금형 설계자의 제안에 따른 스프루/러너/게이트의 위치를 나타낸다. 그림에서 보는바와 같이 키보드가 놓이는 위치에 4개의 핀 포인트 게이트를 설치하고 하단부의 미성형을 방지하기 위해서 하단부에 2개의 사이드 오버랩 게이트를 설치하였다.

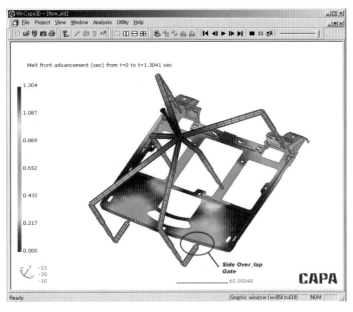

그림 7-13 최초의 스프루/러너/게이트의 위치

이에 따른 충전 해석의 결과는 (그림 7-14)와 같다.

(그림 7-14)의 ⓑ에서와 같이 키보드가 놓이는 바닥면으로 흘러 들어온 수지가 제품 외관인 중앙 부위로부터 충전되는 과정에서 키보드의 하단과 제품 외관이 만나는 부위에서 웰드라인을 형성할 가능성이 큼을 알 수 있다((그림 7-14)의 ⓑ참조).

또한 제품하단부의 사이드 오버랩 게이트의 경우 사출성형후 게이트 자국이 남게 될 소지가 있어 치명적인 외관불량을 초래할 수 있으며 (그림 7-14)의 ⓒ에서는 Touch Screen이 삽입되는 Hole에 의해 웰드라인이 발생되며, 좌우측의 원으로 표시된 부위에서도 웰드라인이 발생한다.

이러한 웰드라인은 기본적으로 완전히 제거하는 것은 어렵지만, 사용자의 눈에 덜 띄는 곳으로 이동하는 것은 상대적으로 쉽다.

특히 본 제품과 같은 경우, 같은 깊이나 폭 및 길이는 갖는 웰드라인이 발생하더라도, 웰드라인이 홀 주위에서 제품의 위쪽으로 향하는 것보다 아래쪽으로 향하는 것이 사용자의 눈에는 작게 보인다.

키보드 삽입부 중앙 상단부에 게이트 1개소를 추가하고 제품 하단부의 게이트를 위치 변경 가능한 구간에 대해 제품 설계자와 협의하여 (그림 7-15)와 같이 변경했다. 균형적인 충전패턴을 유도한다면 사출압력의 감소가 예상되므로 키보드 조립부 하단에 있는 게이트 2개소의 직경을 0.8(㎜)에서 3(㎜)로 늘리면 전반적으로 균형잡

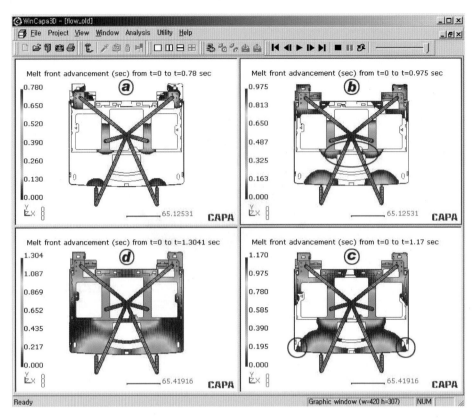

그림 7-14 최초의 스프루/러너/게이트의 위치에 따른 충전패턴

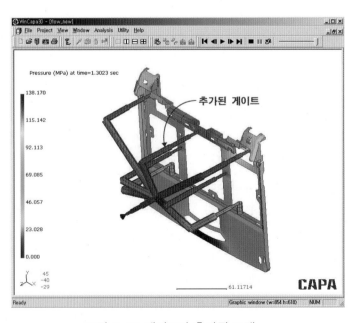

그림 7-15 게이트가 추가된 모델

힌 충전패턴으로 될 것으로 예상하여 해석을 수행했다. 게이트 직경 수정후 충전패턴은 (그림 7-16)에 나타내었다. (그림 7-16)의 충전패턴은 키보드 조립 하단부 2개소의 게이트 직경을 0.8(㎜)에서 3(㎜)로 변경한 사항으로 충전패턴이 보다 균형잡힌 형상을 확인할 수 있다.

(그림 7-17)은 게이트 2개소의 직경을 수정한 모델에 대한 사출압력 분포현황을 나타내었다. (그림 7-17)에서의 사출압력은 약 130(Mpa)로 게이트 수정전 직경이 0.8(㎜)인 경우보다 최대 사출압이 약10(Mpa) 작게 발생되었다. 위의 2가지 경우를 비교하기 위하여 (그림 7-18)에서는 게이트 수정전과 수정후의 사출시간에 따른 사출 압력분포를 그래프로 나타내었다. (그림 7-18)에서 보는 바와 같이 성형 완료후, 게이트 수정전 게이트 ②와 게이트 ③상에서 상대적으로 큰 압력차가 발생하는데 이는 제품 상단부(게이트 ③)가 성형이 완료된 상황이지만 제품 하단부(게이트 ②)는 충전이 안 된 상태이므로 완전한 충전이 되려면 수지 주 입구를 통한 사출압력이 계속 가해져야 하기 때문이다. 즉, 균형된 충전이 이루어지지 않았음을 의미한다.

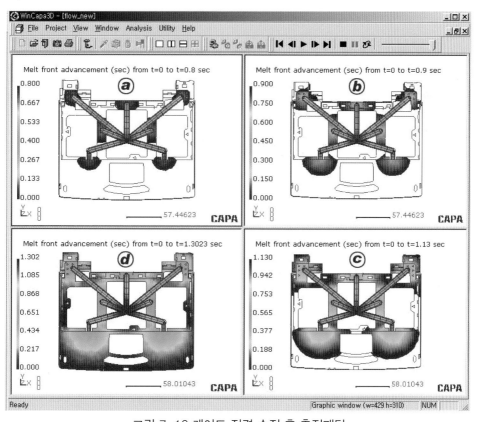

그림 7-16 게이트 직경 수정 후 충전패턴

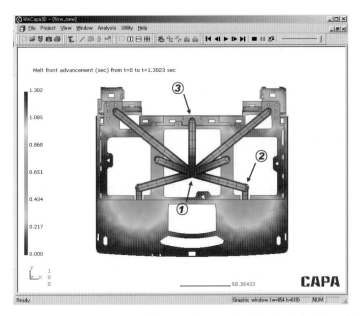

그림 7-17 게이트 2개소의 직경을 수정한 모델에 대한 사출압력 분포현황

이에 반해 게이트 수정후의 경우는 게이트 ②와 게이트 ③의 발생되는 압력차이가 거의 없음을 알 수 있다. 즉, 균형된 충전이 이루어졌음을 알 수 있다. 따라서, (그림 7-17)의 최종안을 이용하여 금형의 스프루/러너/게이트 시스템을 설계하였으며 시 사출 후의 short shot결과는 (그림 7-19, 20)와 같다.

(그림 7-19)은 충전해석 결과이며, (그림 7-20)은 샘플의 사진이다.

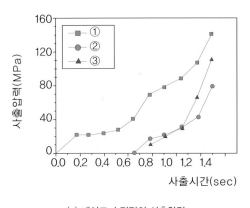

(a) 게이트 수정전의 사출압력

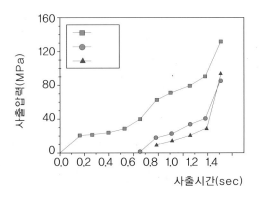

(b) 게이트 수정후의 사출압력

그림 7-18 게이트 수정전과 수정후의 사출시간에 따른 사출압

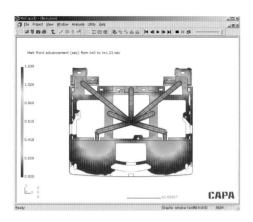

그림 7-19 시사출후의 short shot에
대한 충전해석 결과

그림 7-20 시사출후의 short shot에
대한 샘플사진

2. 냉각 Cycle Time 최소화를 위한 사출 성형 CAE의 적용

가. 문제 정의

(그림 7-21)에서는 복사기 Slide Upper를 보여주고 있다. 기존 모델의 경우 제품의
평탄도가 0.5(㎜)이내를 유지하게 하기 위하여 1 Cavity에 Cold runner로 되어 있는데

그림 7-21 복사기 Slide Upper (1Cavity)

추가 물량으로 인해 복수금형의 제작이 필요하였다. 따라서 생산성을 향상시키기 위해 제품 평탄도를 0.5(㎜)이내에서 유지하면서 2 Cavity로 생산하는 방안이 제시되어 (그림 7-22)와 같이 2 Cavity의 Value Gate (Hot runner)로 변경하여 생산할 경우 문제점을 사전에 해결하고자 하였다.

설계시 본 제품에서 요구되는 사항은 다음과 같이 요약될 수 있다.

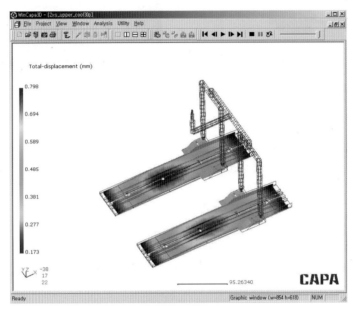

그림 7-22 복사기 Slide Upper (2Cavity)

- 제품의 생산성은 얼마나 증대될 것인가?
  - Scrap의 양을 얼마나 최소화 할 것인가?
  - 성형 Cycle Time을 최소화 할 것인가?
- Cold runner를 이용한 1 Cavity 금형 정도의 평탄도를 유지할 것인가?
  따라서, 최대한의 평탄도를 유지하면서 냉각 시간을 최소화하는 방안을 강구하였다.

나. 해석 결과

사용하고자 하는 수지는 HIPS로 선정을 하였다.

본 제품은 휨 발생 허용공차가 0.5(㎜)이내에 들어야 하므로 2개의 Cavity로 설계를 변경하더라도 휨 발생이 허용공차 내에 들어야 한다.

설계 개선을 위해 기존 모델에서 4개였던 수지 주입구를 2개로 줄이고 3단 Pin

Point 게이트를 벨브 게이트로 변경하였다. 해석 접근 방법은 기존 모델에 대한 해석 수행 후 설계 변경 안에 대한 해석을 수행하여 결과를 비교, 검토하였다. (그리 7-23) (a)는 1 Cavity인 경우의 최대 압력 분포이며 (그림 7-23)(b)는 Weld line 및 Air Trap 분포를 나타낸다.

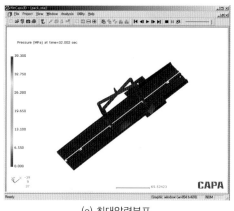

(a) 최대압력분포

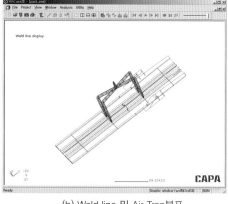

(b) Weld line 및 Air Trap분포

그림 7-23 계존제품(1CAVITY)에 대한 유동해석 결과

(그림 7-24)(a)는 측면에서 본 Z방향의 휨 결과이며 (그림 7-24)(b)는 정면에서 바라본 Z방향의 휨 결과이다. 결과에서 나와 있듯이 휨 결과는 0.04~0.41(㎜)로서 허용 공차 0.5(㎜)이내이므로 휨은 크게 문제 되지 않는 것을 알 수 있다. Range의 변화는 1 Cavity에 비해 상대적으로 조금 더 크지만 휨이 허용 공차 내에 들어 있을뿐만 아니

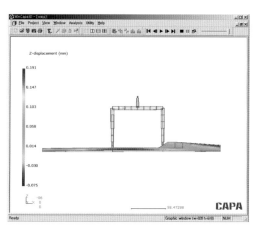

a) 측면에서 본 Z방향의 휨 결과

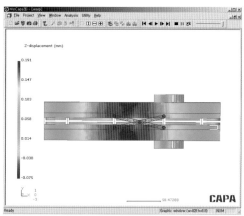

(b) 측면에서 본 Z방향의 휨 결과

그림 7-24 기존제품(1 CAVITY)에 대한 휨 해석 결과

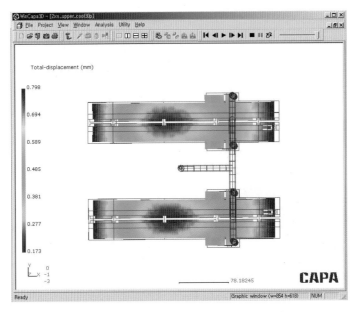

그림 7-25 설계 변경 제품(2 CAVITY)에 대한 휨 해석 결과

라 게이트 주변에만 휨이 국부적으로 발생하고 있어 제품 전체적인 관점에서의 평탄도는 오히려 더 좋은 것으로 나타났다.

또한 (그림 7-26)에는 제작 검토중인 금형의 구조와 생산중인 제품의 성형 시간별 고화율을 비교한 Graph를 도시하였는데 기준 1 Cavity 금형의 경우 제품이 90% 정도 고화됐을 경우 제품을 금형에서 취출한다고 가정하면 금형 개폐시간 10초를 포함하여 41초 정도의 Cycle Time이 소요된다고 볼 수 있다. 하지만 Valve Gate를 사용한 2 Cavity 금형의 경우 21.5초의 Cycle Time이 소요되는 것을 알 수 있다. 이는 Pin Point Gate의 경우 스프루 및 러너로 인하여 전체의 냉각시간이 많이 소요되는데 비하여 Valve Gate의 경우 Hot runner이므로 Gate의 고화시간이 필요없어 냉각시간을 대폭 단축시킬 수 있다. 결론적으로 1 Cavity에서 생산하던 것을 2 Cavity로 늘리고 싸이클 타임을 반으로 단축시킴으로써 생산성을 4배로 높일 수 있었으며 휨 해석을 통해 휨이 허용공차 내에 들어오는 것을 확인하였으므로 제품 설계변경에 아무런 문제가 없음을 알 수 있다.

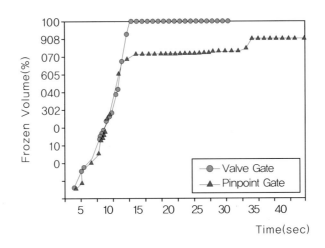

그림 7-26 제작 검토 중인 금형의 구조와 생산 중인 제품의 성형 시간별 고화율 비교 Graph

3. 자동차 RadiatorTnak의 휨 예측 및 그 해결

가. 문제점의 정의

Delphi사에서 발주한 제품으로, 자동차의 Radiator에서는 조립되는 사출부품이다. 현재 이러한 제품은 성형후 변형이 발생하여 성형후 JIG를 이용해서 휨 발생을 억제하고 있는데. JIG제작 및 JIG작업을 위한 인력이 투입되어 생산성 문제가 있는 실정이다.

따라서 CAPA를 이용한 사출성형해석을 통해 성형 후 발생되는 휨량을 예측하고 이에 대한 보상으로 금형을 수정하여 JIG작업을 하지 않고 성형할 수 있도록 하는 것이 그 목적이다.

특히 본 절에서 다루는 제품은 (그림 7-27)에서 보는 바와 같이 그 형상이 단순해 보이지만 제품에 대한 설계 변경을 할 수 없으며 사용 수지가 강화제인 유리 섬유 30%가 함유되어 있어 전체적으로 물성이 이방성을 띄게 되므로 그 영향을 쉽게 판단하기 힘들다. 또한, 설계 사양이 길이 방향으로서의 휨 발생 허용 공차를 편측 0.5(㎜) 이내로 설정되어 있다.

일반적으로 성형품의 휨이 발생하는 원인으로
- 제품구조적 원인에 의한 열적 응력 차이
- 캐비티 각 위치에서의 압력차이에 따른 수축율의 차이
- 재료 성질이 이방성을 띄므로 해석 성형품 위치별 물성의 차이

등을 들 수 있다.

그 중에서 (그림 7-27)의 제품은 제품의 형상적 원인과 재료의 이방성적 물성이라는 2가지 원인을 함께 가지는 제품이므로 그 해결 방법으로는 휨의 발생을 유발하는 형상적 요인을 제거하며, 재료의 성질이 이방성을 가지지 않는 수지로 교체하는 것이 될 수 있다.

하지만 위에서 언급한 바와 같이 2가지에 대한 변경이 불가능하므로 제3의 방법이 필요하다.

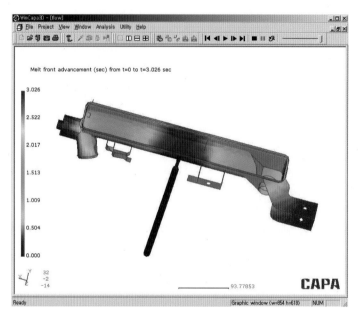

그림 7-27 Radiator Tank의 외곽 형상

나. 해석 모델의 정의

Radiator Tank에 대한 형상은 (그림 7-27)과 같으며 3000개 정도의 Element와 1600개의 Node를 사용하여 해석을 수행하였다.

다. 해석결과

사출 성형품의 생산은 사출 성형 공정 중 금형을 채워가는 충전 공정에서 시작한다. 그리고, 성형 불량의 70~80(%)는 이 공정에서 시작한다고 해도 과언이 아니다. 따라서, 이 공정을 분석하는 것이 그 시작이라 할 수 있다.

(그림 7-28)은 사출 성형 충전 공정에서 수지가 금형을 채워나가는 순서(충전 패

턴)을 보여주고 있다.

(그림 7-28)(a)는 충전 시작 후 0.25초, (그림 7-28)(b)는 0.73초, (그림 7-28)(c)는 1.71초, (그림 7-28)(d)는 충전이 완료된 시점(2.45초)에서의 수지 충전 패턴을 나타내 준다.

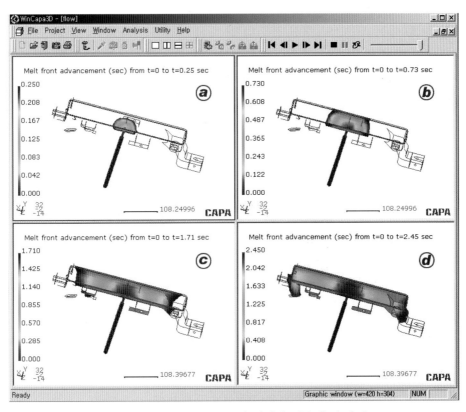

그림 7-28 Radiator Tank의 시간에 따른 충전 패턴

(그림 7-28)에서와 같이 다이렉트 게이트를 사용함으로 인해 유동이 균일하게 제품 양 끝단에 도달함을 볼 수 있고 Weld line의 경우 제품 양 끝단에 생기는 것을 알 수 있다. 즉, 불균일 충전(unbalance flow)에 의한 수지의 과보압 등에 의한 영향은 아니라는 것을 알 수 있다.

CAPA의 충전 공정 해석을 통해서 휨을 발생하는 주 요인은 제품의 기하학적 현상에 기인하는 것으로 판단되며 그 양은 기계적 물성치의 이방성에 기인할 것이라는 것을 예측할 수 있다. 따라서, 사출조건(사출 시간, 보압의 크기, 금형온도, 냉각시간) 등의 변경을 통해 발생 예측되는 휨을 개선하는 것은 쉽지 않을 것으로 예측되어 성형시 발생 예측되는 변형량을 감안하여 금형 설계시에 이를 적용하는 것이 더욱 효율적 일 것이라는 결론을 얻었다.

변형 발생 현상을 파악하기 위해 제품형상 및 휨 방향을 (그림 7-29)에 도시하였다. 문제가 되는 휨의 주 방향이 안쪽으로 휘어 들어오는 것이므로 이를 해결하기 위해 A, B선에 따른 함량을 CAPA의 휨 해석(CAPA-WARP)을 통해서 예측하고 예측된 휨량을 바탕으로 금형을 이와 반대로 제작하여 문제점을 해결한다.

(그림 7-30)에는 A구간의 개선 전후의 휨 해석 결과를 나타내었다. (그림 7-29)에 나타난 바와 같이 휨 방향이 안쪽으로 되어 있으므로 +값은 안쪽으로 휘어들어 오는 것을 의미하며 값은 바깥쪽으로 휘어 나가는 것을 나타낸다. 그림에서 ○심볼은 구간 A를 따라서, 제품에서 원하는 휨량이며, △심볼은 해석 결과를 의미한다.

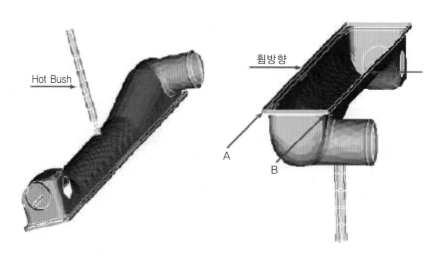

그림 7-29 제품형상 및 휨 방향

(그림 7-30)(a)는 제품의 형상, 즉 A구간을 직선으로 했을 경우, 안쪽으로 휘어지는 휨량을 예측한 것이다.

휨량의 형상은 2지점에서 만곡점을 갖는 형태이며, 최대 0.8㎜정도 안쪽으로 휘어짐을 알 수 있다. 이 결과를 토대로 (그림 7-30)(b)에서와 같이 금형을 수정하였다. 즉, 금형의 형상을 A구간을 따라서, 바깥쪽으로 일정한 반경을 갖는 2개의 arc형태로 바깥쪽으로 휘어지게 설계한 후 이에 대한 CAE해석을 수행한 결과 최대 휨량이 0.16㎜로서 이는 휨 발생 허용공차 편측 0.5(㎜)이내로서 만족스러운 결과이다.

(그림 7-31)(a), (b)는 구간 B를 따른 휨의 예측량 및 금형 수정에 따른 예상 휨량을 보여주고 있다. 적용과정은 구간 A와 비슷하며 최대 휨량은 0.23(㎜)로서 휨 발생 허

용공차 편측 0.5(㎜)이내에 들 수 있음을 보여주고 있다.

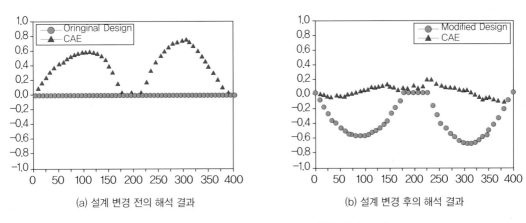

(a) 설계 변경 전의 해석 결과   (b) 설계 변경 후의 해석 결과

그림 7-30 A구간의 개선 전후의 휨 해석 결과

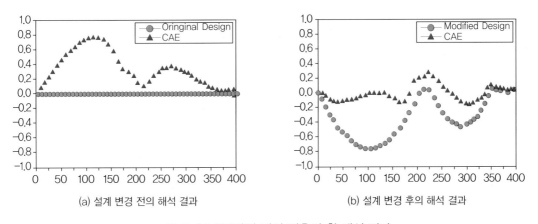

(a) 설계 변경 전의 해석 결과   (b) 설계 변경 후의 해석 결과

그림 7-31 B구간의 개선 전후의 휨 해석 결과

본 해석을 통해 금형을 보상하여 제작하였으며, 현재 Jig작업 없이 제품을 생산하고 있다.

제 3 절 기술전망과 적용기술

국내 사출 산업의 문제점은 주로 현장기술과 경험기술에만 의존하다 보니 개발단계에서의 금형성 및 양산성을 고려한 설계기술이 낙후되었고 이로 인한 고질 불량의 답습과 저부가가치 제품생산이 주류를 이루게 되었다.

사출성형 CAE 소프트웨어는 최적재료의 선정에서 금형설계, 양산단계에서 발생하는 문제점을 사전에 컴퓨터를 통해 검증함으로써 최적의 설계변수와 공정조건을 결정하고 성형불량의 진단 및 해결을 할 수 있는 전문가 시스템이다.

앞으로의 사출성형기술의 발전방향으로 초정밀화, 고품위화, High cycle화, 자원 및 재료의 절감, 가공공정에 있어서의 2차(후) 가공 생략화, CAE 적용 등의 방향으로의 전개는 필수적이다.

본 장에서는 사출성형 공정 및 각 공정에 대응되는 CAE 해석모듈을 소개하였으며 CAE적용 효과를 극대화하는 예로서 3가지 적용사례를 소개하였다.

- 금형설계 이전에 CAE를 통해 문제점을 해결하는 노트북 Top Housing의 유동해석 사례
- 생산성을 향상시키기 위해서 금형구조의 변경을 가하는 복사기 Slide upper에 대한 냉각해석 사례
- 휨 발생에 의해 Jig작업이 필요한 자동차 Radiator Tank의 휨예측 및 해결방안 제시

각각의 성형공정별 해석 목적을 요약하면 다음과 같다.

1. 충전해석

① 필요한 게이트의 개수와 위치를 결정한다.
② 웰드라인의 위치 및 강도를 파악한다.
③ 에어 트랩의 위치를 파악하고 에어 벤트를 설치한다.
④ 형체력 및 사출량을 평가하여 사출 성형기의 크기를 결정한다.
⑤ 캐비티 내의 유동 밸런스를 유지하도록 제품의 두께를 변경한다.
⑥ 다단 사출의 필요성을 조사한다.
⑦ 러너 시스템의 밸런스 및 러너의 크기를 최소화한다.
⑧ 허용응력 및 온도 내에서의 성형 여부를 파악한다.

⑨ 섬유 배향 및 이방성 물성을 파악한다.

2. 냉각해석

① 불충분한 냉각으로 인한 성형품의 hot spot을 제거한다.
② 불균일한 냉각으로 인한 성형품의 잔류 열응력을 감소시킨다.
③ 냉각 채널의 냉각 효율을 파악한다.
④ 냉각시간을 최소화하여 생산성을 증가시킨다.

3. 보압 해석

① 제품의 휨을 유발하는 불균일한 수축을 최소화한다.
② 보압의 설정 및 보압 절환 시점을 결정한다.
③ 적절한 보압조건을 설정함으로써 형체력을 최소화한다.
④ 균일한 냉각을 위한 냉각 채널 설계를 최적화 한다.
⑤ 냉각시간을 최소화하여 생산성을 증가시킨다.

4. 휨 해석

·최종 성형품의 수축 및 변형을 파악한다.

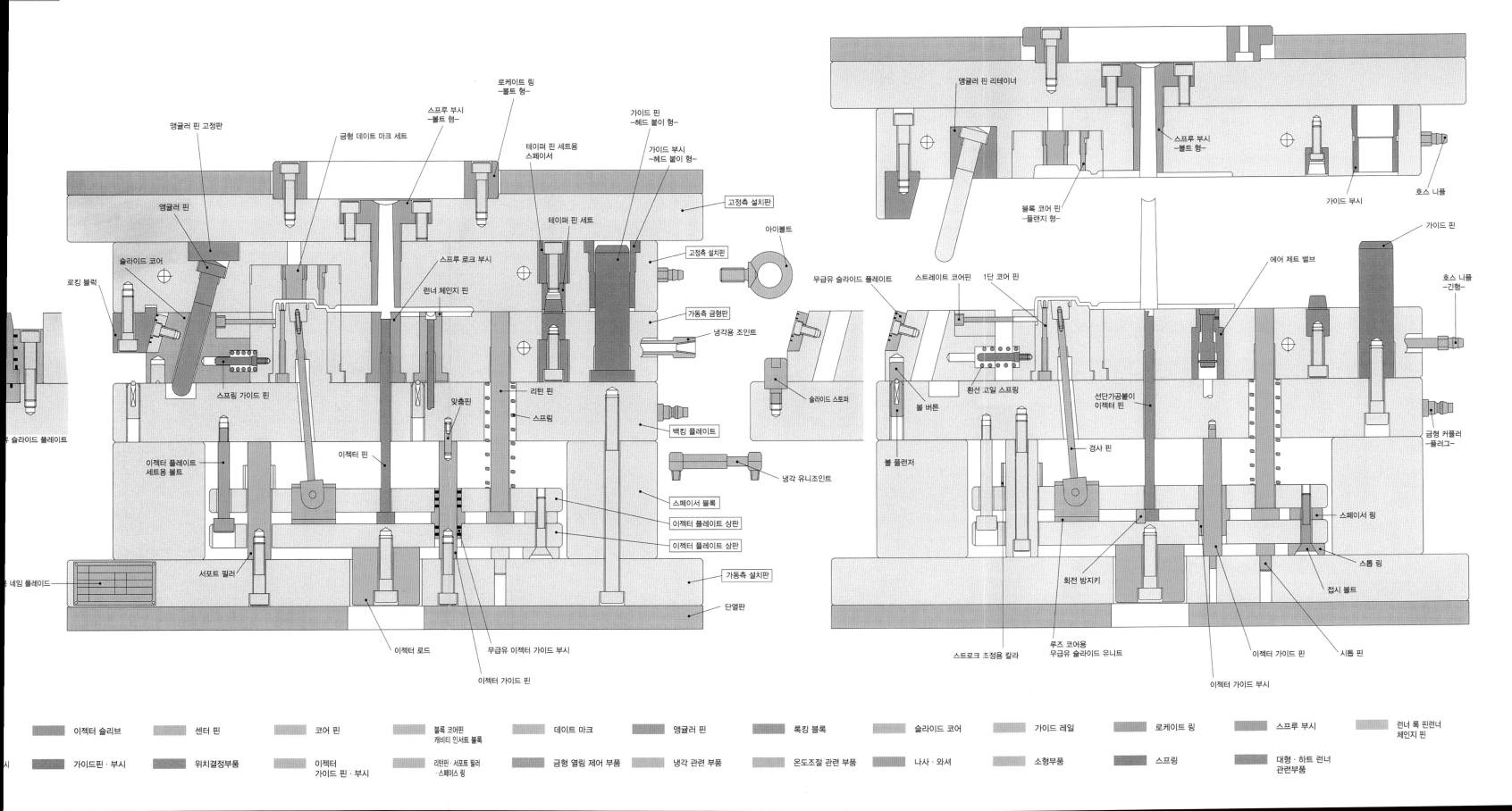

앵귤러 핀 고정판
금형 데이트 마크 세트
스프루 부시 —볼트 형—
로케이트 링 —볼트 형—
테이퍼 핀 세트용 스페이서
가이드 핀 —헤드 붙이 형—
가이드 부시 —헤드 붙이 형—
앵귤러 핀 리테이너
스프루 부시 —볼트 형—
호스 니플
가이드 부시

앵귤러 핀
슬라이드 코어
스프루 로크 부시
테이퍼 핀 세트
고정측 설치판
아이볼트
고정측 설치판
가이드 핀
블록 코어 핀 —플랜지 형—
무급유 슬라이드 플레이트
스트레이트 코어핀
1단 코어 핀
에어 제트 밸브
호스 니플 —긴형—

로킹 블럭
런너 체인지 핀
가동측 금형판
냉각용 조인트
슬라이드 스토퍼
볼 버튼
환선 고일 스프링
선단가공붙이 이젝터 핀
금형 커플러 —플러그—

스프링 가이드 핀
맞춤핀
리턴 핀
스프링
볼 플런저
경사 핀

유 슬라이드 플레이트
이젝터 플레이트 세트용 볼트
이젝터 핀
백킹 플레이트
냉각 유니조인트
스페이서 블록
이젝터 플레이트 상판
이젝터 플레이트 상판
스페이서 링
스톱 링

용 네임 플레이트
서포트 필러
가동측 설치판
단열판
회전 방지키
접시 볼트

이젝터 로드
무급유 이젝터 가이드 부시
이젝터 가이드 핀
스트로크 조정용 칼라
루즈 코어용 무급유 슬라이드 유닛
이젝터 가이드 핀
시톱 핀
이젝터 가이드 부시

이젝터 슬리브	센터 핀	코어 핀	블록 코어핀 캐비티 인서트 블록	데이트 마크	앵귤러 핀	록킹 블록	슬라이드 코어	가이드 레일	로케이트 링	스프루 부시	런너 록 핀런너 체인지 핀
가이드핀 · 부시	위치결정부품	이젝터 가이드 핀 · 부시	리턴핀 · 서포트 필러 · 스페이스 링	금형 열림 제어 부품	냉각 관련 부품	온도조절 관련 부품	나사 · 와셔	소형부품	스프링	대형 · 하트 러너 관련부품	

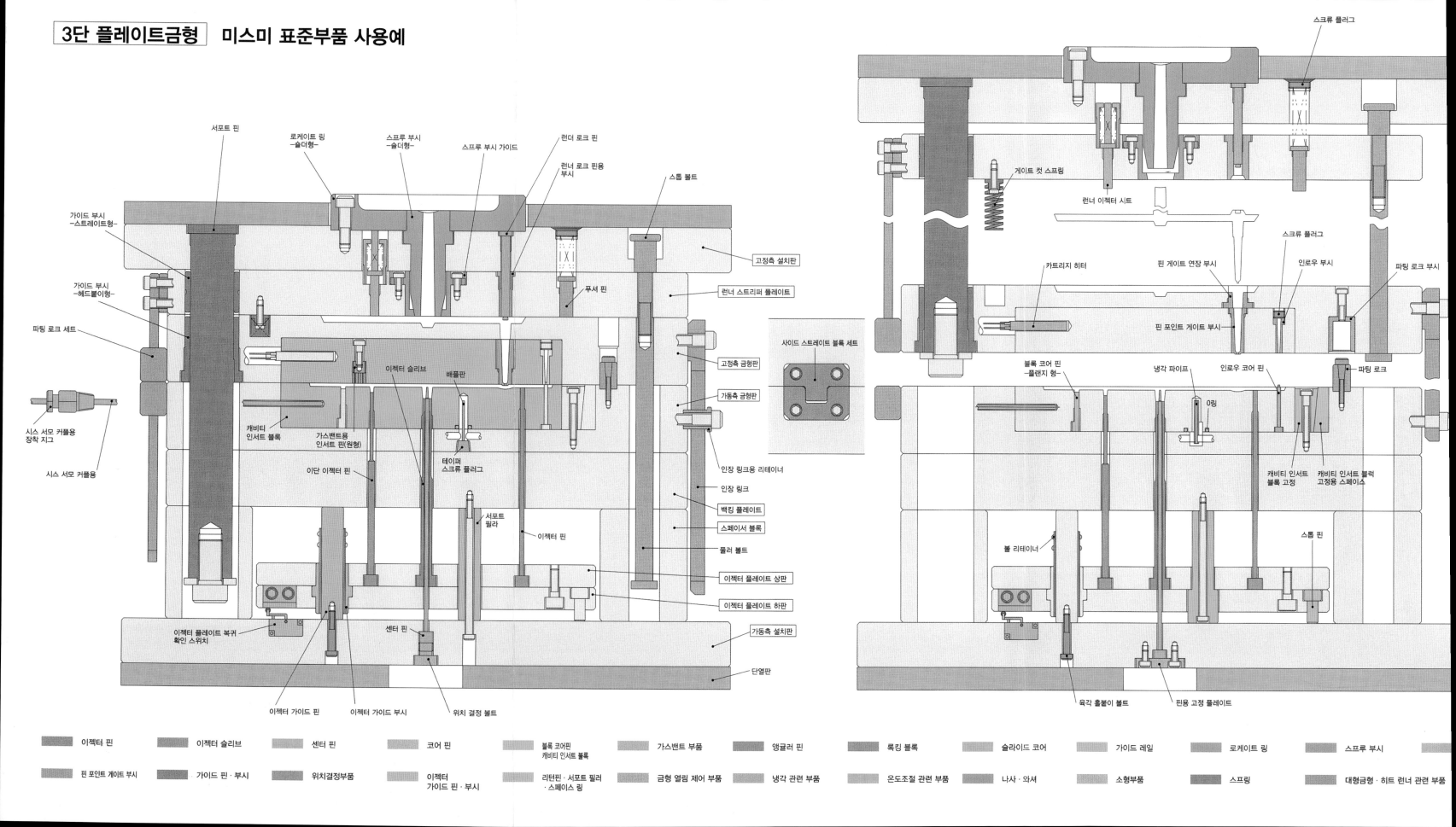

3단 플레이트금형 미스미 표준부품 사용예

서포트 핀
로케이트 링 -숄더형-
스프루 부시 -숄더형-
스프루 부시 가이드
런너 로크 핀
런너 로크 핀용 부시
스톱 볼트
스크류 플러그
게이트 컷 스프링
런너 이젝터 시트
가이드 부시 -스트레이트형-
고정측 설치판
푸셔 핀
런너 스트리퍼 플레이트
카트리지 히터
핀 게이트 연장 부시
인로우 부시
파팅 로크 부시
스크류 플러그
가이드 부시 -헤드붙이형-
파팅 로크 세트
고정측 금형판
사이드 스트레이트 블록 세트
핀 포인트 게이트 부시
이젝터 슬리브
배플판
가동측 금형판
캐비티 인서트 블록
가스밴트용 인서트 핀(원형)
테이퍼 스크류 플러그
인장 링크용 리테이너
블록 코어 핀 -플랜지 형-
냉각 파이프
인로우 코어 핀
O링
파팅 로크
시스 서모 커플용 장착 지그
시스 서모 커플용
이단 이젝터 핀
서포트 필라
이젝터 핀
인장 링크
백킹 플레이트
스페이서 블록
풀러 볼트
캐비티 인서트 블록 고정
캐비티 인서트 블럭 고정용 스페이스
스톱 핀
이젝터 플레이트 상판
이젝터 플레이트 하판
볼 리테이너
이젝터 플레이트 복귀 확인 스위치
센터 핀
가동측 설치판
단열판
이젝터 가이드 핀
이젝터 가이드 부시
위치 결정 볼트
육각 홀붙이 볼트
핀용 고정 플레이트

이젝터 핀 | 이젝터 슬리브 | 센터 핀 | 코어 핀 | 블록 코어핀 캐비티 인서트 블록 | 가스밴트 부품 | 앵귤러 핀 | 록킹 블록 | 슬라이드 코어 | 가이드 레일 | 로케이트 링 | 스프루 부시
핀 포인트 게이트 부시 | 가이드 핀·부시 | 위치결정부품 | 이젝터 가이드 핀·부시 | 리턴핀·서포트 필러·스페이스 링 | 금형 열림 제어 부품 | 냉각 관련 부품 | 온도조절 관련 부품 | 나사·와셔 | 소형부품 | 스프링 | 대형금형·히트 런너 관련 부품

부록

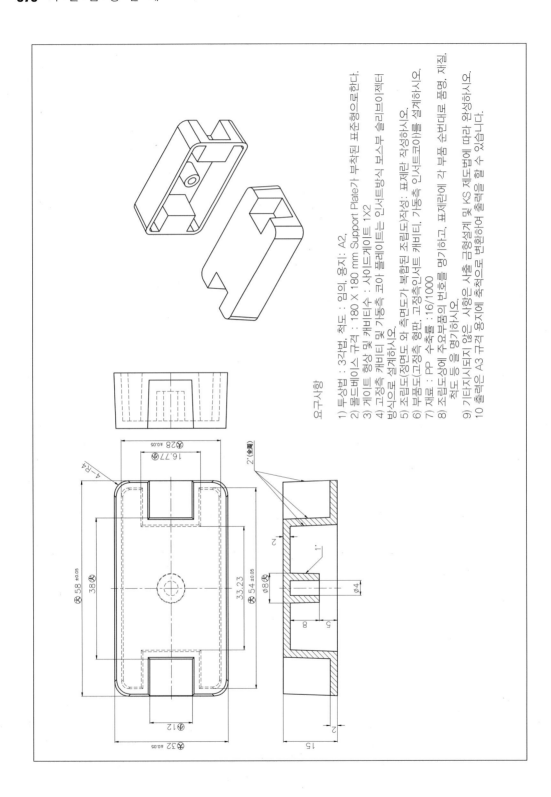

요구사항

1) 투상법 : 3각법, 척도 : 임의, 용지: A2,
2) 몰드베이스 규격 : 180 X 180 mm Support Plate가 부착된 표준형으로한다.
3) 게이트 형상 및 개비티수 : 사이드게이트 1X2
4) 고정측 캐비티 및 가동측 코아 플레이트는 인서트방식 보스부 슬리브이젝터
   방식으로 설계하시오.
5) 조립도(정면도 와 측면도가 복합된 조립도)작성: 표제란 작성하시오.
6) 부품도(고정측 형판, 고정측인서트 캐비티, 가동측 인서트코아)를 설계하시오.
7) 재료 : PP 수축률 :16/1000
8) 조립도상에 주요부품의 번호를 명기하고, 표제란에 각 부품 순번대로 품명, 재질,
   척도 등을 명기하시오.
9) 기타지시되지 않은 사항은 사출 금형설계 및 KS 제도법에 따라 완성하시오.
10 출력은 A3 규격 용지에 축척으로 변환하여 출력을 할 수 있습니다.

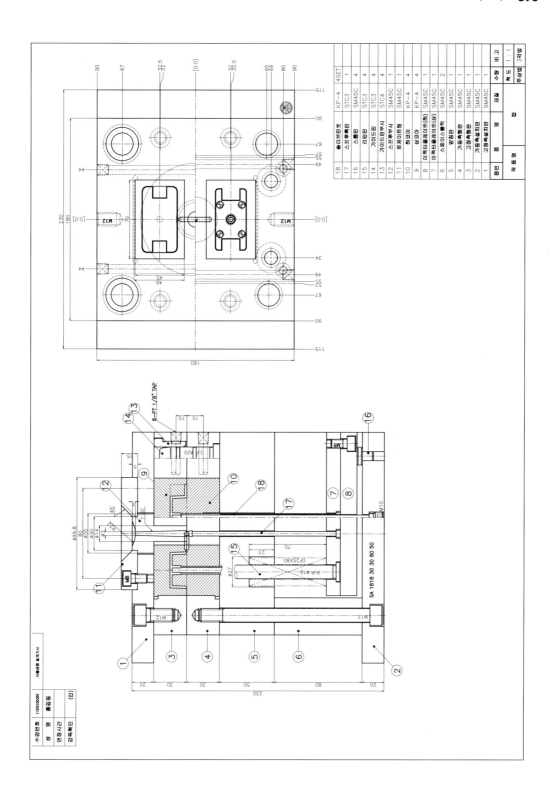

품번	품 명	재질	수량	비 고
18	슬리브핀셋	KP-4	4SET	
17	스프루핀	STC3	1	
16	스톱핀	SM45C	4	
15	리턴핀	STC3	4	
14	가이드핀	STC3	4	
13	가이드핀부시	STC4	4	
12	스프루부시	SM45C	1	
11	로케이트링	SM45C	1	
10	핫코어	KP-4	4	
9	성코어	KP-4	4	
8	이젝터플레이트(하)	SM45C	1	
7	이젝터플레이트(상)	SM45C	1	
6	스페이스블럭	SM45C	2	
5	받침판	SM45C	1	
4	가동측형판	SM45C	1	
3	고정측형판	SM45C	1	
2	가동측설치판	SM45C	1	
1	고정측설치판	SM45C	1	

척 도 1 : 1

수강번호	1103100281	
성 명	홍길동	
연장시간		
김독특히		(인)

사용공 상업교육센터

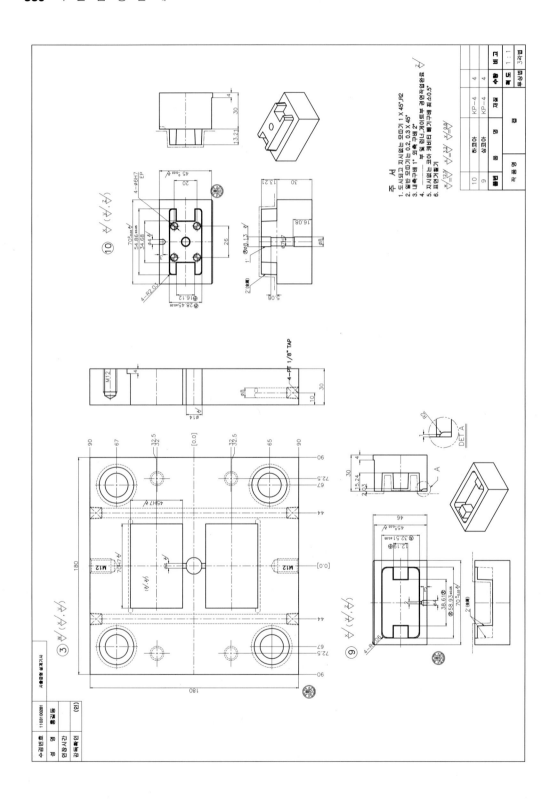

주 서
1. 도시되고 지시없는 모떼기 1 X 45°,R2
2. 일반모떼기는 0.2, 0.3 X 45°
3. 내측구배는 1° 외측 구배 2°
4. 지시없는 코아 캐비티부 빠기구배 최소0.5°
5. 표면걸치기

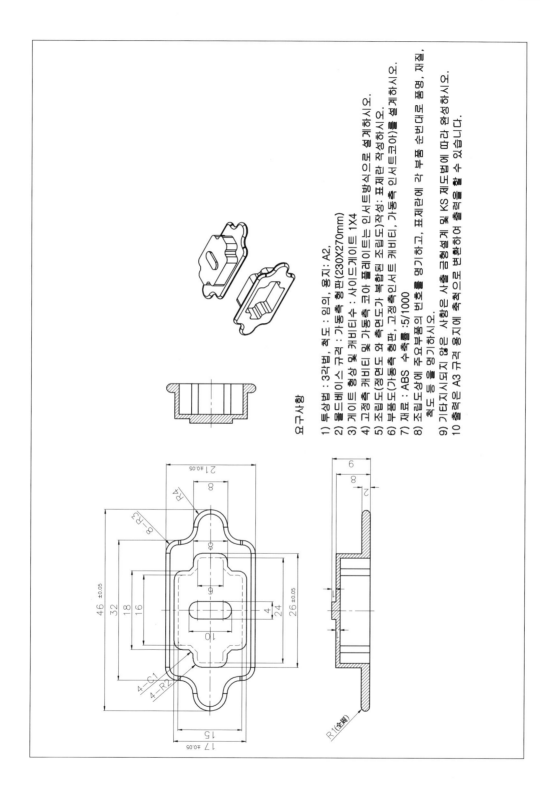

요구사항

1) 투상법 : 3각법, 척도 : 임의, 용지 : A2,
2) 몰드베이스 규격 : 가동측 형판(230X270mm)
3) 게이트 형상 및 캐비티수 : 사이드게이트 1X4
4) 고정측 캐비티 및 가동측 코어 플래이트는 인서트방식으로 설계하시오.
5) 조립도(정면도 와 측면도가 복합된 조립도)작성 : 표제란 작성하시오.
6) 부품도(가동측 형판, 고정측인서트 캐비티, 가동측 인서트코아)를 설계하시오.
7) 재료 : ABS 수축률 :5/1000
8) 조립도상에 주요부품의 번호를 명기하고, 표제란에 각 부품 순번대로 품명, 재질, 척도 등을 명기하시오.
9) 기타지시되지 않은 사항은 사출 금형설계 및 KS 제도법에 따라 완성하시오.
10 출력은 A3 규격 용지에 축척으로 변환하여 출력을 할 수 있습니다.

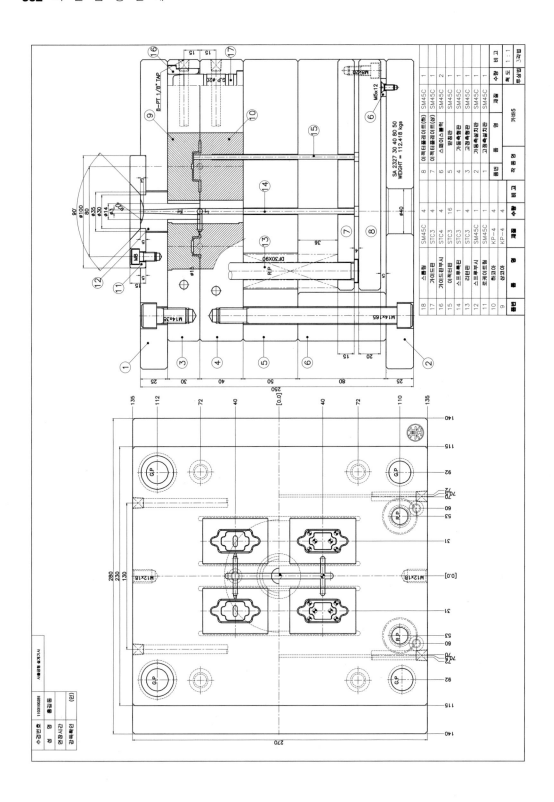

품번	품 명	재질	수량		품번	품 명	재질	수량
18	스톱링	SM45C	4		8	이젝터플레이트(下)	SM45C	1
17	가이드핀	STC3	4		7	이젝터플레이트(上)	SM45C	1
16	가이드핀부시	STC4	4		6	스페이서블럭	SM45C	2
15	이젝터핀	STC3	16		5	받침판	SM45C	1
14	스프루부시	STC3	1		4	가동측형판	SM45C	1
13	리턴핀	STC3	1		3	고정측형판	SM45C	1
12	스프루록부시	SM45C	1		2	가동측설치판	SM45C	1
11	로케이트링	SM45C	1		1	고정측설치판	SM45C	1
10	코어핀	KP-4	4					
9	성형코어	KP-4	4			카버5		

SA 2327 30 40 80 50
WEIGHT = 112.418 Kgs

	척도	1:1
	명칭	카버5
	비 고	

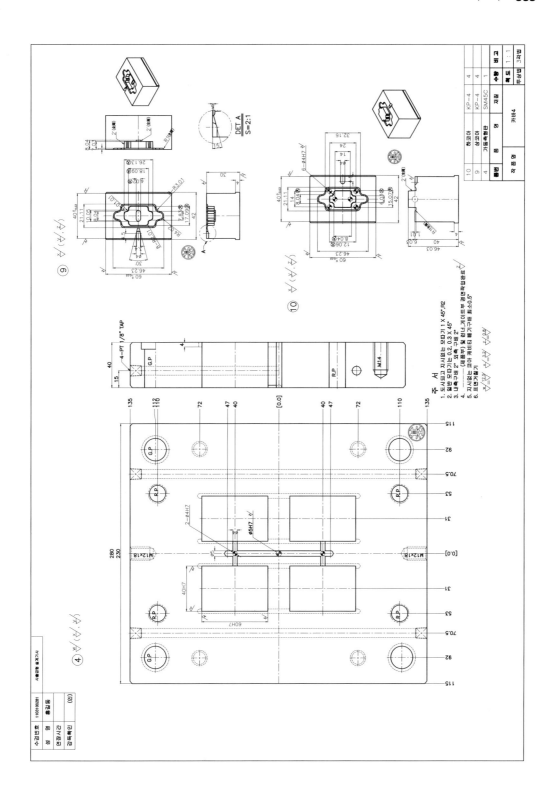

주 서
1. 도시되고 지시없는 모따기 1 X 45°,R2
2. 외 판 모따기는 0.2, 0.3 X 45°
3. 내측구멍 2° 외측 구배 2°
4. 지시없는 (제품부) 및 런너,게이트부 경면작업완료
5. 지시없는 코어 커버티 형기구배 최소±0.5°
6. 표면연거리기

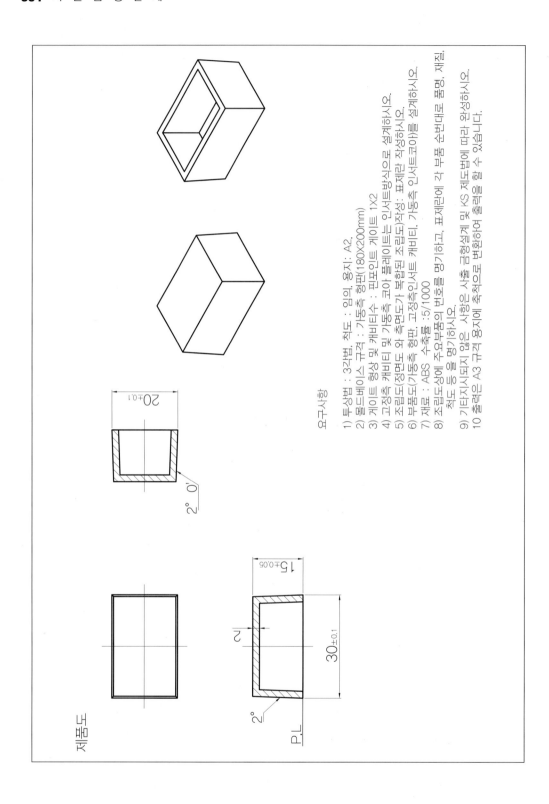

제품도

20 ± 0.1

$2° 0'$

15 ± 0.05

30 ± 0.1

2°

2°

P.L.

요구사항

1) 투상법 : 3각법, 척도 : 임의, 용지: A2.
2) 몰드베이스 규격 : 가동측 형판(180X200mm)
3) 게이트 형상 및 캐비티수 : 핀포인트 게이트 1X2
4) 고정측 캐비티 및 가동측 코아 몰레이트는 인서트방식으로 설계하시오.
5) 조립도(정면도 와 측면도가 부함된 조립도)작성: 표제란 작성하시오.
6) 부품도(가동측 형판, 고정측인서트 캐비티, 가동측 인서트코아)를 설계하시오.
7) 재료 : ABS 수축률 :5/1000
8) 조립도상에 주요부품의 번호를 명기하고, 표제란에 각 부품 순번대로 품명, 재질.
   조립도상에 주요부품의 번호를 명기하고, 표제란에 각 부품 순번대로 품명, 재질.
   척도 등을 명기하시오.
9) 기타지시되지 않은 사항은 시중 금형설계 및 KS 제도법에 따라 완성하시오.
10 좀릭은 A3 규격 용지에 축척으로 변환하여 좀릭을 함 수 있습니다.

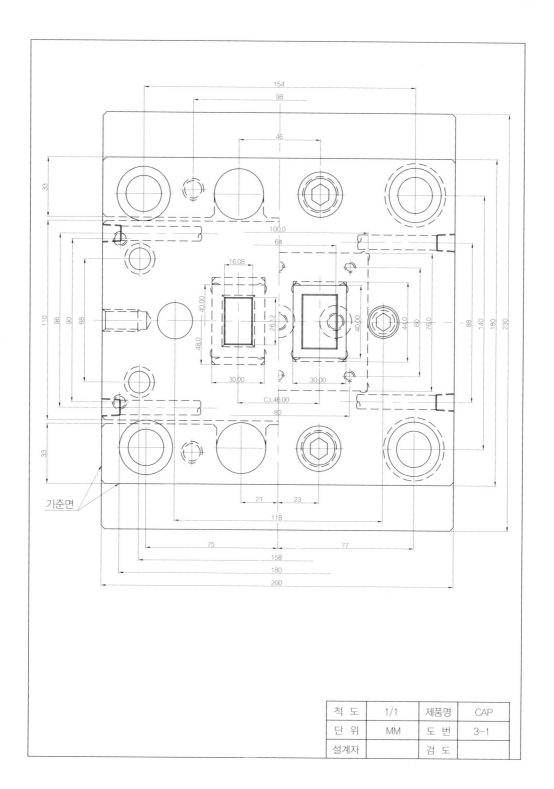

기준면

척 도	1/1	제품명	CAP
단 위	MM	도 번	3-1
설계자		검 도	

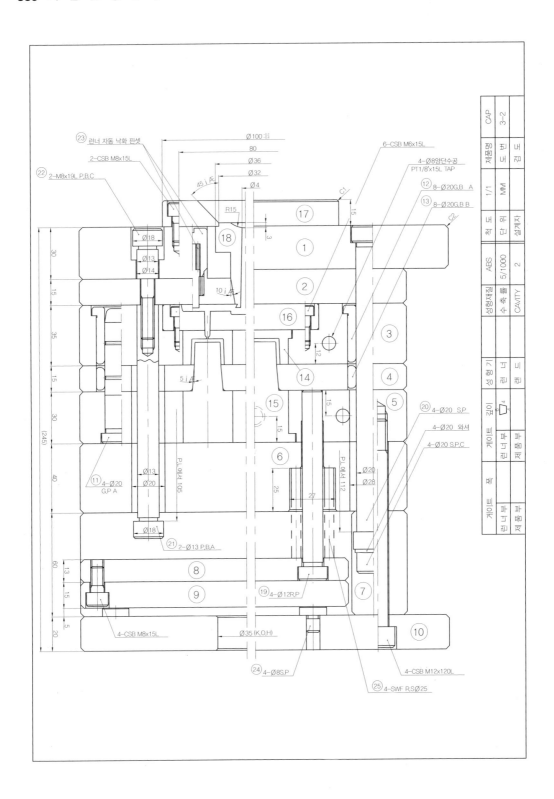

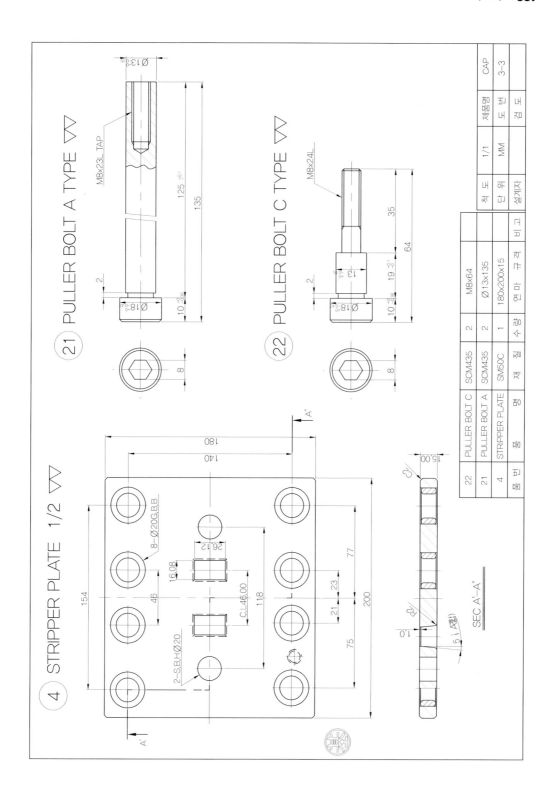

21 PULLER BOLT A TYPE ▽▽

M8×23L TAP

∅13

2

125 ⁻⁰·¹

135

∅18

10

8

22 PULLER BOLT C TYPE ▽▽

M8×24L

2

35

64

19

13

∅18

10

8

4 STRIPPER PLATE 1/2 ▽▽

180

140

154

8－∅20G.B.B

46

16.08

26.12

C.L.46.00

118

77

23

21

200

75

2－S.B.H∅20

A'

A"

SEC A'－A"

15.00

22	PULLER BOLT C	SCM435	2	M8×64			
21	PULLER BOLT A	SCM435	2	∅13×135			
4	STRIPPER PLATE	SM50C	1	180×200×15			
품번	품 명	재 질	수량	연 마 규 격	비 고		

척 도	1/1	제품명	CAP
단 위	MM	도 번	3-3
설계자		검 도	

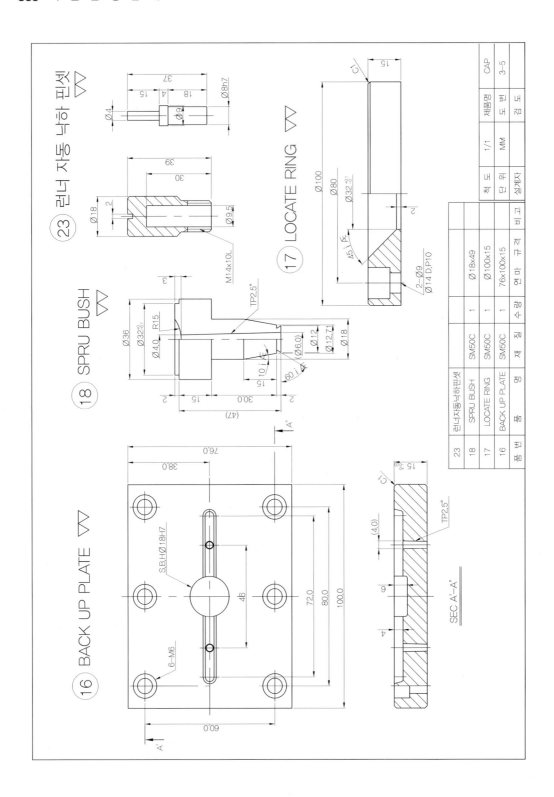

㉓ 런너 자동 낙하 핀셋 ▽▽

⑱ SPRU BUSH ▽▽

⑰ LOCATE RING ▽▽

⑯ BACK UP PLATE ▽▽

SEC A'-A"

품 번	품 명	재 질	수 량	규 격	비 고
23	런너자동낙하핀셋				
18	SPRU BUSH	SM50C	1	Ø18×49	
17	LOCATE RING	SM50C	1	Ø100×15	
16	BACK UP PLATE	SM50C	1	76×100×15	연마

척 도	1/1	제품명	CAP
단 위	MM	도 번	3-5
설계자		검 도	

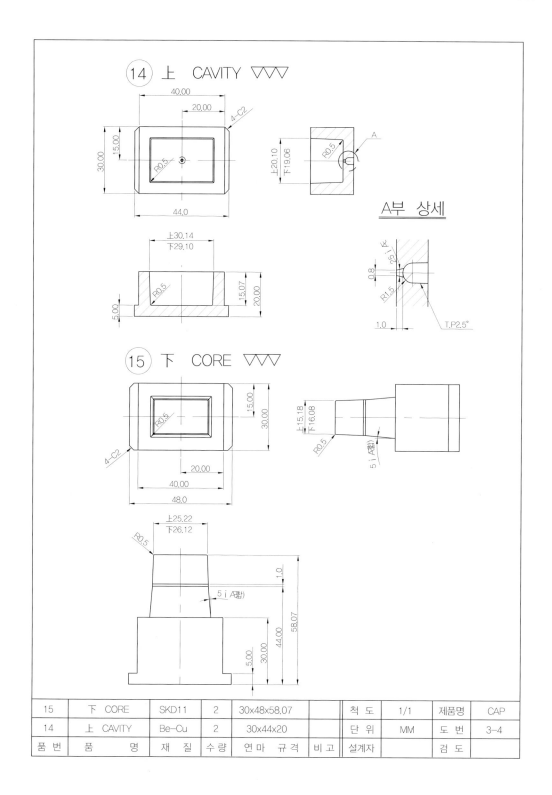

15	下 CORE	SKD11	2	30x48x58,07		척 도	1/1	제품명	CAP
14	上 CAVITY	Be—Cu	2	30x44x20		단 위	MM	도 번	3-4
품 번	품 명	재 질	수량	연 마 규 격	비 고	설계자		검 도	

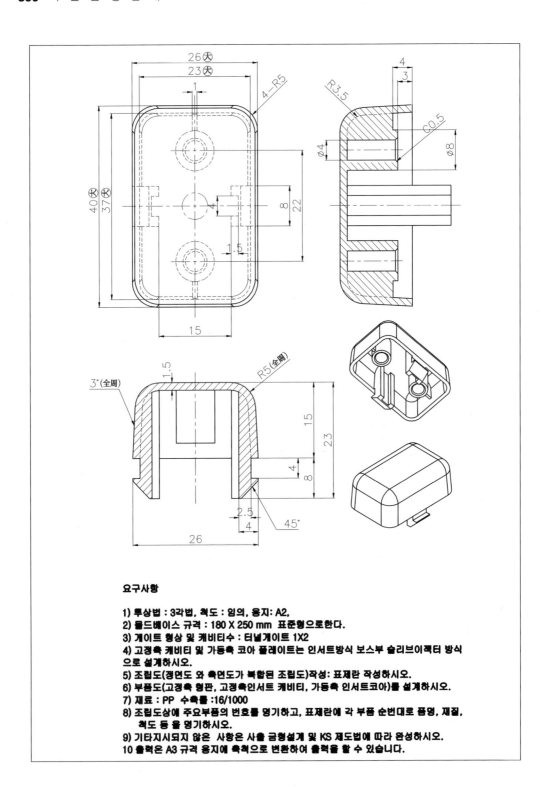

요구사항

1) 투상법 : 3각법, 척도 : 임의, 용지: A2,
2) 몰드베이스 규격 : 180 X 250 mm 표준형으로한다.
3) 게이트 형상 및 캐비티수 : 터널게이트 1X2
4) 고정측 캐비티 및 가동측 코아 플레이트는 인서트방식 보스부 슬리브이젝터 방식
   으로 설계하시오.
5) 조립도(정면도 와 측면도가 복합된 조립도)작성: 표제란 작성하시오.
6) 부품도(고정측 형판, 고정측인서트 캐비티, 가동측 인서트코아)를 설계하시오.
7) 재료 : PP 수축률 :16/1000
8) 조립도상에 주요부품의 번호를 명기하고, 표제란에 각 부품 순번대로 품명, 재질,
   척도 등 을 명기하시오.
9) 기타지시되지 않은 사항은 사출 금형설계 및 KS 제도법에 따라 완성하시오.
10 출력은 A3 규격 용지에 축척으로 변환하여 출력을 할 수 있습니다.

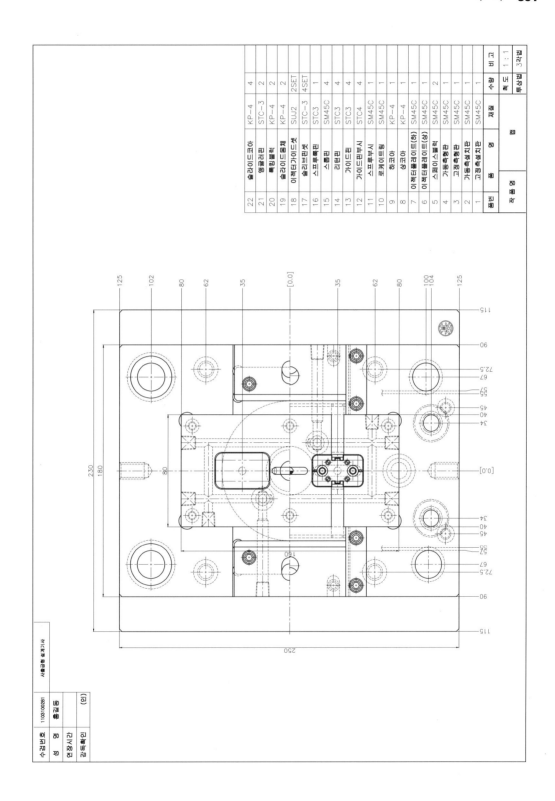

품번	품 명	재 질	수량	비 고
22	슬라이드코아	KP-4	4	
21	앵귤러핀	STC-3	2	
20	록킹블럭	KP-4	2	
19	슬라이드몸체	KP-4	2	
18	이젝터가이드셋	SUJ2	2SET	
17	슬라이드핀셋	STC-3	4SET	
16	스프루부싱	STC3	1	
15	스톱핀	SM45C	4	
14	리턴핀	STC3	4	
13	가이드핀	STC3	4	
12	가이드핀부시	STC4	4	
11	스프루부시	SM45C	1	
10	로케이트링	SM45C	1	
9	하코아	KP-4	1	
8	상코아	KP-4	1	
7	이젝터플레이트(하)	SM45C	1	
6	이젝터플레이트(상)	SM45C	1	
5	스페이서블럭	SM45C	2	
4	가동측형판	SM45C	1	
3	고정측형판	SM45C	1	
2	가동측설치판	SM45C	1	
1	고정측설치판	SM45C	1	
품번	품 명	재 질	수량	비 고

작품명 : 척도 1 : 1 / 특성평가 3각법

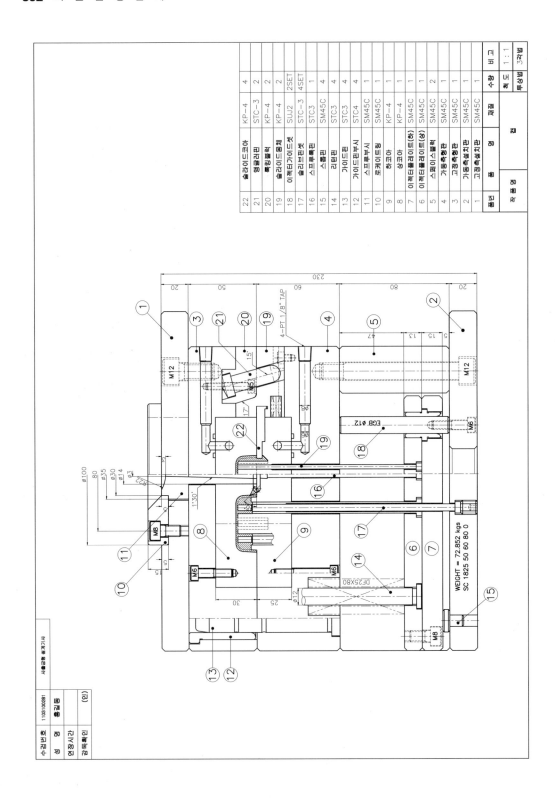

품번	부품명	명 칭	재질	수량	비 고
22		슬라이드코아	KP-4	4	
21		앵귤러핀	STC-3	2	
20		록킹블럭	KP-4	2	
19		슬라이드몸체	KP-4	2	
18		이젝타가이드셋	SUJ2	2SET	
17		슬라이드판셋	STC-3	4SET	
16		스프룰록판	STC3	1	
15		스톱핀	SM45C	4	
14		리턴핀	STC3	4	
13		가이드판	STC4	4	
12		가이드핀부시	SM45C	4	
11		스프룰부시	SM45C	1	
10		로케이트링	KP-4	1	
9		하코아	KP-4	1	
8		상코아	SM45C	1	
7		이젝타플레이트(하)	SM45C	1	
6		이젝타플레이트(상)	SM45C	1	
5		스페이스블럭	SM45C	2	
4		가동속형판	SM45C	1	
3		고정속형판	SM45C	1	
2		가동측설치판	SM45C	1	
1		고정측설치판	SM45C	1	

척 도 1 : 1
투상법 3각법

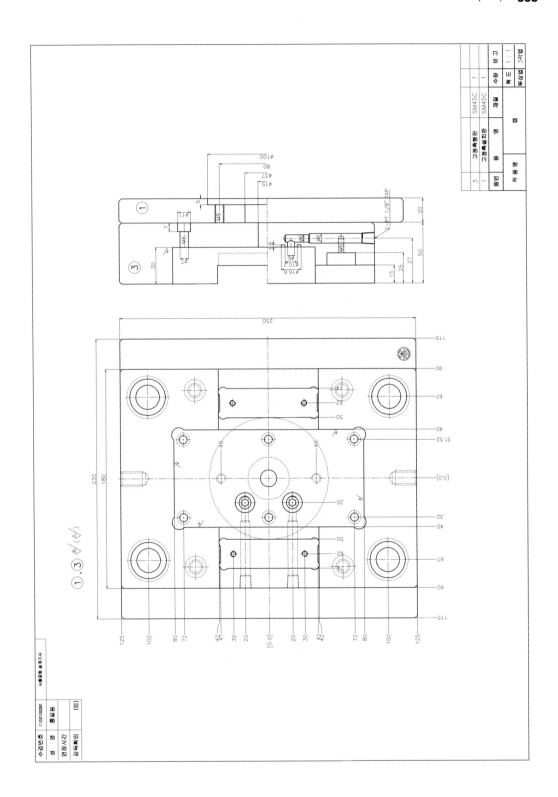

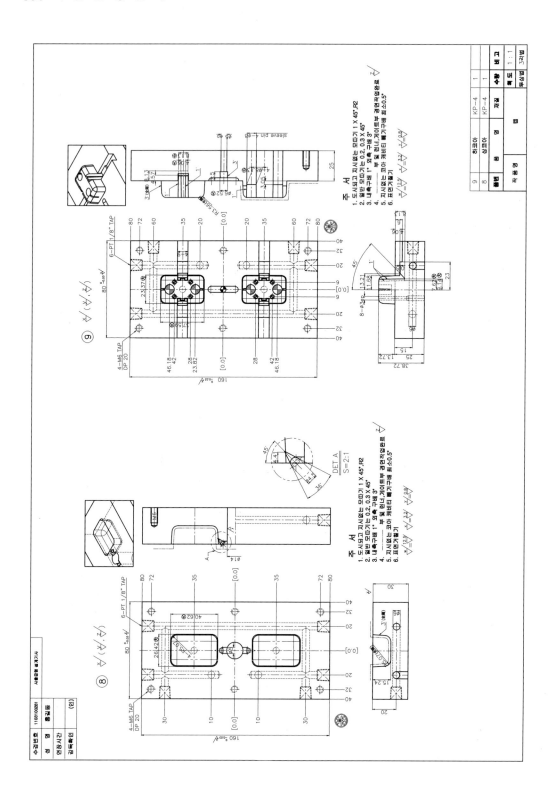

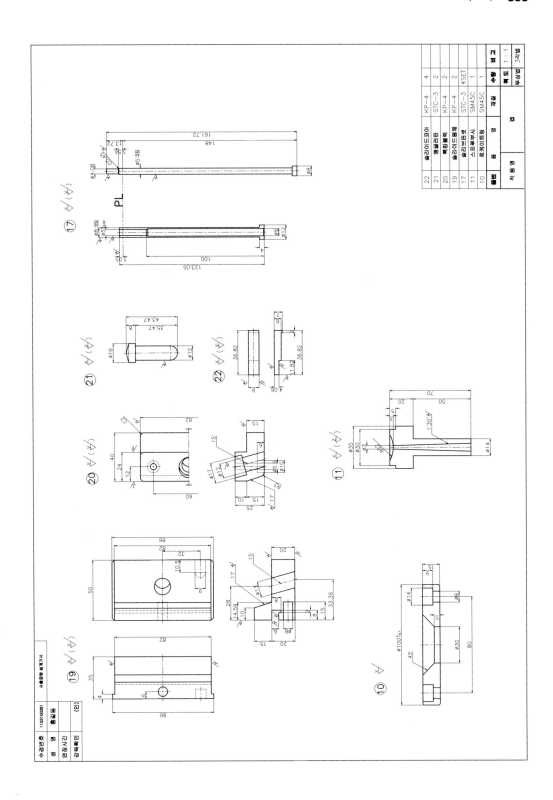

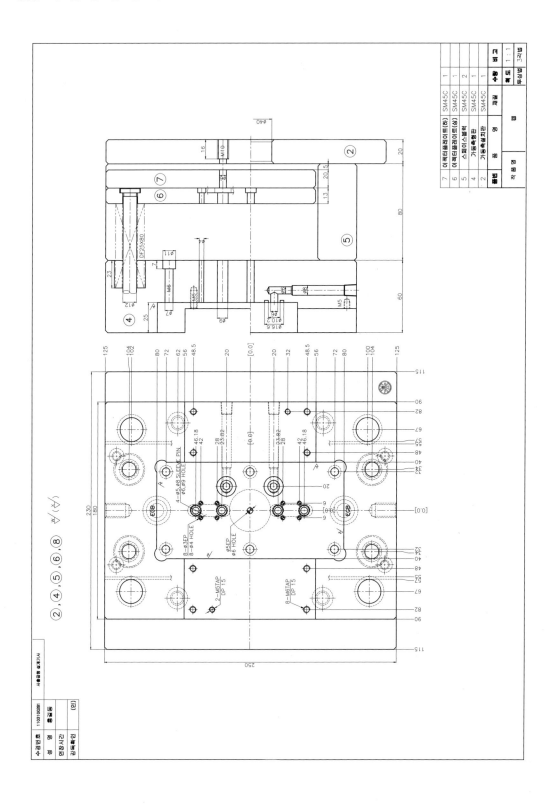

익힘문제 해답

제1장 개요

1. 유동 상태로 된 수지를 금형 공동부에 가압 주입해야 냉각시키므로써 금형 공동부에 상당하는 성형품을 만드는 방법이다.

2. ① 구조가 간편하고 비용이 적게 든다.　② 고장이 적고 내구성이 우수하다.

   ③ 싸이클을 빨리 할 수 있다.　④ 성형 후 절단 가공이 필요하다.

3. ① 핀 포인트 게이트를 사용 할 수 있다.

   ② 게이트 위치를 성형품 중심에 잡을 수 있다.

   ③ 비용이 많이 들고 스트로크가 큰 성형기가 필요하다.

   ④ 싸이클이 길어진다.

4. 사출 후 성형된 스프루를 스프루 부시 밖으로 당겨 빼는 기능을 한다.

5. 외부 언더컷을 처리하기 위함

6. 캐비티를 2개 이상의 부분으로 나누어 이동시켜 외부 언더컷 부를 성형 할 수 있는 금형

7. 스프루 및 런너를 성형품과 분리하여 빼내기 위하여

8. ① 분할 금형 ② 슬라이드 코어 금형 ③ 나사 금형

9. 금형이 닫힐 때 이젝터 핀이나 스프루 로크핀을 보호하며 이젝터 플레이트가 본래의 위치로 돌아가게 작용하는 핀

10. 대형화, 정밀화, 자동화

11. 압축성형, 이송성형, 적층성형, 사출성형, 입출성형, 취입성형, 캘린더성형, 진공성형, 특수성형, 가스성형, 인몰드 성형

12. 막대(bar), 관(pipe), T자관

13. 압출기에서 패리슨이라고 하는 튜브를 압출하고 이것을 금형으로 감싼 후 압축공기를 불어넣어 중공품을 만드는 방법, 음료수 PET병

14. 압축 금형

15. 진공성형

16. 리턴 핀

17. 포지티브 금형

18. ① 금형수정기간 단축   ② 납기 단축 및 Cost Down

③ 충전부족(Short Shot)점검

19. 언더컷(under cut)

20. 스톱 핀(stop pin)

21. 스페이서 블록(space block)

22. 로케이트링(locate ring)

제2장 사출 성형용 재료

1. 열경화성 수지는 경화가 일어나면 수지는 가열해도 연화되지 않지만 열가소성 수지는 반복해서 가열 연화와 냉각 경화를 시킬 수 있다.

2. ABS, PE, PP, PS, PA, PMMA, PCV, PC POM, AS수지, PBT, PUR

3. PF, UF, MF, UP, EP

4. PVC, POM, EVA – 열분해 할 위험이 있어서

5. 성형부의 전체 중량과 결정부의 중량비를 말한다.

6. 결정성, 배향성, 열전도성, 체적수축성, 유동성

7. 종류 : PP, PE, PA, POM

특징 :

① 수지가 불투명하다.   ② 많은 열량이 필요하다.

③ 가소화 능력이 큰 성형기 필요하다.   ④ 배향성이 크다.

⑤ 강도가 크다.   ⑥ 성형수축이 크다.

8. 플라스틱의 강도 향상을 위하여 플라스틱 수지에 보강재를 조합한 것이다.

① FRP(Fiber Reinforced Plastics) : 열경화성 수지 + 유리섬유(보강재, 충전재)

② FRTP(Fiber Reinforced Thermoplastics) : 열가소성 수지 + 유리섬유

9. PS, PMMA

10. PVC, PC

11. ABS, PA, PC, PET

12. ABS, PP

13. PA, PC, CA

14. 폴리프로필렌

15. PVC

16. 수지의 배향성

17.

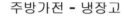

주방가전 **-** 냉장고

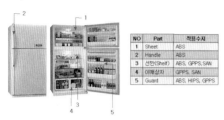

NO	Part	적용수지
1	Sheet	ABS
2	Handle	ABS
3	선반(Shelf)	ABS, GPPS, SAN
4	야채상자	GPPS, SAN
5	Guard	ABS, HIPS, GPPS

계절가전 **-** 선풍기

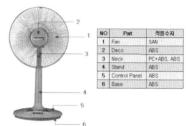

NO	Part	적용수지
1	Fan	SAN
2	Deco	ABS
3	Neck	PC+ABS, ABS
4	Stand	ABS
5	Control Panel	ABS
6	Base	ABS

제3장 사출 성형품의 설계

1. 성형 능률의 향상과 금형 제작을 용이하게 하기 위함.

2. [(상온에서의 금형 치수−상온에서의 성형품 치수)÷상온에서의 금형치수] × 100(%)

3. ① 열적수축 　② 탄성회복에 의한 팽창 　③ 결정화에 의한 수축

　④ 분자 배향의 완화에 의한 수축

4. ① 수지의 온도 　　② 사출 압력 　③ 금형 온도 　④ 수지의 특성

5. ① 구조상의 강도 　　② 충격에 대한 힘의 균등한 분산

　③ 인서트 부의 균열방지 ④ 이젝팅 시 강도에 견딜 수 있는 힘

6. ① 성형품 두께의 불균일 ② 성형 온도의 낮음

　③ 금형 온도의 불균일 　④ 성형 후의 압력

7. 모서리 부분은 응력이 집중되므로 응력을 분산하여 성형품의 변형을 감소하고 수지의 흐름을 좋게 하기 위해

8. 성형품의 구멍을 보강하기 위해 다른 부품을 조립시키기 위해 나사를 조이기 위해 구멍부를 돌출 시킨 것을 보스라 한다.]

9. 금형으로부터 빼내진 성형품의 표면에 금형의 분할 방법에 따라 분할선의 자국이 남는다. 이때 생긴 분할선의 자국을 파팅라인이라 함.

10.① 눈에 잘 띄지 않는 곳 　　② 마무리가 잘 될 수 있는 위치

　③ 언더컷이 없는 부분 선택 　　④ 게이트 위치 및 형상 고려

11. 보통 1~2° (1/30~1/60)의 구배를 줌

12. ① 구멍과 구멍과의 피치는 구멍 지름의 2배 이상으로 잡는다.

　② 구멍 주변의 살두께는 두껍게 한다.

　③ 구멍과 성형품의 가장자리와의 거리는 구멍지름의 3배 이상으로 잡는다.

13. ① 룰렛에 의한 고정　　② 돌기 붙임에 의한 고정

　③ 측면 컷에 의한 고정 ④ 시트 메달에 의한 고정

14. 나사 또는 클램핑 구멍 등 성형품을 조립할 때 작용되는 집중하중을 수지의 강도로는 견디기 어려워 집중하중을 흡수할 수 있으며 조립을 쉽게 하기 위해 성형품 고정부에 필요한 금속부품들을 삽입하여 성형가공한다.

15. 1/2D–3/4D

16. 50%–80%

17. 웰드라인 현상

18. 615㎜

19. 제품의 두께를 얇게 할 수 있고 강도를 증가시켜준다.

제4장 사출 성형기

1. 용융된 수지의 일정량을 높은 압력으로 금형 캐비티 내로 유입시키는 장치이다.(호퍼, 재료 공급 장치, 가열 실린더, 노즐, 사출 실린더)

2. 금형을 개폐하고 사출 시에 금형이 열리지 않도록 금형을 체결하고 성형품을 이젝팅 하는 기능를 가지고 있다.(금형 설치판, 티아바, 형체 실린더, 이젝터, 안전문)

3. ① 기계의 설치면적이 작다.

　② 인서트를 사용할 때 안정도가 높다.

　③ 금형의 부착 스페이스가 비교적 크다.

　④ 무거운 금형을 부착해도 안정성이 좋다.

　⑤ 가열 실린더의 방향에서 온도가 균일하고 수지의 흐름이 균일하다.

　⑥ 소형에 많이 쓰인다.

4. ① 성형품 빼내기 쉽고 자동 운전 가능

　② 금형의 부착과 조작이 쉽다.

　③ 가열 실린더나 노즐을 손질하기 쉽다.

④ 고속화가 쉽고 생산성이 높다.

⑤ 기계의 높이가 낮으므로 수지 공급이나 기계 보수가 편리

⑥ 중형이나 대형에 주로 쓰인다.

5. 대표적으로 사출 용량과 형체력으로 크기를 나타낸다.

6. GPPS

7. ① 수동운전　② 반자동 운전　③ 전자동 운전

8. ① 혼합기　　② 건조기　　③ 호퍼드라이어　④ 호퍼 로더

9. ① 금형 온도 조절기　　　② 냉각수 장치

　 ③ 제품 자동 이젝팅(취출) 장치　④ 낙하 확인 장치

10. 71.25㎤/sec

11. 44g

12. 수직식 사출 성형기

13. 3ton

14. ① A=20×15=300㎠

　 ② F(ton)〉 A(㎠)×P(kg/㎠)×10⁻³에서 P=350kg/㎠

　　 F〉 300㎠×350kg/㎠×10−3=105ton

　 ③ 105(ton)×1.25(25% 증가)=131.25ton

　 ④ 구하는 용적 = 전체체적 − 중공부의 체적

　　 3600 − 3378 = 222㎤

　 ⑤ 222㎤ × 1.05 = 233.1g

　　 233.1g ÷ 28.35 = 8.2oz

　 ⑥ 222㎤ ÷ 0.8(효율) = 277.5㎤

　 ⑦ 성형품의 높이 + 코어형 높이 + 스프루 길이 = 120 + 118 + 45 = 283㎜

　 ⑧ 형체력 : 131.25ton 이상

　 사출용량 233g 이상

　 형체 스트로크 : 283㎝ 이상

　 금형치수 : 380×310㎜가 설치되는 것

　 금형두께 : 280㎜ 이상이 설치되는 것

　 사출압력 : 350kg/㎠

제5장 성형조건 및 성형불량 원인 및 대책

1. 크레이터

2. 압력과 속도가 클 때 : 성형품의 밀도, 강도를 균일하게 하며 표면 광택 향상 성형수축 작게 하여 휨의 발생 방지

   단점 : 잔류 응력이 커지는 경우도 있다.

   압력과 속도가 작을 때 : 충전부족으로 인한 성형 불량

3. 성형 수지가 실린더 안에서 충분히 과열되지 못하거나 사출 압력이 낮을 경우, 금형 온도의 낮음으로 인하여 발생

4. 금형 제작 시 틈새가 크게 가공되거나 과대한 사출 압력으로 인하여 발생.(형체력 부족, 재료공급 과잉, 수지 온도가 고온일 때)

   〈개선책〉 금형의 보수가 선결되어야 하고, 형체력을 높여주고 이젝터 핀, 부시의 끼워 맞춤 정도를 높여준다.

5. 수지온도의 낮음, 유동성 부족, 사출 압력 낮음, 사출 속도 낮음, 게이트이 위치나 수가 부적당 할 때

   〈개선책〉 합류부 말단에 에어 벤트 설치, 게이트의 위치를 수정하여 눈에 띄지 않는 곳으로 이동, 금형과 수지온도 증가나 사출 압력 증가로 웰드라인 생성 최소화

6. 사출 압력이 낮거나 수지의 온도가 낮고 유동성이 불량할 때, 공기 빼기가 부적당 할 때

   〈개선책〉 스프루, 러너, 게이트 단면적을 크고 짧게 설치, 플래시가 발생하지 않을 정도로 사출압을 높임. 수지를 잘 건조 시킨다.

7. 웰드라인

8. 〈염표, 유기안료, 무기안료〉

   ① 색상의 선명도가 좋고 착색력이 클 것

   ② 내열성과 내 이행성이 좋을 것

   ③ 화학적으로 불활성일 것

   ④ 전기 절연성이 좋을 것

   ⑤ 무해성과 무독성 일 것

9. 웰드라인, 기포, 충전 부족

10. 장점 : 성형성의 향상, 잔류 응력의 감소, 유동 배향이 적어진다.

    단점 : 성형재료 · 안료의 분해, 플래시 발생, 수축률 커짐

11. 장점 : 수지의 유동저항 감소, 배향이 작아지고 잔류 응력의 감소, 성형품의 광택 향상

　　단점 : 싱크마크, 이젝팅의 불량

12. 플로우 마크 발생, 성형 불량

13. PE

14. 장식 효과 부여, 내후성 증가로 인한 플라스틱의 결점 보완

15. 진공 중에서 알루미늄을 고온 용해하여 피증착물에 응축 고착시켜 얇은 막을 형성시키는 것

16. 게이트에서 캐비티로 분사된 수지가 지렁이 모양의 형태로 고화하여 성형품 표면에 구불
    구불한 모양의 무늬가 나타나는 형상

제6장 사출금형 설계

1. 캐비티 부의 중앙부가 굳기 전에 게이트 부가 먼저 굳어지는 현상

2. 러너는 파팅 면을 만들고 게이트 부는 터널 식으로 들어가 주입되는 방식
   성형품 표면에 자국을 남기지 않고자 할 때 사용.

3. 이젝터 핀(Ejector Pin)

4. 장 · 단점 : 금형 내에 조립이 간단하고 핀의 위치 선정도 자유롭다.
   구멍 가공이 쉽다. 그러나 스트레인, 균열, 백화 등의 불량이 일어 날 수 있다.
   고려해야 할 사항 :
   ① 게이트 근처에 설치하지 않는다.
   ② 밸런스가 유지되도록 한다.
   ③ 길이는 짧을수록 좋다.

5. 품질 좋은 성형품을 얻기 위해서

6. 사출 후 금형이 열리면 스프루 및 러너가 없이 매 성형 싸이클마다 성형제품만을 금형으
   로부터 이젝팅 하는 성형.
   장점 : 품질이 우수하다. 수지 단가가 경감된다. 성형싸이클이 단축된다.
   단점 : 고도의 기술이 요구된다. 준비시간이 길다. 형상과 수지의 제약을 받는다.

7. 필름 게이트

8. 인슐레이티드 러너 방식

9. 성형재료, 성형품의 형상, 외관정도 등에 따라 결정

10. 형판을 각각 독립해서 고정되도록 한다.

직경이 가늘고 긴 코어는 핀에 물, 압축 공기를 통과 시킨다.

가능한 한 형상에 따라서 회로를 설치한다.

11. ① 파팅 라인 틈새로 배출된다.

　　② 이젝터 핀과 핀 구멍사이로 배출된다.

　　③ 에어 벤트(Air Vent)를 통해 배출된다.

12. ① 상품가치상 눈에 잘 보이지 않는 곳

　　② 성형품의 가장 두꺼운 부분에 게이트 위치를 정한다.

　　③ 웰드라인이 잘 생기지 않도록 위치를 정한다.

13. 링 게이트

14. 앵귤러핀의 각도와 길이

15. 도그레그 캠

16. 8mm

17. Sleev pin 방식

18. 30mm

19. 40mm

20. 20mm

21. 0.85kw

22. 5~15°

23. 5.97mm

24. 15mm

25. ① 리턴 핀의 직접 접촉에 의한 복귀

　　② 스프링을 이용하여 이젝터 플레이트를 복귀

　　③ 이젝터 플레이트에 양 끝을 연장하여 유공압 실린더를 연결하여 복귀

26. 원형, 사각형

27. ① 성형 사이클을 단축한다.　② 성형품 표면상태를 개선한다.

　　③ 성형품의 치수정밀도를 유지한다.

28. 1°~3°

찾아보기

참고문헌

1. 유영식외 2명, 사출금형이론, 한국산업인력공단, 1999년

2. 유중학, 사출금형설계, 한국산업인력공단, 2013년

3. 조웅식, 사출성형 금형설계 기술, 기전연구사, 1997년

4. 이균덕외 1명, 금형설계, (주)한국산업정보센타. 2003년

5. 김상현, 사출금형설계, 기전연구사, 2013년

6. 이상민, 사출금형설계, 기전연구사, 2013년

7. 임상헌, 사출금형설계, 보성각, 2013년

8. 플라스틱 금형용 표준부품, (주)한국미스미, 2013년

9. Menges/Mohren, How to make injection molds, Hanser, 2012년

10. 福島有一, プラスチシク射出成形金型設計, 日刊工業新聞社, 2012년

11. MAPS-3D User's Manual, (주)브이엠테크, 2013년

12. Moldflow training manual, Moldflow korea, 2009년

사출금형 이론과 실무

사출금형설계

2017년 2월 25일 1판 1쇄
2022년 1월 10일 1판 4쇄

저자 : 민현규
펴낸이 : 이정일

펴낸곳 : 도서출판 **일진사**
www.iljinsa.com

04317 서울시 용산구 효창원로 64길 6
대표전화 : 704-1616, 팩스 : 715-3536
등록번호 : 제1979-000009호(1979.4.2)

값 **26,000원**

ISBN : 978-89-429-1511-8